KB038752

진화와 창의성

진화생물학에서
배우는 창의성의 비밀

진화와
창의성

LIFE FINDS A WAY

안드레아스 바그너 지음 | 우진하 옮김

문학사상

■ 일러두기
1. 영어 및 한자 병기는 본문 안에 작은 글씨로 처리했습니다. 외래어 표기는 국립국어원의 규정을 바탕으로 했으며, 규정에 없는 경우는 현지음에 가깝게 표기했습니다.
2. 옮긴이 주는 본문 안에 고딕 서체의 작은 글자로 처리했으며, 별도의 표기는 생략했습니다.

생명체가 이 땅에 출현하기 아주 오래전 자연이 만들어낸 것
은 단지 소용돌이치는 은하계와 태양이라는 핵융합 엔진만은
아니었다. 자연은 우리가 살고 있는 지구의 자궁 안에서 수백만
년의 세월을 거치며 다이아몬드와 같은 반짝이는 결정체들을
만들어냈다. 또한 성간가스와 운석, 그리고 깊은 바닷속의 열수
배출구 등에서 찾아볼 수 있는 복잡한 유기 화합물도 만들어냈
는데, 이 모든 것들은 장차 등장하게 될 새로운 생명체의 구성
요소가 되었다. 유기 화합물들이 최초의 살아 있는 세포로 짜맞
추어지자, 이른바 다윈 진화Darwinian evolution가 시작되었다. 다윈
진화는 생명체로 하여금 태양빛과 고에너지 분자들로부터 에
너지를 끌어 모아 끝없이 성장하는 방법을 가르쳐주었다. 이렇
게 일종의 '분자 발전소'를 보유하게 된 생명체는 광대한 적도
의 해양에서부터 얼어붙은 북극의 빙붕氷棚까지, 뜨겁게 달아오
른 지표면 아래 바위에서부터 끝없이 펼쳐져 있는 불모의 평원

과 얼음으로 뒤덮인 산봉우리까지 이 지구의 모든 서식지를 차지하게 되었다.

시간이 흐르면서 생명체의 단일 세포는 수천, 수백만, 그리고 마침내 수십억 개의 구성 요소를 지닌 특별한 조직체로 탈바꿈하게 되었다. 이런 다세포 유기체는 냄새와 소리, 빛을 이용해 이 세상을 탐구할 수 있도록 도움을 주는 감각들을 진화시켰다. 그러면서 적들로부터 도망치는 법, 숨고 헤엄치고 걷고, 또 날아서 먹잇감을 낚아채는 방법 등도 배우게 되었다. 그러다 마침내 신경계통이 복잡한 두뇌 조직으로 진화했고 지금 이 책에서 보고 있는 것과 같은 추상적인 상징들을 창조하고 이해할 수 있게 되었다. 그런 진화 과정 덕분에 우리 인간은 프랑스 라스코동굴의 벽화며 모네의 풍경화를 그릴 수 있었고, 수메르의 계산용 점토판과 간단한 주판, 그리고 복잡한 슈퍼컴퓨터까지 만들어낼 수 있게 된 것이었다. 제임스 조이스의《율리시즈》도, 피타고라스의 정리도, 그리고 슈뢰딩거의 방정식도 다 이런 과정을 통해 탄생할 수 있었다.

이런 것들은 모두 관계없는 것처럼 보일지도 모른다. 하지만 앞서 언급된 것들은 전부 자연의 창의성이 만들어낸 산물들이다. 자연의 창의성이라고 하면 도구를 사용해서 은신처에서 기어 나온 벌레들을 깜짝 놀라게 하는 되새류finch나 원시적인 형태의 창을 가지고 자기들보다 더 작은 원숭이들을 사냥하는 침팬지들을 떠올릴지도 모른다. 하지만 나는 화학과 생물학, 문화 분야에서 찾아볼 수 있는 조금 더 보편적인 형태의 창의성에 대해 이야기하고자 한다.

인간이 발휘하는 대부분의 창의성은 심리학자들이 널리 사용하고 있는 정의에 들어맞는다. 즉, 창의적인 아이디어와 제품은 문제에 대한 독창적이고 적절한 해결책이라는 것이다.[1] 어떤 문제들은 대단히 간단해서 마치 서류를 정리하는 것처럼, 즉 스테이플러나 종이 클립 같은 간단한 방법으로도 충분히 해결할 수 있다. 반면에 바둑과 같은 전략적 승부 놀이에서 어떻게 기계가 인간을 이길 수 있는가와 같은 훨씬 더 복잡한 문제에 대해서는 알파고AlphaGo와 같은 복잡한 인공지능 프로그램이 해결책이 된다. 이런 사례들은 일견 기술적인 문제들로 보이지만 주어진 문제에 대한 해결책으로서의 창의성에 대한 정의는 예술 분야를 포함한 다른 많은 분야에서도 유용하게 적용될 수 있다. 예일대학교 출신이며 20세기 가장 저명한 예술사학자 중 한 사람인 조지 쿠블러George Kubler는 이렇게 이야기했다. "모든 중요한 예술 작품들은 어떤 문제에 대해 어렵게 얻은 해결책이라고 볼 수 있다."[2] 무엇보다 이것은 쿠블러 개인의 의견 그 이상의 의미를 담고 있다. 앞으로 계속 살펴보게 되겠지만 예를 들어 인공지능은 그 문제 해결 전략을 이용해 곡조를 만들어내는 방식으로 예술적 작품을 창조해낼 수도 있다. 물론 오늘날 인간이 만들어낸 인공지능을 가장 위대한 인간 창작자와 비교하기는 어려우며 어쩌면 창의성에 대한 그 어떤 심리학적 정의로도 절대 모차르트의 교향곡이나 피카소의 그림 혹은 로댕의 조각상을 담아낼 수는 없을 것이다. 하지만 이런 창의성에 대한 심리학적 정의는 여전히 대단히 유용하다. 그 정의 안에 인간의 창의적 표현과 관련된 광범위한 영역이 다 들어갈 수 있기 때문일 것이다.

하지만 그보다 훨씬 더 중요한 것은 그러한 정의가 인간의 문제를 훨씬 뛰어넘을 정도로 더 유용하다는 사실이다. 즉, 인간의 두뇌, 아니 모든 형태의 두뇌가 세상에 나타나기 전에 생명체가 문제를 해결해온 과정에 적용될 수 있기 때문이다. 에너지가 풍부하게 포함되어 있는 분자의 화학적 결합 구조를 깨트리는 효소酵素는 에너지를 얻는 방법에 대한 문제를 해결해주는 해답이 되어주며, 눈이 갖고 있는 시각적 경이로움은 포식자로부터 몸을 피하거나 먹을거리를 사냥하는 문제에 대한 해답이 된다. 그리고 냉혈동물들이 체내에 보유하고 있는 동결 방지 단백질은 영하의 기온 속에서 살아남는 문제에 대한 해결책인 것이다. 창의성을 문제 해결의 방법으로 보는 관점은 심지어 생명체 자체가 생겨나기 아주 오래전, 우주가 풀어야 했던 문제들과도 관련이 있다. 예컨대 결정체는 원자나 분자가 안정될 수 있는 방법을 찾는 문제에 대한 해결책이 될 수 있다.

나의 본업은 진화생물학자다. 내 평생의 목표는 눈으로 알아보기 힘들 정도로 작은 해조류나 거대한 삼나무 혹은 내장 속 박테리아와 아프리카 코끼리의 모습 속에 구현된 생물학적 진화의 창의적 역량을 이해하는 것이다. 오늘날 지구상에 존재하고 있는 수백만 가지 생명체의 종들은 모두 다 생명의 기원까지 이어지는 연결 고리라고 할 수 있다. 거의 끝을 알아볼 수 없을 정도로 길게 연결된 창의적 성취의 가장 끝자락에 놓인 연결 고리다. 유기체는 세포 안 분자 기계에서 그 몸체의 물리적 구조에 이르기까지 모두 다 끝없는 혁신의 결과물이다. 빛처럼 빠른 속도로 움직이고 완벽하게 그 모습을 감출 수 있는 생명의 형태 혹은 일종의 태양 전지판으로 몸을 감싸고 있는 생명체가 어떻게 탄생하게 되었는지는 바로 이런 내용으로 설명 가능하다. 생명체의 넘쳐나는 창의성은 그야말로 나를 끝없이 매료시켜왔다.

취리히대학교의 진화생물학과 환경학 연구소에서 나는 스무 명 남짓한 연구원들과 함께 자연이 어떻게 새로운 형태의 생명체와 새로운 종류의 분자를 창조하는지를 알아내기 위해 다양한 유기체의 DNA를 연구하고 있다. 또한 실험실에서 미생물이 수천 세대에 걸쳐 어떻게 진화하며, 도저히 극복할 수 없을 것 같은 도전을 어떻게 극복해내는지도 연구한다. 우리는 그런 도전 극복이라는 생명체의 업적이 어떻게 다른 분야의 창의적인 과정과 닮았는지 비교하는데, 거기에는 결정이 어떻게 형태를 갖추며 분자가 어떻게 스스로 조립을 하는지, 알고리즘이 어떻게 문제를 해결하는지에 대한 내용 등이 포함된다.

하지만 나는 단지 과학자일 뿐만 아니라 한 가정의 가장이자 교육자이기도 하다. 그래서 자녀들을 더 잘 키워나가고 다음 세대의 과학자들을 더 잘 교육시키며 어떻게 해야 가장 창의적인 연구자들을 찾아내 고용하고 또 그들과 함께 훌륭한 연구진을 꾸려나갈 수 있는지에 대해 고민하고 있다. 이런 대단히 실질적인 문제들을 해결해가는 과정을 통해 나는 심리학과 교육 연구, 조직 관리와 혁신의 경제학 등과 관련된 방대한 문헌들을 탐구하고 살펴보게 되었다. 그러면서 자연과 인간의 창의성 사이에 존재하고 있는 놀라운 유사점들을 발견할 수 있었다.

이 책은 바로 그런 유사점들과 그 이상의 내용들을 담고 있다.

첫 번째로 이 책에는 찰스 다윈이 미처 몰랐던 내용들이 담겨 있다. '자연선택에 의한 진화'라는 다윈의 이론은 분명 생물학에 있어 기념비적인 업적이지만 그것은 단지 시작에 불과했다. 다윈은 자연선택의 과정이 곧 또 다른 도전에 직면하게 되었으며 자연선택만으로는 그 도전을 극복해낼 수 없다는 사실을 미처 알지 못했다. 이 책은 그런 도전이 무엇이었는지 설명하는 동시에 그것을 극복해낼 수 있는 진화의 구조와 원리에 대해서도 아울러 설명하고 있다.

두 번째로 이 책은 인간의 창의성과 다윈 진화의 새로운 논쟁거리 사이의 유사점에 대해 설명한다. 나중에 확인하게 되겠지만 이러한 유사점은 심리학이나 역사학, 생물학 연구 못지않게 그 내용이 방대할뿐더러 심오하기까지 하다.

세 번째가 어쩌면 가장 중요할지도 모르는데, 이 책은 이러한 유사점을 통해 우리 인간이 매일 직면하고 있는 수많은 문제들을 해결해나가는 데 어떻게 도움을 줄 수 있는지 설명하고 있다. 우리는 이런 유사점들을 연구함으로써 자녀들이 더 충만한 삶을 살아갈 수 있도록 가르칠 수 있으며 직장에서는 또 다른 혁신을 이끌어낼 수 있다. 또한 국가 역시 혁신을 통해 세계 속에서 앞서 나갈 수 있는 지도력이 만들어지는 그런 세상을 대비하는 데 도움을 얻을 수 있다.

왜 자연과 인간의 문화 속에서 발견되는 창의성이 서로 유사한가? 이에 대해서는 반복되는 형태의 다이아몬드형 구조나 효율적으로 사냥하는 포식자의 발생, 감도가 더 좋은 라디오 안테나의 개발 같은 서로 다른 문제들이 기본적으로는 동일한 특성을 가지고 있다는 것도 하나의 이유가 될 수 있을 것이다. 이런 문제들은 각기 수많은 해결책들을 갖고 있는 것처럼 보이기는 하지만 그 해결책들의 대부분은 평범하며 실질적으로 도움이 되는 경우가 드물고, 정말로 탁월한 해결책을 찾기는 아주 어렵다. 우리는 이러한 해결책들이 산의 모습과 유사하다고 생각할 수 있다. 큰 도움이 되지 않는 해결책들은 산 밑자락에 널려 있지만 정말 도움이 되는 해결책은 가장 높은 봉우리에 놓여 있는 것이다.

이런 모습은 이른바 적응 지형도adaptive landscape, 適應地形圖라고 불리는데, 적응 지형도의 개념을 처음 소개한 사람은 하버드대학교 출신의 유전학자 시월 라이트Sewall Wright다. 라이트는 20세기 초에 미국 농무부에서 더 우수한 품종의 암소와 돼지, 양 들을 만들어내기 위한 교배 실험을 실시했다.[3] 이런 실험을 통해 라이트는 기본적이면서도 기이한 사실 한 가지를 발견했다. 가장 뛰어

그림 1

난 동물을 골라낸다는 다윈의 방법으로는 우수한 품종을 만들어 낼 수가 없었던 것이다. 라이트는 그 이유를 밝혀내게 되었고, 자신이 깨달은 바를 다른 사람들에게 설명하기 위해 적응 지형도라는 개념을 만들어냈다.

사냥하는 동안 힘을 비축해두어야만 하는 상어, 치명적인 항생물질을 이겨내야만 하는 박테리아 혹은 영양분이 부족한 나뭇잎을 먹고도 살아남아야만 하는 초식동물 같은 수많은 유기 생명체들은 진화를 거듭하며 그들이 마구잡이로 직면하게 되는 문제들을 어떻게 해결할 수 있을지를 모색하기에 이른다. 라이트는 이런 문제 해결 과정이 자신이 고안해낸 적응 지형도에서 높은 봉우리를 향해 올라가는 과정과 비슷하다고 생각했다. 최선의 해결책을 찾아내기 위한 다윈식 방법은 일단 무엇이든 상관없이 아무 해결책이나 찾아내 적용하는 것부터 시작된다. 그 해결책을 이리저리 다듬으면서 그렇게 다듬고 개선시키는 과정만 보존하는 것이다. 좋은 것을 보존하고 나쁜 것을 버리는 것은 자연선택은 물론, 그 자연선택과 가장 가깝다고 볼 수 있는 인간의 동료와 조직 내 경쟁 과정 모두에 있어 가장 기본적인 방식이다.[4] 그런 자연선택은 만일 지형도 속에 오직 한 개의 봉우리만 존재한다면 그 적응 지형도를 정복하는 데 가장 완벽한 방식일 것이다. 언제나 위만 보고 달려간다면 분명 지형도에서 가장 높은 봉우리를 찾아낼 수 있을 것이기 때문이다. 하지만 지형도가 조금 더 복잡하다면 어떨까? 적응 지형도 안에 봉우리가 두 개, 열 개, 아니 셀 수 없이 많이 존재하고 있다면? 그런 상황 속에서 자연선택이란 그저 불완전한 과정 그 이상일 것이며 아예 처참하게 실패로 돌아갈 수도 있다. 하나의 유기체가 제대로 진화하기 위해서는 한 봉우리에서 그다음 더 높은 봉우리로, 다시 말해 하나의 해결책에서 더 나은 해결책을 찾아 옮겨가야 하는데, 그러기 위해서는 봉우리 사이의 계곡들을 건너가야 하며 자연선택만으로는 그 일을 해낼 수 없다. 자연선택의 과정에서는 더 나아지기 위해 결코 더 나쁜 해결책을 받아들이지 않으며 단 한 번의 미끄러짐도 허용하지 않기 때문이다. 한번 발을 헛디디게 되면 그 자리를 벗어나지 못할 수도 있다. 이게 왜 중요한 문제인지는 굳이 과장해서 설명할 필요도 없다. 모든 진화의 창의적 산물들, 그러니까 수백만 종에 달하는 생명체들은 그런 지형을 통과하는 여정의 최종 목적지라고 할 수 있다. 자연선택은 이런 여정에 필수적이지만 수많은 봉우리가 있는 험준한 지형에서는 자연선택만으로는 충분하지 않은 것이다.

시월 라이트는 자연선택과 관련된 이런 문제점을 파악했을뿐더러 한 가지 가능한 해결책도 제시했다. 바로 유전적 부동genetic drift, 遺傳的 浮動이라고 부르는 진화의 힘이다. 유전적 부동으로 어떤 일이 일어나는지 이해하기 위해서는 전문적인 음악이나 예술 혹은 체육 활동과 같은 인간의 활동에 견주어 생각해보아야 한다. 이런 활동에 따른 성과는 아무리 연습한다고 해도 결국 어느 선을 넘어서지 못하는 경우가 있으며 계속해서 그 선 아래에서 머물게 되는 경우가 있다. 그러면 그런 활동을 전문적으로 하는 인간들은 종종 자신이 습득한 가장 기본적인 기술을 해체하여 새롭게 다시 배울 필요가 있다. 골프 황제라고 불렸던 타이거 우즈는 1997년에 바로 이와 같은 과정을 겪었다. 그는 1998년에 바뀐 자세로 인해 부진을 겪었지만 이후에는 골프 역사상 새로운 기록들을 계속 수립했다. 때로는 이렇게 더 나아진 모습을 보이기 전에 잠시 주춤하는 모습을 보이게 되는 경우도 있는 것이다.

유전적 부동을 통해 생명체는 이와 유사한 일을 할 수 있다. 이 유전적 부동은 적어도 자연선택만큼이나 진화에 있어 중요한 역할을 한다. 추가된 별도의 구조와 원리, 재결합의 과정을 통해 진화하는 유기체는 적응 지형도 안에서 거대한 도약을 할 수 있으며 가장 높은 봉우리로 가는 과정에서 만나게 되는 난관들도 극복할 수 있다. 재결합이나 재조합은 사실 성관계 혹은 교미가 있을 때마다 일어나는데, 그것이 인간들이 나누는 평범한 성관계든 박테리아나 식물들이 서로의 유전자를 교환하는 더 유별나고 신비한 형태의 관계든 큰 상관은 없다.

라이트의 지형도는 단순히 생물학의 영역을 훨씬 더 뛰어넘는 현대 과학의 가장 기본적인 개념이 되었다. 적응 지형도를 통과하는 진화하는 유기체의 여정과 마찬가지로 원자와 분자의 결합 역시 에너지 지형도라는 곳을 통과하는 여정을 거친다. 에너지 지형도 역시 진화의 지형도만큼이나 복잡하고 험난해질 수 있다. 그리고 그에 대해 연구해나가다 보면 자연이 반짝이는 다이아몬드나 화려한 눈송이를 만들어내는 방법뿐만 아니라 우리에게 더 도움이 될 수 있는 분자를 창조하는 방법까지 알아낼 수 있게 된다.

각 공항을 분주하게 오가는 항공기들의 항로를 계산하든 아니면 바둑에서 인간을 이기든 컴퓨터 과학과 관련된 문제들에는 다양한 해결책이 존재한다. 그 해결책들을 나타내는 것이 바로 컴퓨터 과학의 해결책 지형도다. 컴퓨터는 생명체가 진화하는 것과 똑같은 방법으로 복잡한 문제들을 해결해나갈 수 있다. 그리고 더 중요한 것은 이러한 방법들을 통해 컴퓨터가 창의적인 작업을 해낼 수 있다는 사실이다. 거기에는 인간의 작곡 능력에 필적하는 음악 작곡이나 전자회로를 만들어내는 일 등이 포함된다.

하지만 인공지능보다 훨씬 더 흥미로운 존재는 다름 아닌 우리에게 가장 익숙한 문제 해결사들이다. 이 문제 해결사들은 우리 인간 자신의 정신으로 생명체와 분자와 알고리즘이 자신들이 속해 있는 지형도를 탐험하는 데 사용하는 것과 유사한 다윈식 방법으로 가능성이라는 정신적 지형도를 탐사해나간다. 이런 창의적 여정들 중 어떤 것들은 라파엘로와 폴 고갱 같은 화가들의 여정처럼 창조자들을 각기 다른 국가와 대륙으로 떠나도록 만든다. 하지만 다른 많은 여정은 결국 그 내부의 영역을 탐사하는 길로 들어서는 것이다. 그리고 그런 여정들 중에는 독일의 내과 의사이자 물리학자인 헤르만 폰 헬름홀츠Hermann von Helmholtz가 액체 이론 물리학과 관련된 문제들을 해결하는 과정에서 묘사한 여정이 있다.

나는 갖은 방법을 다 동원한 후에야 이러한 문제들을 해결하는 데 겨우 성공할 수 있었다……. 그리고 거기에는 일련의 운 좋은 추측들도 한몫했다. 나는 그런 나 자신의 모습을 높은 산을 오르는 등산가와 비교하지 않을 수 없다. 등산가는 가야 할 길을 정확히 모르는 상태에서 천천히 고군분투하며 산을 오르고 그러다 더 이상 앞으로 나아갈 수 없게 되면 종종 어쩔 수 없이 지금까지 걸어온 길을 다시 되새겨본다. 때로는 추론에 의해서, 때로는 우연에 의해서 등산가는 새로운 길을 발견하게 되고 그로 인해 한 걸음 더 앞으로 나아간다. 그러다가 마침내 목표 지점에 도달하게 되었을 때 그는 처음 출발할 때부터 자신이 조금 더 눈썰미가 있었다면 알아볼 수 있었을, 제대로 된 편한 길을 다소 짜증스러운 기분으로 비로소 찾아내 내려다볼 수 있게 된다.[5]

그리고 우리는 이제 시월 라이트가 자신의 저작을 발표하기 대략 30년쯤 전에 이미 그의 이론이 앞으로 일어날 일들을 예견하며 인간의 정신에 적용되었다는 사실을 알 수 있다. 실제로 우리의 정신은 완전히 동일하지는 않다 하더라도 부동이나 재결합과 유사한 구조와 원리를 사용하는 법을 개발해내어 생물학적 진화의 교훈을, 그러니까 내가 이른바 '지형도 사고landscape thinking' 라고 부르는 내용을 적용해 우리 자신의 개별적이고 집단적인 정신이 더 효과적으로 작동할 수 있도록 도울 수 있다. 지형도 사고는 우리로 하여금 더 잘 생각할 수 있도록, 자녀들을 더 잘 키울 수 있도록, 그리고 올바른 학교 교육과 경영 정책, 정부 규제 등과 함께 혁신을 강화할 수 있도록 도움을 준다. 하지만 이런 지형도 사고는 동시에 혁신과 생산성, 경제적 생산물을 최대화하는 것 이상의 의미를 지니고 있다. 지형도 사고는 우리에게 창의성이 하나의 근원에서 어떻게 만들어질 수 있는지를 보여준다.

즉, 지형도 사고란 광대하고 복잡한 지형을 탐험할 수 있는 능력이며 일종의 심오한 원칙이다. 새롭고 유용하며 또 아름다운 것들이 시작되는 곳이라면 어디에든 적용될 수 있다. 모든 올바른 과학과 마찬가지로 지형도 사고는 결국 우리에게 우리 자신과 우리가 살고 있는 세상에 대한 심오한 무엇인가를 보여주는 것이다.

1장

진화라는
지도의 제작

LIFE FINDS A WAY

LIFE FINDS A WAY

제1차 세계대전이 한창이던 1915년 봄, 독일군은 연합군 병사들에게 처음으로 염소가스를 무기로 사용했다. 존 버든 샌더슨 홀데인John Burdon Sanderson Haldane이 직접 이 염소가스를 흡입하는 실험을 함으로써 연합군 수천 명의 생명을 구한 것도 바로 이 무렵에 있었던 일이다. 당시 스물세 살이었던 홀데인은 옥스퍼드대학교에서 수학과 고전을 전공한 뒤 프랑스 전선에서 장교로 복무하고 있었다. 불행하게도 영국군은 실전에서는 아무 쓸모도 없는 방독면을 9만 개나 그의 부대에 지급했고, 홀데인은 역시 옥스퍼드에서 생리학을 연구하고 있던 그의 아버지와 함께 더 효과적인 방독면을 개발하는 일을 맡게 되었다. 두 사람은 일종의 작은 가스실을 만들고 그 안에 직접 들어가 아무 장비도 착용하지 않은 채 몸이 '견딜 수 없게 될 때까지' 염소가스를 들이마셨다.[1]

사실 홀데인 집안에서는 이런 식의 몸을 던지는 실험이 그리 낯선 일은 아니었다. 영국 정부를 위해 광산 내부의 환기 상태를 점검하는 일도 했던 홀데인의 아버지는 아들에게 메탄가스가 몸에 미치는 영향을 알려주기 위해 가스로 가득 찬 광산 안에서 정신을 잃을 때까지 셰익스피어를 소리 내어 읽게 했던 것이다. 훗날 옥스퍼드의 연구원이 된 홀데인은 염산을 비롯한 다른 독성 화학물질을 직접 흡입하며 혈액의 산도 변화를 측정했고, 덕분에 엄청난 고통을 겪거나 심한 설사에 시달리기도 했다. 심지어는 며칠 동안 숨을 제대로 쉬지 못하기도 했다.[2]

하지만 홀데인은 단순히 이런 식의 자체 실험을 즐겨하던 괴짜 과학자들을 훨씬 더 뛰어넘는 인물이었다. 누구나 인정하지 않을 수 없을 정도로 박학다식한 학자였다. 세 살 무렵부터 글을 읽을 수 있었던 홀데인은 과학뿐만 아니라 여러 고전 작품에 대해서도 조예가 깊었으며 당대에 이미 '아마도 지금까지 알려진 모든 것에 대해 다 알고 있는 사람'으로 평가받았을 정도였다.[3] 과학 분야의 경우, 그는 생리학에서 통계학, 유전학, 진화학, 생화학에 이르기까지 다양한 분야에서 여러 새로운 사실들을 발견했다. 흥미로운 일이지만 나중에 등장하게 되는 다른 여러 저명한 창작자들과 마찬가지로 홀데인 역시 자신의 발견 중에서 어떤 부분이 가장 중요한지 판단할 때 맹목적이라고까지 할 수는 없어도 다소 근시안적이 되는 경향이 있었다. 예컨대 그는 자신이 호흡에서 중요한 역할을 하는 효소인 시토크롬산화효소에 대해 새로운 사실을 발견했다고 생각했지만 훗날 역사는 다른 평가를 내리게 된다.[4]

오늘날 홀데인은 20세기 생물학에 있어 대단히 중요한 수학적 업적을 쌓은 인물로 잘 알려져 있다. 홀데인은 영국의 통계학자 로널드 피셔Ronald Fisher, 미국의 유전학자 시월 라이트와 함께 일종의 삼두마차를 이루며 찰스 다윈과 같은 박물학자들의 영역이던 진화생물학을 정확하고 수학적인 과학으로 바꾸어놓았다.

모든 생명체는 이른바 자연선택에 의해 하나의 공통된 조상으로부터 갈라져 나왔다는 다윈의 핵심적인 이론을 모르는 사람은 없을 것이다.[5] 하지만 박물학자로서의 그의 사상이 축적된 결과라고 할 수 있는, 조금 더 다양한 보충 증거에 대한 내용들은 그리 널리 알려져 있지 않다. 그리고 그런 증거들 속에는 자연선택이 아닌 인공 선택을 통해 아름다운 장미꽃과 퍼그나 로트와일러 같은 다양한 품종의 개들을 탄생시킨 교배 전문가들의 놀라운 성공이 포함되어 있다.[6] 그 증거들에는 또한 대단히 다양한 형태의 수많은 화석 역시 포함되어 있다. 예컨대 가장 오래된 바위 속에 박혀 있는 원시 벌레의 흔적들부터 암모나이트와 같은 조금 더 정교한 형태의 무척추동물들, 그리고 조금 더 우리에게 익숙한 모습을 하고 있는 어류며 양서류, 파충류, 포유류의 화석이 그것이다. 또한 쥐와 박쥐처럼 겉보기에 서로 다른 동물들의 해부학도 포함되어 있다. 이 동물들의 골격을 살펴보면 결국 같은 뿌리에서 비롯되었으며 서로 깊이 연결되어 있음을 알 수 있다. 그리고 조상이 어두운 동굴 속에 터를 잡으면서 쓸모없어진 눈을 갖게 된 물고기, 파충류를 조상으로 둔 덕분에 태어날 때는 있었지만 자라면서 곧 녹아서 사라져버리는 이빨을 갖게 된 새들은 또 어떤가. 이런 쓸모없는 고유의 특징들 역시 앞서 언급한 증거들에 포함되는 것이다.

그뿐만이 아니라 다윈의 증거들에는 하와이나 갈라파고스 같은 외딴 섬 지역에서 발견된 다양하고 복잡한 생물의 종種들도 포함된다. 이런 섬들에서는 특이한 새며 곤충, 박쥐 들은 많이 찾아볼 수 있지만 포유류나 양서류의 경우는 특별하다고 말할 만한 것이 없다. 이런 차이점은 섬의 생물 분포도가 어느 미친 창조자의 광적인 몽상의 결과가 아니라는 사실이 밝혀질 때까지 많은 사람들을 혼란스럽게 만들기도 했다. 실제로 대륙의 날개 달린 생물들은 치열한 생존 경쟁을 피해 바람을 타고 혹은 스스로의 힘으로 이런 섬들로 흘러들어와 새로운 형태의 생물로 다양하고 풍부하게 진화한 것이다.[7]

다윈의 이론을 통해 박물학자들은 실제로 진행되고 있는 진화 과정에 대한 더 많은 증거들을 찾아 나섰다. 이들이 회색가지나방Biston betularia, 일명 후추나방peppered moth의 사례를 통해 이런 증거를 찾게 될 때까지는 그리 오랜 시간이 걸리지 않았다. 이 회색가지나방은 초파리Drosophila 혹은 그보다 훨씬 더 크기가 작은 대장균Escherichia coli처럼 생물학자들이 특히 더 선호하는 다른 많은 생물체들과 마찬가지로 결코 화려하거나 눈에 띄는 존재는 아니다. 회색가지나방은 우리가 살고 있는 이 행성에서 거의 완벽에 가까울 정도로 자신의 모습을 감춘 채로 살고 있다. 이것이 가장 중요한 부분이다. 주위 환경에 대한 적응이야말로 회색가지나방의 가장 큰 목표이기 때문이다. 회색 날개 위에 마치 후추 알갱이가 뿌려져 있는 것 같은 자잘한 무늬는 자신들이 살고 있는 영국 땅의, 이끼로 덮인 나무껍질에 가장 완벽하게 들어맞는 위장색이다. 회색가지나방은 아마도 '적자생존survival of the fittest'이라는 용어에 가장 잘 들어맞는 사례가 아닐까.[8] 나방들의 점박이 날개는 나무 표면에 가장 잘 적응이 된 모습을 갖추고 있다. 그러므로 먹이를 쫓는 새들의 날카로운 눈을 벗어날 수 있는 가장 효과적인 위장색이 될 수 있다. 나무에 나방들을 붙여놓는 실험을 통해 새들에게 얼마나 잘 잡아먹히는지 관찰해본 결과, 나무껍질이 조금 더 밝은색일 경우 어두운색 계열의 나방들은 그 색이 진할수록 더 많이 잡아먹힌다는 사실이 확인되었다. 그런 나방들은 주위 환경에 제대로 적응하지 못한 것이다.[9]

어두운색 계열의 나방들은 날개 색깔에 영향을 미치는 유전자를 일깨우는 특별한 DNA 돌연변이로부터 탄생했다. 이런 돌연변이는 새로운 형태의 일종의 대립유전자를 만들어냈고 날개 색깔이 더 어둡게 바뀌면서 나방들은 포식자들에게 더 쉽게 노출되고 말았다. 어두운색 계열 나방들의 이런 불운은 산업혁명이 시작되면서 극적으로 돌변하게 되었다. 나무들이 공장 굴뚝의 검댕에 점점 뒤덮이면서 이제 어두운색 계열 나방들은 모습을 감출 수 있게 되었고, 반대로 밝은색 계열 나방들이 새들의 눈에 더 잘 띄게 된 것이다. 이 새로운 유전자를 계속 유지해온 어두운색 계열 나방들은 오염된 나무들에 더 잘 적응한 것이며 상당수가 새들의 공격으로부터 살아남을 수 있었다. 대기오염이 점점 심해지고 더 많은 나무들이 검게 물들면서 어두운색 계열 나방들은 밝은색 계열 형제들의 희생을 뒤로하고 마침내 오염 지역을 완전히 장악해버렸다.

이처럼 개체 수가 많고 수명이 짧은 나방과 빠르게 변화하는 환경은 홀데인과 같은 수학을 중시하는 과학자들에게는 좋은 기회를 제공했다. 영국 맨체스터의 공업지대에서 어두운색 계열의 나방들은 불과 반세기 만에 밝은색 계열의 나방들을 완전히 몰아냈다. 이 사실을 확인한 홀데인은 일종의 수학적 방정식을 이용해 어두운색 계열의 나방보다 밝은색 계열 나방이 새들에게 얼마나 더 많이 잡아먹히는지를 계산했는데, 계산 결과 대략 30퍼센트 이상의 차이가 났다고 한다.[10] 이 정도의 적당한 차이로도 인간의 평균 수명 이내에서 전체 나방의 날개 색깔을 변화시키는 데 충분했던 것이다.[11]

후추나방의 날개 색깔은 색깔 변화에 크게 영향을 미치는 각기 다른 대립유전자에 의해 만들어진 독립적인 변이 형태라고 볼 수 있다. 하지만 자연 상태에서 일어나는 대부분의 변이는 이와는 조금 다르다. 자연 상태에서 일어나는 변이는 숲속 나무들의 녹색이 대단히 다양하고 같은 갈색 털의 개라도 그 색조가 완전히 딴판이며 밀알들의 크기가 천차만별이고 같은 인간이라도 키가 크기로 유명한 네덜란드 사람들에서 반대로 작기로 유명한 피그미 부족 사람들에 이르기까지 그 모습이 천양지차인 것처럼, 여러 단계로 끊임없이 다른 모습을 보여준다. 이런 '다유전적 polygenic' 변이는 단지 하나가 아닌 수백여 개의 다른 유전인자에 의해 조금씩 다른 영향을 받으면서 이루어진다.

이제 여기서 앞서 언급했던 삼두마차의 두 번째 주인공인 로널드 피셔가 등장한다. 케임브리지대학교 출신인 수학자 피셔는 현대식 통계학뿐만 아니라 집단유전학 분야에서도 아버지를 도왔다(자녀가 여덟 명이나 되었기 때문이다). 피셔는 약 10년 동안 로

담스테드Rothamstead 농업실험연구소에서 근무하며 작물 품종개량에 대한 자료들을 분석했는데 이 작업을 통해 불연속 변이와 관련된 홀데인의 수학적 업적들을 성장률이나 수확률 같은 다유전적 특징들과 관련해 더 확장시킬 수 있었다. 피셔는 착유량이나 곡물 알갱이의 크기와 같은 특성들이 한 세대 만에 얼마나 빨리 진화할 수 있는지를 예측하기 위해 암소를 어느 정도 도축해야 하는지, 밀 씨앗의 어떤 부분을 남겨야 하는지 등의 선택의 과정을 수학적으로 증명해 보인 것이다. 이런 피셔의 업적은 그 자체로 유용했을 뿐만 아니라 그 수학적 정확도를 통해 다윈의 연구 내용 상당 부분을 확실하게 증명해 보일 수 있었다.

삼두마차의 세 번째 주인공 시월 라이트는 앞서 소개한 피셔나 홀데인과 유사한 업적을 이루었다. 라이트는 피셔와 마찬가지로 농업 분야에 있어서 실질적인 문제들과 씨름하고 있었는데, 그의 경우는 가장 생산력이 좋은 암소와 돼지, 양으로 품종을 개량해나가는 것이 문제였다. 하지만 이론가였던 피셔와 달리 라이트는 단지 수학적으로만 이 문제에 접근하지는 않았고 철저한 실험 위주의 학자로서 3만 마리가 넘는 기니피그를 가지고 품종개량 실험을 실시했다. 물론 기니피그에게서 젖을 얼마나 뽑아낼 수 있는가 하는 문제에 관심을 갖는 사람은 아무도 없었으리라. 하지만 기니피그는 암소보다 크기가 훨씬 더 작고 번식이 빨랐으며 대규모로 사육이 가능했기 때문에 이런 종류의 품종개량 실험에서 암소를 직접 동원하는 것보다 더 뛰어난 실험 결과를 얻을 수 있었다. 그리고 이 실험 과정에서 라이트는 무언가 이상한 점을 하나 발견했다. 피셔의 성공적인 품종개량을 위한 처방에 따라 번식에 가장 뛰어난 동물을 골라냈지만 반복해서 몇 세대가 지나면서 보니 항상 우수한 품종이 만들어지는 것은 아니라는 사실이 밝혀진 것이다. 예를 들어 고기의 육질이나 우유 생산량 같은 한 가지 특성에 집중해 동물을 선택하는 일이 계속해서 진행되는 동안 다른 특성들이 크게 퇴화하는 결과도 종종 발생했다. 그중에서 중요한 특성이 바로 수명과 출산 능력이었다. 그리고 이런 특성이 퇴화하게 되면 사육사가 품고 있던 가장 큰 희망은 그저 진화의 또 다른 막다른 골목이 되는 것이나 다름없었다.

라이트는 또한 사육사들이 보관하고 있던 100년 치 이상의 혈통 및 품종 관련 기록들을 검토했다. 이런 모든 자료를 통해 그는 이론가였던 피셔가 간과했던 부분을 찾아낼 수 있었다. 바로 유전자가 엄청나게 복잡한 방식으로 서로 상호작용을 한다는 사실이었다. 우유 생산을 늘리는 유전자는 육질을 떨어트리는 데 작용할 수 있으며, 육질을 좋게 만드는 유전자는 수명을 줄이는 데 영향을 줄 수 있었다. 출산율을 늘리는 유전자의 경우에는 질병에 대한 면역력을 현저하게 떨어트릴 가능성이 있었다. 라이트는 수학적 분석 작업을 통해 자연선택은 반드시 필요하지만 진화의 발달 과정에 있어 꼭 필요한 존재는 아니라는 사실에 대한 근거로 이런 상호작용을 내세울 수 있다는 것을 알게 되었다.[12]

그렇다면 아마 누군가는 기니피그와 젖소를 통해 우리가 자연의 창조 과정에 대해 어떤 것들을 배울 수 있는지 물을 수도 있다. 수백만 종에 달하는 다양한 생명체들과 비교한다면 우리가 가축이나 곡식의 변이나 동물의 품종개량에서 살펴볼 수 있는 창의적인 힘은 정말 대수롭지 않게 보일 수도 있다. 하지만 다윈 자신은 이미 저서《종의 기원Origin of Species》을 통해 일부 생명체 종들에 대해 인간 사육사들이 얼마나 다양한 품종을 만들어냈는지를 일깨워주고 있다. 예컨대 우리가 지금 알고 있는 옥수수는 그 선조가 되는 중앙아메리카의 한해살이 식물 테오신트teosinte 와 닮은 부분을 거의 찾아볼 수 없을 정도로 달라져버렸다. 같은 개이지만 그레이트 데인과 치와와는 그 모습이 너무 달라 완전히 다른 동물처럼 보일 정도다. 품종개량의 성공은 진화의 창의적 힘에 대한 축소판이라고 할 수 있다. 진화가 거의 40억 년에 달하는 기간 동안 사용해온 원리와 똑같은 원리가 적용된다. 라이트의 통찰력을 통해 결국 우리가 자연의 창의성을 조금 더 큰 범위에서 이해할 수 있게 된 것도 바로 이런 이유 덕분이었다.

시월 라이트는 1932년 제6차 국제 유전학회International Congress of Genetics, ICG에 초청되어 일반 생물학자들에게 자신의 연구 성과를 발표했다. 불행히도 수학적인 문제는 일반적인 생물학자들의 역량을 넘어서는 부분이었고 라이트는 조금 더 접근하기 쉬운 방법으로 자신의 생각을 전달할 필요가 있었다.[13]

이렇게 해서 이른바 '적합 지형도fitness landscape'가 탄생했다.

적합 지형도, 혹은 앞서 언급했던 것처럼 적응 지형도로 알려진 이 지형도를 통해 우리는 진화가 이루어지는 과정을 그림으로 확인할 수 있다. 이 지형도의 모습은 어느 산맥의 지형도와 대단히 흡사하다. 다만 일반적인 지도나 지형도의 동서남북의 선에 해당하는 축은 그 값의 연속적인 범위에 따라 달라질 수 있는 유기체의 각기 다른 특성을 나타내고 있다. 이런 특성들에는 기린의 키나 장미꽃잎의 색깔 혹은 후추나방의 날개 색깔 변화 같은 내용들이 포함되며 그림 1-1에서 나오는 것처럼 수평 축으로 나타낸다. 지형도의 어느 한 지점에 위치한 유기체는 특정한 회색의 색조를 지닌 날개 같은 특정한 특성 값trait value을 지닌다. 각기 다른 색조를 만들어내는 DNA 돌연변이는 그 유기체를 지형도의 한 축을 따라 이동시킨다. 지형도의 수직선은 산의 높이에 해당하는 것이 아니라 특성 값의 적합성을 나타내는 기준이다. 산업혁명의 영향으로 영국의 숲이 검게 물들기 전, 몇 년 동안 밝은색 계열의 나방들은 어두운색 계열의 나방들보다는 나무라는 배경에 더 잘 어울렸다. 그래서 그 나방들은 지형도의 최고 지점에 조금 더 가까운 높이에 위치하게 되었다.

그림 1-1과 같이 2차원의 공간 안에 대단히 간단하게 그려놓은 지형도를 통해서도 대단히 유용한 정보를 얻을 수 있다. 예를

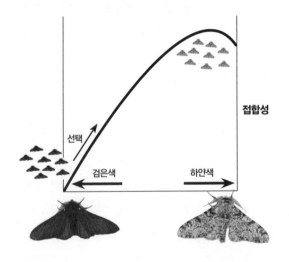

그림 1-1

들어 이 지형도를 볼 때 조금 더 밝은색 쪽으로 가면 '봉우리' 하나가 솟아 있는 것을 알 수 있다. 따라서 완전히 검은색 날개를 가진 나방들은 새에게 쉽게 잡아먹히며 그들의 적합성은 왼쪽 가장 아래, 즉 봉우리보다 한참 아래에 위치해 있음을 알 수 있는 것이다. 그 정반대편에 있는 완전히 하얀색의 나방들 역시 어느 정도 약점은 지니고 있어서, 이끼로 뒤덮인 나무껍질의 얼룩덜룩한 무늬를 생각하면 거기에 완벽하게 적합한 모습은 아니다.

몇 세대가 지나면서 진화를 거듭한 나방들은 다양한 진화적 힘에 따라 이 지형도를 가로질러 갈 수 있게 된다. 그 진화적 힘 중 하나가 바로 DNA 돌연변이이며 이를 통해 새로운 대립유전자들이 만들어진다. 돌연변이에는 특별한 방향성이 없으며 따라서 나방은 어느 쪽이 더 유리한지에 관계없이 날개 색깔이 더 밝아질 수도 있고 더 어둡게 변할 수도 있다. 두 번째 진화적 힘이 있다면 그것은 바로 자연선택이다. 그림 1-1에서 봉우리 가장 아래쪽을 차지하고 있는 나방들은 다시 말해 새들에게 가장 잘 잡아먹힐 수 있는 조건에 놓여 있다. 돌연변이와 자연선택이 서로 잘 합쳐지면 나방들은 봉우리 쪽으로 이동할 수 있는데, 봉우리에 있는 대부분의 나방들은 결국 서로 엇비슷한 모습으로 환경에 잘 적응한 것이다. 그러면 환경에 지나치게 적응하지 못한 돌연변이 나방들이 역시 자연선택을 통해 자연스럽게 도태되면서 대부분의 나방들이 봉우리 근처에 머물게 된다.

주변 환경이 변하면 지형도 안 봉우리의 위치 역시 변할 수 있다. 예를 들어 기온이 나방들에게 치명적인 방향으로 변할 수도 있으며, 새로운 포식자가 등장하거나 대기오염 때문에 얼룩덜룩

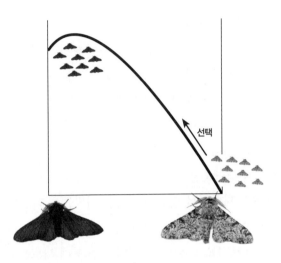

선택

그림 1-2

한 무늬의 나무가 완전히 검은색으로 뒤덮일 수도 있는 것이다. 나무껍질이 검은색으로 변할 경우 지형도의 봉우리 위치가 변하며, 그렇게 되면 그림 1-2에서 볼 수 있듯이 어두운색 계열의 나방들이 밝은색 계열 나방들보다 더 환경에 적합한 개체가 된다. 돌연변이와 자연선택이 함께 작용하는 것은 변함없지만 이번에는 나방들이 반대 방향에 있는 새로운 봉우리 쪽으로 옮겨가게 된다.

자연선택이 어떤 역할을 하는지를 이렇게 봉우리와 개체의 이동을 나타내는 간단한 그림으로 표현할 수 있게 되면서 시월 라이트의 연구 내용은 생물학자들 사이에서 더 널리 퍼져나갈 수 있었다. 라이트 자신은 이 지형도를 하나의 비유로 사용했다고 하면서 지형도가 나타낼 수 있는 특성들에 대해서는 신중한 자세를 취했다.[14] 그런 태도는 긍정적으로 작용했고, 그의 지형도 개념은 진화생물학자들에게는 일종의 로르샤흐 잉크 반점 검사Rorschach inkblot처럼 하나의 기준점이 되어 기본 개념에 대한 끊임없는 발전적 해석이 가능해졌다. 라이트 지형도의 다양한 해석 가능성을 처음 깨달았던 사람들 중에는 미국의 고생물학자인 조지 게이로드 심프슨George Gaylord Simpson이 있었다. 심프슨은 지형도를 사용해 최근에 있었던 후추나방의 빠른 진화 과정보다 훨씬 더 오래전에 아주 천천히 이루어졌던 진화적 변화를 설명하려고 했다. 1944년에 발표한 책《진화의 속도와 방식Tempo and Mode in Evolution》에서 심프슨은 오늘날보다 훨씬 크기가 작았던 말의 조상으로부터 시작된 5천5백만 년의 진화 과정을 적합 지형도라는 개념을 이용해 설명했다.[15] 이 말의 조상은 지금의 개 정도의 크기이며, 학명은 '에오히푸스Eohippus'라고 불린다. 말 그대로 '작은 말'이라는 뜻이다. 에오히푸스의 이빨은 부드러운 나뭇잎을 먹는 동물들의 이빨이 그러하듯, 돌처럼 단단하지만 아주 얇은 에나멜 층이 그 마모를 막고 있었다. 중신세中新世 기간 동안, 그러니까 대략 2천만 년 전쯤부터 숲이 줄어들고 초원이 늘어나기 시작했는데, 이를 통해 말들이 살 수 있는 새로운 서식지가 만들어졌다. 하지만 부드러운 잎의 끄트머리가 아니라 더 뻣뻣한 풀을 먹고 살려면 우선 이빨부터 튼튼해질 필요가 있었다. 말들은 이빨에 에나멜 층을 점점 더 두껍게 늘려가는 진화 과정을 통해 새로운 적합성 봉우리 위로 올라설 수 있게 되었다. 그리하여 오늘날의 말들은 그렇게 크고 툭 튀어나온 이빨을 갖게 된 것이다.[16]

또한 시월 라이트는 모든 적응 지형도가 그림 1-1처럼 하나의 봉우리만 갖고 있는 것이 아니며 유전자들 사이의 복잡한 상호작용 때문에 둘 이상의 봉우리가 있는 지형도도 있을 수 있다는 사실을 보여주었다. 봉우리가 두 개 있는 지형도의 대표적인 사례는 또 다른 고대의 유기체로, 지금은 멸종되어 사라진 나선 모양의 연체동물 암모나이트다.[17] 암모나이트는 성장하면서 자라나는 껍질 테두리에 특정한 물질을 더해 그 껍질의 크기를 점점 키워나가다가 결국 일종의 격벽을 만들어낸다. 내부와 가장 바깥쪽에 있는 표면을 구분하는 이 격벽은 밖에서 볼 때 일종의 갈비뼈와 같은 구조로 되어 있다. 이러한 성장 과정과 격벽을 만들어내는 일련의 과정 속에서 암모나이트는 그림 1-3과 같이 중심축을 따라 나선형으로 이어지는 더 큰 밀폐된 구역을 만들어낸다. 그리고 달팽이 껍질과는 달리 암모나이트의 껍질 안은 여러 개의 분리된 공간으로 이루어져 있으며 암모나이트 자체는 가장 바깥쪽에 있는 공간에서 살게 된다. 각각의 분리된 공간을 연결하고 있는 것은 이른바 연실세관siphuncle, 連室細管이라고 부르는 가느다란 관이며, 이 관을 통해 각각의 공간을 채우거나 비울 수 있다. 그러면 암모나이트는 마치 잠수함처럼 수면 위로 떠올랐다가 다시 깊게 잠수할 수 있게 된다.

암모나이트의 부드러운 살 부분은 지금은 찾아볼 수 없지만 우리는 암모나이트가 어떻게 바닷속을 움직이고 다녔는지 친척뻘이 되는 지금의 앵무조개로부터 대략적으로나마 짐작할 수 있다. 앵무조개의 선조들은 어쩌면 제트 추진의 원리를 인간보다 먼저 발견했던 것은 아닐까. 앵무조개들은 주둥이 근처에 있는 가느다란 관을 통해 물을 빨아들였다가 되쏘며 앞으로 전진한

그림 1-3

다.[18] 자신의 몸뿐만 아니라 짊어지고 있는 집까지 함께 움직이려면 엄청난 에너지가 필요할 것이다. 야생의 바닷속에서 그런 에너지를 얻기란 대단히 어려운 일이기 때문에 앵무조개나 암모나이트로서는 가능한 한 효율적으로 움직이는 것이 가장 중요한 과제였을 것이다. 그리고 이런 효율적인 움직임이 가능해지려면 몸체의 적절한 형태 역시 중요했을 것이다.

화석으로 남아 있는 암모나이트의 크기와 모양은 각양각색이지만 고생물학자인 데이비드 라우프David Raup는 1967년에 두 가지 기준으로 간단히 암모나이트들을 분류할 수 있다는 사실을 깨달았다. 첫 번째 기준은 암모나이트가 성장하며 격벽으로 구분되는 공간의 개수를 늘려가는 동안 늘어나는 지름의 비율이다. 두 번째는 바깥쪽 세계와 연결이 되는 가장 큰 공간 입구의 지름이다.[19] 최초의 암모나이트는 대략적으로 그림 1-3의 왼쪽에 있는 모습과 같은데, 물론 다른 모습들도 발견된다.[20] 예를 들어 암모나이트는 껍질의 지름을 아주 천천히 늘려가지만 그림 1-3 가운데 모습과 유사하게 바깥쪽으로 연결되는 입구의 크기는 대단히 클 수 있다. 반면에 오른쪽에 있는 모습처럼 그와는 정반대로 빠르게 성장하면서 아주 작은 입구를 가질 수도 있는 것이다.

크기에 따른 이 두 가지 기준은 3차원 적합 지형도의 양축이 되며 늘어가는 봉우리의 높이는 암모나이트가 얼마나 손쉽게 바닷속을 움직일 수 있었는지를 보여준다. 라우프의 지도를 받았던 대학원생 존 체임벌린John Chamberlain은 이런 암모나이트의 효율적인 이동성을 처음으로 측정했던 사람이다.[21] 체임벌린은 투명한 플라스틱을 이용해서 다양한 형태의 암모나이트 모형 수십 개를 만들었다. 그러고는 모형들을 수조 안에 넣고 끌면서 움직일 때 발생하는 저항계수를 측정했다. 이렇게 측정된 저항계수가 암모나이트가 물속에서 전진하는 데 필요한 힘을 그대로 보여준다. 이것은 저항계수가 높아질수록 암모나이트로서는 일정한 속도로 바닷속을 헤엄치기 위해 더 많은 에너지가 필요하다는 뜻이다.[22]

체임벌린은 암모나이트가 오징어나 일반 물고기, 돌고래처럼 몸체 내에 골격이 존재하기 때문에 완전히 유선형을 이루는 동물들에 비해 그 이동성에 대한 효율이 열 배쯤 뒤떨어진다는 사실을 발견했다.[23] 암모나이트는 외부에 단단한 껍질을 만들어 몸을 보호하는 대가로 효율성을 포기한 것인데, 물론 그 이동성에 대한 효율성도 각각의 암모나이트에 따라 크게 달라질 수 있다. 다시 말해, 바닷속 이동 효율성을 나타내는 3차원 적합 지형도는 평평하게 만들어 우리에게 보일 수 없다는 뜻이다. 실제로 지형도에는 두 개의 봉우리가 있는데, 그 모습은 그림 1-4의 지형도와 흡사하다.[24] 이 지형도에 따르면 암모나이트들 중에서도 두 개의 특별한 형태가 다른 모든 형태에 비해 이동에 조금 더 효율적이다. 이 형태들을 나타내는 두 개의 봉우리는 효율이 떨어지는 다른 형태를 나타내는 협곡 부분과 구분되어 있다. 진화를 통해 암모나이트의 형태가 이동에 가장 최적화된 모습으로 변화되었다면, 이 봉우리 근처에 실제로 변한 모습의 암모나이트들이 모여 있어야 한다. 그렇지 않으면 봉우리와 협곡 여기저기에 아무렇게나 흩어져 있을 것이다.

실제로 그렇게 되는지 확인하기 위해 라우프와 다른 연구자들은 암모나이트의 형태 수백여 개를 분석했다. 놀랍게도 그들은 예상하지 못했던 세 번째 가능성을 발견했다. 암모나이트들이 한쪽 봉우리에만 모여 있을 수 있다는 가능성이었다. 다른 한쪽 봉우리는 알 수 없는 이유로 인해 텅 비어 있었는데, 비어 있는

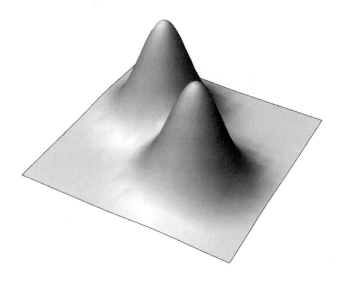

그림 1-4

봉우리 근처에서 돌연변이로 인한 어떠한 암모나이트 형태도 형성되지 않았다면 그런 일이 생길 가능성이 있었다. 그런 경우, 자연선택은 그 어느 쪽도 선택하지 않은 것이며, 따라서 봉우리는 텅 빈 채로 남아 있게 될 것이다. 하지만 이런 알 수 없는 현상에 대한 실질적인 해결책은 의외로 단순했다. 자료가 부족했던 것뿐이었다. 2004년 무렵 과학자들은 추가로 수백여 가지 형태의 암모나이트에 대한 자료를 더 수집했고, 결국 두 번째 봉우리 주변에도 암모나이트들이 모이게 된다는 사실을 확인했다.[25] 형성 가능한 모든 암모나이트 형태 중에서도 진화는 물속에서 이동하는 데 가장 효율적인 두 가지 형태를 선택했다. 시월 라이트의 유전학 관련 용어로 설명하자면, 지형도의 이 두 봉우리는 유전자의 각기 다른 조합을 의미하는 것이다. 이를 통해 형태는 비록 각기 다르지만 효율성 측면에서는 똑같이 최적화된 암모나이트의 형태가 만들어졌다. 불행히도 우리는 여기에 어떤 유전자가 작용을 했는지 혹은 암모나이트들이 어떻게 이 봉우리 주변에 모이게 되었는지 알 수는 없다. 암모나이트들은 이미 수백만 년 전에 지구상에서 모두 사라졌기 때문이다.

암모나이트와 말의 이빨, 후추나방의 적합 지형도들은 물속에서의 이동에 따른 유체역학과 저작咀嚼, 즉 씹어 삼키는 행위의 구조와 원리, 시각적 위장술이라는 확실한 물리학적 기반을 바탕으로 만들어졌다. 하지만 다른 적합 지형도들은 동물의 행동 같은 조금 더 일반적인 현실을 바탕으로 하고 있는데, '헬리코니우스Heliconius'라는 학명으로 알려진 화려한 모습의 열대 나비를 예로 들어보자.

나비처럼 느리게 움직이는 섬세한 생명체가 왜 수백만 년을 살아오면서 후추나방의 생존 전략과 같이 자신의 모습을 감추는 확실한 방법을 선택하지 않았는지 의문이 드는 것은 어쩌면 당연한 일일 것이다. 놀랍게도 헬리코니우스나비는 완전히 반대가 되는 방법을 선택했다. 이 나비들은 화려한 날개의 색깔을 뽐내며 오히려 자신들의 모습을 드러낸다. 헬리코니우스나비의 어떤 종들은 새카만 날개 위에 붉은색 줄을 하나만 더해 간결하면서도 우아한 아름다움을 뽐내며, 또 어떤 종들은 노란색이 흩뿌려진 듯한 모습을, 어떤 종들은 몸통을 중심으로 붉은색 선이 사방으로 뻗어나가는 듯한 모습을 하고 있기도 하다. 눈이 부실 정도로 노란색과 주황색을 아낌없이 내보이는 종도 있다.

어떤 동물이 왜 굳이 두드러지게 자신의 존재감을 드러내 보이는지 그 이유를 알기 위해서는 비슷한 행동을 하는 다른 유기체들을 찾아보는 것이 도움이 될 것이다. 거기에는 화려하지만 치명적인 독을 품고 있는 산호뱀 혹은 매력적이지만 독이 있는 독개구리 등이 포함된다. 이런 동물들이 뜻하는 바는 아주 분명하다. 자신에게 함부로 접근하지 말라는 것이다.

헬리코니우스나비는 강력한 독 같은 것은 없다. 하지만 적을 어느 정도 방어할 수 있는 자신만의 기술을 가지고 있다. 이들의 애벌레는 주로 시계꽃을 먹는데, 이 시계꽃에는 스스로를 방어할 수 있는 청산글리코시드cyanogenic glycoside 같은 위험한 화학물질이 포함되어 있다. 헬리코니우스나비의 애벌레는 이런 독성 물질에 대한 내성을 가지고 있을 뿐만 아니라 독성 물질을 섭취함으로써 스스로 어느 정도의 독성을 띠게 된다.[26]

고속도로 위에 있는 광고판이 반복적으로 노출될 때 그 효과가 가장 큰 것과 마찬가지로 일종의 경고의 색깔, 기술적 용어로 말해 '경계색aposematic color'은 더 많은 동물들이 비슷한 색깔로 무장했을 때 포식자들의 뇌리 속에 깊게 박히게 된다. 다시 말해, 독을 지닌 동물들은 숫자로 자신들의 위세를 과시하는 것이다. 일정 구역의 숲속에 살고 있는 독성을 품은 나비들이 모두 다 비슷한 색깔이라면, 단 한 마리라도 포식자에게 잡아먹힐 확률을 줄일 수 있을 것이다. 우리는 우연히 독이 있는 나비를 먹었다가 운 좋게 살아남은 순진한 포식자는 평생 그 기억을 잊지 않고, 비슷한 종류의 나비를 다 피하게 되리라 생각할 수 있다. 하지만 이 포식자는 1972년 워싱턴대학교의 동물학자 우드러프 벤슨Woodruff Benson이 실험을 통해 증명해낸 것처럼, 낯설고 새로운 색깔의 나비를 보면 거리낌 없이 기꺼이 덤벼들어 먹어 치우려고 할 것이다. 벤슨은 검은색 날개의 헬리코니우스나비들을 잡아서 날개 위에 붉은색으로 줄을 그린 후 다시 숲속에 풀어주었다. 벤슨의 예상대로 색깔이 바뀐 나비들은 시간이 지날수록 점점 더 살아남기가 어려웠고 설령 살아남았다고 해도 새는 물론 파충류와 포유류에게 공격 받아 여기저기 상처 입은 모습으로 발견되었다.[27]

이런 모든 사실을 염두에 두고 각기 다른 두 날개 색깔을 나타내는 두 개의 기본 축이 있는 적합 지형도를 상상해보자. 예를 들어 한 축은 붉은색 날개를 나타내며 또 다른 축은 검은색 바탕에 노란색이 섞인 날개를 나타낸다고 했을 때, 만일 많은 나비들이 비슷한 계열의 보호색을 띠고 있다면 이 지형도에서 하나의 봉우리가 만들어질 것이다. 봉우리 밖에 있는 다른 색 계열의 돌연변이 나비들은 제대로 자신의 몸을 보호하지 못하고 굶주린 포식자들에게 집중적으로 공격 받아야 한다.

경계색과 관련된 적합 지형도에서 진화된 나비들이 봉우리 쪽으로 모여들게 되는 것은 많은 숫자가 함께 모여 있을 때 자신의 안전이 보장되기 때문이다. 이와 같은 보장은 대단히 중요한 영향을 미친다는 것이 밝혀졌다. 같은 헬리코니우스나비라 할지라도 더듬이나 생식기관, 그 밖의 다른 특징들로 구분되는 나비들까지 동일한 경계색을 가지게 되는 쪽으로 진화했다.[28] 그리고 모두들 지형도의 다른 어떤 곳보다도 봉우리 근처에서 더 안전하게 지낼 수 있었다. 이것은 자연선택이 다른 종들이 조금 더 비슷하게 되는 데 도움을 주는 과정인 이른바 수렴 진화의 놀라운 사례라고 볼 수 있다. 동시에 '뮐러 형의태Mullerian mimicry'의 사례가 된다. 뮐러 형의태는, 이 현상을 발견한 19세기 독일의 박물학자 프리츠 뮐러Fritz Muller의 이름에서 따온 것으로, 독성을 품고 있는 종들이 서로 닮아가는 현상을 의미한다.

나무껍질에 맞추어 날개 색깔을 바꿀 필요가 있었던 후추나방과 달리, 나비의 경계색은 다른 많은 나비들이 비슷한 색깔로 바뀌고 포식자가 그런 사실을 인지하고 있는 이상 그 색깔이 다양해질 수 있다. 각기 다른 지역에 살고 있는 헬리코니우스나비들이 각기 다른 색깔을 선보인다고 해도 그런 현상을 막을 수 있는 것은 아무것도 없다. 어느 한 개체군에서 모든 구성원들이 검은색 바탕에 붉은 줄이 하나 그려진 날개를 갖고 있을 수도 있고, 또 다른 개체군의 구성원들이 눈부시게 밝은 노란색과 주황색의 날개를 갖고 있다고 해도 상관없다는 뜻이다.

이것은 이론이 아니라 실제로도 그러하며, 아마존강 유역 수천 평방 마일에 달하는 십여 개 이상의 서로 다른 지역에서 이런 사실을 확인할 수 있다. 게다가 지역에 따라서 나비들의 경계색이 고정되어 있는 것만은 아니었다. 한 지역에서 서로의 색깔을 흉내 내는 두 가지 종의 나비들이 있다면, 서식 지역이 달라도 지역을 넘나들며 서로의 색깔을 흉내 내는 나비들도 자주 찾아볼 수 있었다. 이 두 지역 나비들의 경계색 형태가 비슷하다면 그것은 그리 놀랄 일이 아닐지도 모른다. 두 가지 종의 나비들이 경계선을 넘나들고 있다고 설명하면 간단한 일이다. 그런데 그런 경계색의 양식이나 형태는 또 서로 완전히 다를 수도 있었다. 다시 말해, 각기 다른 지역에 퍼져 살고 있는 서로 다른 종의 나비들은 자기 지역의 경계색 양식이나 형태를 독립적으로 유지하는 경우도 있었던 것이다.

수렴 진화의 다양한 사례는 널리 퍼져 있는 색깔의 종류와 형태에 의해 제공되는 보호 작용의 위력을 강조해주고 있다.[29] 어쩌면 우리는 이런 경계색의 선호와 관련한 지리적 다양성이 어디에서부터 시작되었는지 확실히 알아내지 못할 수도 있다. 하지만 약 250만 년 전에 시작되었던 홍적세洪積世 시대에 우리 지구에 존재했던 훨씬 더 낮은 기온의 환경에서 어떤 실마리를 찾을 수 있을지도 모른다. 이 시기, 지구 대부분의 지역은 얼음으로 뒤덮여 있었고 헬리코니우스나비의 서식지인 아마존 열대우림 지역은 방대하고 개방된 초원으로 둘러싸인 육지의 섬과 같은 형태의 작은 숲이었을 것이다. 그렇다면 나비들은 그런 초원을 가로질러 통과할 수는 없다.[30] 그러면 그 고립되고 안정적인 지역을 각기 다른 나비 개체들이 각기 다른 경계색을 진화시킬 수 있는 진화의 온실이나 실험실이라고 상상해보자. 지구의 기온이 다시 올라가게 되자 이 섬과 같던 숲은 점차 그 크기가 넓어져 지금 우리가 알고 있는 거대한 열대우림 지역으로 변모했다. 나비들의 개체 수도 이와 함께 늘어났지만 강이나 산맥과 같은 자연의 장벽에 의해 여전히 분리되어 있는 상태였다.

서로 각기 다른 경계색의 유형이 실제로 어디에서부터 시작되었는지는 모르지만 우리는 적어도 헬리코니우스나비 경계색의 적합 지형도가 그리 간단하지는 않다는 한 가지 중요한 사실은 깨달을 수 있다. 그 적합 지형도에는 여러 봉우리가 있을 것이며 각 봉우리는 아마존강 유역의 각기 다른 지역을 지배하고 있는 각기 다른 경계색을 의미한다.[31]

시월 라이트가 적합 지형도를 구상했을 때 그는 암모나이트나 나비에 대해서는 생각하지 않았고 그저 자신의 품종개량 실험과 거기에서 드러난 복잡한 유전자 상호작용에 대해서만 생각하고 있었다. 하지만 라이트의 수학적 계산은 이런 상호작용이 두 개 혹은 심지어 십여 개 이상의 봉우리가 있는 적합 지형도로 이어질 수 있다는 사실을 보여주었다. 그뿐만 아니라 라이트는 지형도가 상상을 초월할 정도로 복잡해질 수 있다는 사실도 깨달았다.

라이트의 연구 내용에 대해 조금 더 자세히 알아보기 위해 문제의 후추나방을 다시 한번 찾아가보도록 하자. 후추나방의 날개는 다양한 색조의 회색을 띠고 있었지만, 크게 두 가지 유형으로 구분이 가능했다. 바로 조금 더 밝은색 계열의 '티피카typica'와 어두운 계열의 '카르보나리아caronaria'다.[32] 유전학 관련 용어로 보면 이 두 종류의 나방들은 각기 다른 두 가지 '표현형phenotype'을 가지고 있다. 표현형이란 유기체에서 겉으로 드러나는 여러 특징이나 특성을 의미한다. 이 두 가지 표현형은 두 가지 다른 '유전자형genotype', 즉 외형을 만들어내는 DNA에 의해 결정된다. 두 가지 유전자형은 똑같은 유전자에서 나온 두 개의 각기 다른 대립유전자들이며 오스트리아의 유전학자이자 성직자였던 그레고어 멘델Gregor Mendel이 자신의 수도원에 있는 완두콩 텃밭 사이를 지나가다 처음 발견했던 것 같은, 거의 알아차릴 수 없는 원자와 같은 방식으로 이어져 내려올 수 있다.[33] 나방의 날개는 기본적으로 밝은색이거나 어두운색 계열이기 때문에, 그림 1-2의 1차원 지형도의 계속해서 이어지는 밝은색과 어두운색을 나타내는 축을 그림 1-5a에서 볼 수 있는 것처럼 더 단순하게 밝은색 계열과 어두운색 계열의 나방을 이어주는 선 하나로 대신할 수도 있다. 선의 양 끝 지점에는 각기 다른 적합성 값이 있어서 각기 다른 색깔의 나방이 어떻게 살아남아 번식하는지를 설명해준다. 그림 자체만으로는 그 값을 보여주지는 않는다.

　나방의 생존에 필요한 것이 날개 색깔뿐이라면 이 이야기는 여기서 끝나야 한다. 하지만 또 다른 특성들 역시 생존에 중요한 역할을 하며 거기에서부터 이야기는 다시 복잡해지기 시작한다. 날개의 크기는 그런 특성들 중 하나이며 우리는 일부 유전자의 돌연변이가 거기에 영향을 미친다는 사실을 알고 있다.

그런 유전자의 대립유전자를 가지고 있는 나방들은 정상적인 커다란 날개를 가지고 있는 반면, 다른 돌연변이 대립유전자를 갖고 있는 나방들은 날개 크기가 더 작아질 것이다. 날개 크기가 더 작아지면 비행 능력이 떨어질 수밖에 없고 따라서 적합성도 줄어들게 된다. 두 가지 각기 다른 날개 색깔의 대립유전자와 두

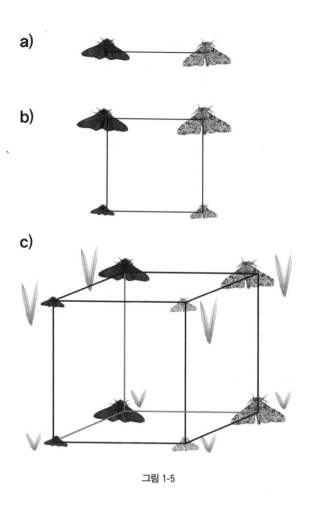

그림 1-5

가지 각기 다른 날개 크기의 대립유전자들이 하나로 합쳐지면 네 가지 유전자형의 형성이 가능해진다. 그리고 그림 1-5b에서 보는 것처럼 사각형 꼭짓점으로 나타낼 수 있다.

여기서 더 복잡해질 수 있을까? 이제 세 번째 유전자에 대해 생각해보자. 이 유전자는 나방의 더듬이 크기에 영향을 미친다. 더듬이라는 이 신비스러운 감각기관을 통해 수컷 나방은 수 마일 떨어진 곳에 있는 암컷 나방을 향해 곧장 날아갈 수 있으며, 또 1평방미터당 분자 크기로 남아 있는 암컷 나방의 희미한 페로몬 흔적을 감지할 수도 있다. 더듬이와 관련한 변형 유전자 중 어떤 종류는 정상적인 더듬이를 가진 나방을 만들어내지만, 또 다른 변형 유전자는 더듬이 크기가 줄어든 나방을 만들어낸다. 그렇게 태어난 나방들은 감각이 둔해져 암컷의 흔적을 제대로 찾아내지 못할 수 있으며, 그렇게 되면 두말할 나위 없이 적합성의 또 다른 중요한 측면이라고 할 수 있는 번식에 있어서 크게 불리한 위치에 서게 된다.

더듬이의 크기를 결정짓는 이런 대립유전자가 추가되면 이제 여덟 가지 유전자형 형성이 가능해진다. 둘은 더듬이 크기를, 둘은 날개 색깔을, 또 다른 두 유전자형은 날개 크기에 영향을 미치게 되는 것이다. 이 유전자형들을 그림 1-5c의 정육면체 각각의 모서리에 배치한다. 모서리 나방 그림 옆에 나뭇잎처럼 보이는 것은 바로 더듬이를 나타낸다. 그림 1-5a와 1-5b의 경우처럼 이 그림 역시 유전자형의 적합성 값을 보여주지는 않는다.

또 다른 유전자들은 정확한 시력이나 먹이가 없는 기간을 견디어내는 능력, 또 포식자들을 피하거나 꽃에서 필요한 먹이를 구하는 능력 등과 같은 그 이상의 특성들에 영향을 미친다. 이런 새로운 특성과 우리가 추가한 대립유전자들이 합쳐지면서 유전자형의 숫자는 두 배로 늘어나게 된다. 각각 한 가지, 두 가지, 그리고 세 가지 특성에 따라 우리는 선의 끝 지점과 사각형의 모서리와 정육면체의 모서리에 가능한 유전자형을 그릴 수 있으며, 이는 각각 1차원, 2차원, 3차원으로 표현된다. 하지만 네 가지 특성과 그에 따른 열여섯 가지 가능한 유전자형의 경우 우리는 이를 표현하기 위해 같은 정육면체라도 4차원의 형태가 필요하다. 수학자들은 이런 고차원 육면체를 이른바 '초입방체hypercube'라고 부른다. 우리는 이 초입방체를 시각적으로 제대로 구현할 수는 없지만 기하학적 법칙을 그대로 따르고 있기 때문에 수학적으로는 설명할 수 있다. 예를 들어, 초입방체의 모서리의 숫자는 한 차원씩 더해질 때마다 두 배로 늘어난다. 4차원의 초입방체에는 열여섯 개의 모서리가 있고 5차원 초입방체는 서른 둘, 6차원 초입방체에는 모서리가 예순네 개가 있는 식이다.

초기 진화생물학에서 나방이 맡은 중요한 역할은 곧 학명 '드로소필라 멜라노가스터Drosophila melanogaster'인 작은 초파리에게로 넘어가게 된다. 유전학자들이 특히 초파리를 선호하는 이유는 다음과 같다. 우선 크기가 작아 몇천 마리라도 실험실에서 쉽게 키울 수 있고 보관이 용이하며 먹이 문제도 까다롭지 않다. 아주 약간의 효모나 옥수수 가루, 설탕이면 충분하기 때문이다. 초파리의 장점은 여기에서 그치지 않는다. 초파리의 번식 속도는 무시무시할 정도이며 몸집이 아주 작지만 날개의 모양과 눈의 색깔, 더듬이의 크기 등 값싼 장비로도 충분히 관찰·연구가 가능한 다양한 특성을 지니고 있다.

이러한 장점들 때문에 토마스 헌트 모건Thomas Hunt Morgan 같은 미국의 유전학자들은 돌연변이 유전자를 찾아내기 위해 수천 마리의 초파리들을 샅샅이 연구했다. 모건은 1908년부터 시작해 2년이 넘는 각고의 노력 끝에 그가 '백색white'이라고 명명한 대립유전자를 찾아내는 첫 번째 커다란 성과를 거두었다. 일반적으로 초파리의 눈은 선명한 붉은색인데, 이 유전자에 의해 하얀색 눈을 가진 초파리가 태어나게 되는 것이다.[34] 이 첫 번째 돌연변이 대립유전자가 발견된 이후 다른 유전자들의 발견도 빨라졌다. 이 유전자들은 눈의 색깔뿐만 아니라 날개나 몸통의 크기와 모양, 눈과 더듬이, 털 등과 같은 중요한 감각기관들의 구조와 같은 모든 종류의 특성은 물론 수명과 번식력 같은 핵심 특성에까지 영향을 미친다.

시월 라이트가 적합 지형도의 개념을 제시했던 1932년 무렵, 초파리 관련 실험을 통해 이미 400여 개의 서로 다른 초파리 유전자에서 돌연변이가 확인되었다.[35] 이 400여 개의 유전자 하나하나가 오직 두 개의 대립유전자만을 갖고 있다고 해도, 그로 인해 만들어지는 가능한 유전자형은 2^{400}개에서 10^{120}개에 이르게 되며 유전자형마다 다른 모든 유전자형들과 다를 수 있는 적합성 값이 따라붙게 된다. 그야말로 우주에 존재한다고 알려져 있는 10^{90}개의 수소 원자 숫자와 비교해도 엄청나게 많은 숫자가 아닐 수 없다. 그림 1-5의 나방들을 통해 확인한 것을 떠올려보자. 이런 각각의 유전자형이 입방체의 각 모서리에 위치한다는 것을 생각하면, 그 입방체는 400차원은 되어야 하는 셈이다. 그 결과 만들어진 특별한 대립유전자가 결합된 초파리의 지형도는 우리에게 익숙한 3차원의 산맥 모양과는 천지 차이일 것이다. 그 대신 입방체의 각 모서리는 지형도의 각 '지점location'에 해당하게 될 것이며 그 적합성은 이 지점의 '고도altitude'가 될 것이다.

일반적인 지형도에 대한 이런 추상적인 개념은 우리의 일상적인 경험과는 완전히 다르다. 사실 시월 라이트는 지형도라는 개념을 처음 제시할 때부터 이미 생각하고 있었다. 다만 나머지 다른 사람들과 마찬가지로 제한된 3차원 기하학으로는 그런 모습을 시각화할 수 없었을 뿐이다. 그래서 자신의 상상력을 훨씬 뛰어넘는 복잡한 문제를 만나게 되었을 때 대부분의 사람들이 그러는 것처럼 그냥 무시해버렸다. 적합 지형도에 대해 마치 3차원 안에서만 존재하며 우리에게 익숙한 봉우리며 협곡만 있는 것처럼 계속해서 이야기했다. 하지만 누가 라이트를 비난할 수 있을까? 기하학에 대한 우리의 모든 직관은 결국 우리가 살고 있는 3차원의 세계에서 비롯된 것이 아닌가? 더 높은 차원에 적용할 수 없을지는 몰라도 그것이 바로 우리의 한계다.

이런 한계에도 불구하고, 그리고 지형도와 그 안의 봉우리들이 터무니없이 간단하게 묘사되어 있다 하더라도, 그 지형도라는 개념의 가치가 엄청나다는 사실은 부인할 수 없다. 지형도에 나타나는 모양을 통해 우리는 생물학적 진화에서 혁신은 어떻게 일어나는지, 어떤 창의적 과정을 통해 뛰어난 보호색을 갖춘 나방이며 효율적으로 헤엄치는 암모나이트, 화려하지만 독성을 품은 나비들이 태어나게 되었는지에 대한 실마리를 얻을 수 있는 것이다. 게다가 우리는 나중에 이러한 지형도들이 또 다른 형태의 창의성을 이해하는 데에도 유용하게 사용될 수 있다는 사실을 알게 될 것이다. 그리고 심지어 3차원의 지형도 비유가 잘 들어맞지 않을 때에도, 아니, 특별히 그런 경우에 더욱 창의성에 대한 중요한 교훈들을 배울 수 있다.

진화 지형도의 복잡성은 또한 또 다른 점을 시사하고 있다. 모건과 라이트 같은 유전학자들이 생명체의 유전적 복잡성을 처음 어렴풋이 깨달았을 때 그들은 생각했던 것보다 더 많은 것을 얻을 수 있었다.

하지만 나중에 밝혀진 것처럼 그들은 그때까지는 아무것도 제대로 알아차리지 못했다.

2장

/

분자
혁명

LIFE FINDS A WAY

LIFE FINDS A WAY

　　파리 친구들fly boys로 알려진 모건과 동료 연구
자들은 '백색' 유전자 외에도 훨씬 더 많은 것을 발견했다. 그들
은 염색체 안에 위치한 유전자들도 발견했는데, 이 발견을 통해
모건은 1933년 노벨생리의학상을 수상했다. 또한 모건은 유전
자 지도 제작법을 고안해냈으며 이를 통해 과학자들은 다섯 개
의 초파리 유전자 모두에서 백색 유전자와 같은 유전자들의 위
치를 추적할 수 있게 되었다. 모건의 연구 성과는 반세기가 흐른
지금도 여전히 영향력을 미치고 있어서 유방암 같은 질병과 관
련한 유전자들을 인간 유전체 안에서 찾아내는 일에도 도움을
주고 있다. 하지만 그는 더 큰 성과를 올릴 수 있는 기회를 놓치
고 말았는데, 유전자의 각기 다른 대립유전자들이 어떻게 각기
다른 표현형이 나타날 수 있도록 영향을 미치는지 이해하는 데
에는 실패하고 말았다. 비록 모건의 연구가 그 기반을 닦았다고

는 하나, 그에 따른 성과를 거두기 위해 생물학에서 분자혁명이 일어날 때까지는 수십 년 세월을 더 기다려야 했다.

분자혁명은 미국의 세균학자 오즈월드 에이버리Oswald Avery가 1944년 폐렴 박테리아의 사체에서 추출한 DNA가 다른 무해한 박테리아를 살아 있는 폐렴 박테리아만큼이나 위험천만한 살인자로 바꿀 수 있다는 사실을 밝혀내면서 시작되었다. 이렇게 시작된 혁명은 1953년 제임스 왓슨James Watson과 프란시스 크릭Francis Crick이 DNA의 이중나선 구조를 발견하고, 유전자형의 화학적 구조를 분명하게 밝혀내는 것으로 이어졌다.[1] 이 유명한 DNA 이중나선 구조의 각각의 가닥은 각기 다른 네 개의 뉴클레오티드 구성 요소로부터 만들어지는데, 네 개의 기본 염기인 아데닌adenine, 구아닌guanine, 사이토신cytosine, 타민thymine에 의해 구분된다. 이 기본 염기들은 줄여서 A, C, G, T로 표시하며 DNA의 분자 알파벳을 이룬다. 이러한 구조를 가진 분자는 이상적인 정보 전달자라고 할 수 있다. 영어 단어나 문장처럼 네 가지 알파벳을 각기 다르게 배열해 부모가 자식에게 전달하듯 각기 다른 정보들을 전달할 수 있기 때문이다.

세포가 유전자의 DNA 안에 있는 정보를 해독할 때는 먼저 DNA의 문자열을 RNA 혹은 리보핵산으로 옮긴 뒤 전사한다. 이 RNA 분자는 보통 단순히 중개 역할을 하며 그 진짜 역할은 단백질의 아미노산 문자열로 해독된다. 이 과정이 완료되면 이 아미노산 끈 근처에 있어서 충돌하게 되는 분자들의 열기나 끝없는 진동에 의해 끊임없이 흔들린다. 이런 충돌에서 발생하는 에너지는 단백질이 복잡한 3차원 형태로 접혀지게 되는 것을 돕는

데, 생화학자들은 이를 배좌配座라고 부르기도 한다. 이렇게 접혀진 단백질은 또한 열기에 의해 진동하며 이 진동을 통해 단백질은 무수히 많은 유용한 작업들을 수행할 수 있게 된다. 단백질 효소들은 이 지구상에 살고 있는 유기체들 안에서 일어나고 있는 각기 다른 수천 가지 화학적 반응을 촉진시키는데 각각 효소의 독특한 3차원 형태로 인해 그런 반응이 가능해질 수 있는 것이다. 단백질은 수백여 가지 각기 다른 영양소들을 세포에 공급하며 이를 통해 많은 종류의 폐기물 분자들을 배출할 수 있다. 단백질은 분자 골격을 단단하게 만들며 우리의 세포가 형태가 없는 덩어리로 무너져 내리는 것을 막아준다. 이를 통해 두뇌 세포는 간세포肝細胞와는 시각적으로 구분될 수 있도록 바뀐다. 단백질 호르몬은 우리 몸의 혈당을 조절하는 인슐린과 모유 생산을 가능하게 해주는 프로락틴 혹은 고통을 감소시켜주는 다양한 엔돌핀처럼 우리 몸이 계속해서 움직일 수 있도록 해준다.[2] 그리고 단백질은 그 자체가 단백질이기도 한 회전하는 박테리아의 편모와 수축된 포유류의 근육에 의해 생명을 유지한다. 이렇게 부지런히 자기 역할을 하는 분자들이 없다면 생명체는 이른바 원생액原生液으로부터 세상 밖으로 그 모습을 드러내지 못했을 것이다. 이런 모든 단백질들은 그 단백질을 생산하는 유기체의 유전자 안에서 암호화되어 있다. 우리 인간은 2만여 개 이상의 유전자를 갖고 있으며, 초파리와 같은 유기체들의 유전자 숫자는 1만 5천여 개 내외, 그리고 대장균 같은 아주 단순한 유기체의 경우 불과 수천여 개의 유전자로 이루어져 있다.[3]

이러한 각각의 유전자들은 그 DNA 문자열을 따라 어디에서든 돌연변이를 일으킬 수 있다. 또 이러한 돌연변이는 고에너지 분자나 원자들이 DNA와 충돌할 때, 신진대사의 파괴적 부산물들이 DNA와 반응할 때 혹은 DNA 복제 효소, 즉 또 다른 중요한 종류의 단백질이 DNA를 복제하는 동안 오류를 일으킬 때 발생한다. 이러한 과정들이 각기 다른 종류의 돌연변이들을 만들어내는 것이다. 그중 특히 자주 발생하는 '점 돌연변이'는 유전자의 문자 하나만 바꾼다. 이러한 분자의 오자誤字들이 만들어낼 수 있는 대립유전자들의 총 개수를 계산하는 것은 그리 어렵지 않다. 일반적으로 볼 때 그다지 길지 않은 천여 개의 뉴클레오티드 문자를 갖고 있는 유전자에게 있어 첫 번째 문자는 분명 A, C, G, T 등 네 문자 중 하나일 것이다. 넷 중 어느 것이 되든지, 예컨대 C라고 해보면, 이 문자는 A, G 혹은 T 등 다른 세 문자 중 하나로 언제든 바뀔 수 있다. 따라서 첫 번째 문자를 바꾸어서 만들어질 수 있는 세 개의 돌연변이 문자가 존재하는 셈이다. 천 개의 두 번째, 세 번째 문자에도 이와 똑같은 논리가 차례로 적용될 수 있으며 그렇게 천 번째 문자까지 이어질 수 있는 것이다. 이런 모든 가능성이 하나의 DNA 오자가 만들어낼 수 있는 3천 개의 새로운 대립유전자에 더해진다. 이 숫자는 더 긴 유전자가 있을 경우 더 늘어날 수 있고, 한 번에 한 문자 이상을 만들어내는 돌연변이들에게도 마찬가지다.

이런 모든 사실은 오늘날의 생물학자들이 몇 개의 유전자와 역시 몇 개의 대립유전자들만 고려했던 시월 라이트의 지형도보다 훨씬 더 거대하고 엄청나게 복잡한 지형도들을 고려해야만 한다는 사실을 의미한다. 우리가 1만 5천 개 유전자 중 하나의 오자에 의해 만들어질 수 있는 초파리 유전체의 모든 변형에 대해서만 생각한다고 해도 그 결과로 만들어지는 지형도에는 3000^{15000}이라는 어마어마한 숫자의 유전자형이 존재할 수 있게 될 것이다.[4] 그야말로 있는 그대로 숫자를 적으면 이 책의 몇 페이지는 충분히 채울 수 있을 정도로 숫자 0이 늘어서게 되는 것이 아닌가. 이런 모든 유전자형은 여전히 고차원 입방체의 모서리들 위에 배치될 수 있지만 이 입방체의 모서리 숫자는 시월 라이트가 생각했던 입방체 모서리의 숫자를 훨씬 넘어서게 될 것이다. 라이트의 초입방체만 해도 이미 우주의 원자 숫자보다 더 많은 모서리를 갖고 있지 않았던가. 우리 우주에 있는 각각의 원자가 다른 우주를 갖고 있다거나 이 각각의 우주들이 역시 우리 우주에 존재하는 것만큼의 원자를 갖고 있다고 해도, 이 모든 우주 안에 존재하는 원자의 총 개수는 초파리 유전자형의 가능한 개수 앞에서는 초라해질 수밖에 없을 것이다.

또한 분자혁명은 돌연변이가 유전자형과 표현형을 정확히 어떻게 바꾸는지를 분명히 보여주었다. 유전자의 문자 하나를 바꾸는 돌연변이는 하나의 꼭짓점에서 인접한 꼭짓점까지, 모든 DNA 서열의 거대한 초입방체를 바꿀 수 있고, 이러한 변화는 종종 표현형을 변화시키는 암호화된 단백질까지 바꾸어놓는다. 예를 들어 '백색' 유전자는 눈 색깔 색소를 암호화하지 않고 이런 눈 색소의 분자 구성 요소를 전달하는 운송 단백질을 암호화하기 때문에 초파리의 눈 색깔에 영향을 미치게 된다. 이러한 유전자의 돌연변이는 바로 운송 단백질에 문제를 일으키고 그 때문에 분자 구성 요소가 눈 속 목적지에 결코 제대로 도착하지 못하

기 때문에 눈의 색깔을 백색으로 바꾸게 되는 것이다.[5]

분자혁명이 생명체에 대한 우리의 관점을 대단히 심오하게 만들어주었지만 시월 라이트의 적합 지형도의 원리는 변함없이 그대로 남아 있었다. 생물학자들은 여전히 유기체란 어떤 적응적 가치나 적합성을 갖고 있는 존재라고 생각한다. 우리는 유기체의 유전자형을 어떤 위치로, 그 적합성은 적합 지형도에서 높이 솟아 있는 부분으로 생각한다. 그리고 유기체 개체군이 자신들이 마주하게 된 문제를 해결한 창의적 방법, 그러니까 효율적으로 헤엄치는 방법이나 포식자들을 피해 달아날 수 있는 방법 등을 찾았을 때 우리는 여전히 이 지형도를 3차원의 산맥 그림과 비슷하게 상상한다. 제한된 우리의 머릿속에 고차원적 유전자 공간이라는 거대한 초입방체를 억지로 채워 넣을 수 없기 때문이다.

마치 치열한 경쟁을 통해 인간들이 최고의 자리에 오를 수 있듯, 자연선택을 통해 유기체 개체군들은 적합 지형도의 어떤 봉우리에라도 오를 수 있다. 그러기 위해서 자연선택이 필요한 것이다. 하지만 분자혁명에 의해 드러난 실제 지형도들의 복잡성은 자연선택만으로는 충분하지 않다는 사실을 적나라하게 드러내고 있다. 암모나이트의 지형도에는 봉우리가 두 개 있었고 헬리코니우스나비의 경우는 봉우리 숫자가 십여 개에 달했다. 하지만 정말로 복잡한 지형도의 경우 더 많은 봉우리가 있을 수 있다. 또한 이러한 봉우리들의 높이는 서로 각자 다를 수 있을뿐더러 지형도 자체의 지형 역시 그만큼 대단히 다양할 수 있다. 어떤 봉우리들은 부드럽게 이어지는 반면 급격한 경사를 이루는 봉우리들도 있다. 봉우리들이 각기 독립적으로 지형도 전체에 퍼져 있을 수도 있고, 또 우리가 알고 있는 산맥의 모양 비슷하게 낮은 곳에서 높은 곳까지 이어져 있을 수도 있다.

이와 같은 지형도들은 자연선택의 그 유명한 '맹목적 성향' 때문에 자연선택의 영향력을 제한할 수 있다. 자연선택이 산의 표면을 따라 흩어져 있는 어느 개체군에 영향력을 미칠 때는 보통 아래쪽에 있는 모든 돌연변이가 도태되고 오직 위쪽에 있는 것들만 남는다. 그리고 가장 가까이 있는 봉우리 쪽으로 남아 있는 개체군들을 맹목적으로 몰아가게 된다. 개체군은 낮은 언덕의 아래 부분에서 시작해 가장 가까이 있는 봉우리, 그러니까 전문 용어로 '지역local' 봉우리라고 불리는 곳에 오를 수 있지만, 그와 동시에 그 자리에서 완전히 멈추어버릴 수도 있다. 가차 없이 진행되는 이 오르막길을 향한 행진에서 자연선택은 개체군이 이 지역 봉우리와 옆의 더 높은 봉우리 사이를 갈라놓고 있는 협곡을 뛰어넘도록 해주지는 않는다. 여타 나비들과는 다른, 인기 없는 경계색을 갖고 있는 나비들을 골라 공격하는 포식자들처럼 자연선택은 열등한 변종들의 생존을 무자비하게 가로막는다. 심지어 그야말로 가장 높은 봉우리에 오르려 애를 쓰는 개체군도 그렇게 올라가는 도중에 예상하지 못한 험난한 지형에 발목 잡힐 수 있다. 한 걸음 더 나아가기 위해서는 그런 경우 최소한 몇 걸음 뒤로 물러서서 상황을 살펴보아야 하는데, 자연선택 때문에 그렇게 할 수도 없다. 이 책에서 제일 처음 험준한 산의 모습으로 등장했던 그림 1에서 그 정상은 눈앞에 있는 것 같지만 영원히 가서 닿을 수 없다. 자연선택이 치명적인 결함을 지닌 강력한 엔진과 비슷하기 때문이다. 자연선택은 오로지 위로 전진하는 것밖에는 모른다.

시월 라이트는 이미 적합 지형도에 많은 봉우리가 있는 것에 대해 염려하고 있었다. 하지만 그 문제가 얼마나 심각해질 수 있는지 분명히 드러난 것은 1987년이 되어서였다.[6] 생물학자인 스튜어트 카우프만Stuart Kauffman과 사이먼 레빈Simon Levin은 각기 다른 유전자형의 적합성은 가능한 값의 범위 안에서 임의로 도출된다는, 가능한 가장 단순한 이론적 가정 아래 봉우리의 숫자를 추정했다. 이런 가정은 모든 가능한 유전자형의 적합성을 측정하는 일이 완전히 불가능하다는 사실을 생각해보면 다른 어떤 것들보다 오히려 더 좋은 출발점이 될 수 있었다. 라이트가 처음 제안했던 지형도의 유전자형 숫자가 10^{120}이었다는 사실을 한번 생각해보자. 심지어 현재 70억 명에 달하는 지구 인구 한 사람 한 사람이 지금 하고 있는 일들을 모두 그만두고 이제부터 100년 동안 초파리의 적합성을 계산하는 대단한 과업에 전력을 다하면, 그리고 1초에 초파리 한 마리를 확인하는 속도로 작업한다면 인간들로서는 대단한 규모인 10^{20}마리의 초파리를 확인할 수 있겠지만, 이는 라이트의 초파리 지형도에 등장하는 모든 초파리의 10^{100}분의 1에도 미치지 못하는 것이다.[7]

카우프만과 레빈의 계산은 심지어 가장 단순화한 이론적인 지형도 안, 모든 유전자에 가능한 대립유전자는 오직 두 개밖에 없는 지형도 안에서도 유전자형 1만 5천 개 하나당 봉우리가 하나씩 생길 것이라는 사실을 보여준다. 얼핏 보기에는 대단하게 느껴지지 않을 수도 있지만, 그것도 전체 봉우리의 숫자를 확인하기 전까지일 뿐이다. 실제로는 0이 4천 개나 붙는 숫자가 나타나게 되는 것이다.[8] 따라서 우선 적합 지형도의 크기부터 그저 상상을 초월할 뿐만 아니라 봉우리의 숫자 역시 그 못지않게 머리가 어지러울 정도가 된다. 설상가상으로 이 봉우리의 숫자는 가능한 유전자형의 숫자와 함께 폭발적으로 늘어나게 된다.[9]

이 모든 봉우리 중에 수많은 다른 봉우리를 내려다보는 유일한 하나의 최고봉은 일종의 에베레스트산이라고 볼 수 있다. 자연선택은 그 에베레스트산이 끝없는 오르막길을 수천 수백만 걸음 걸어야만 닿을 수 있는 곳일 때, 최고로 잘 적응한 유기체를 찾아낸다는 약속을 이행할 수 있다. 그런 오르막길이 존재한다고 가정하고 그 길을 찾기 위해서 카우프만과 레빈은 우선 어느 임의의 장소에서 시작해 개체 수가 가장 가까이 있는 봉우리에 오르는 데 걸리는 평균 걸음 수를 계산해냈는데, 일단 봉우리에 오르면 자연선택은 더 이상 그 자리에서 앞으로 더 나아갈 수 없다. 두 사람은 가장 가까이 있는 봉우리까지 가는 걸음 수가 열다섯 걸음보다도 적을 정도로 얼마 되지 않는다는 사실을, 그리고 한 개체군이 에베레스트산까지 도달하는 데는 턱없이 모자라다는 사실을 알게 되었다.[10] 대부분의 개체군들은 가장 가까이 있는 얕은 봉우리로 가게 된다.

이와 같은 이론적 계산 방식으로는 적합 지형도의 진짜 지형을 파악하고 봉우리들의 숫자를 확인하며 거기에 도달할 수 있는 모든 가능한 통로를 찾는 실험을 대신할 수는 없다. 불행하게도 이런 실험들은 어느 하나의 지형도도 결코 완벽하게 그려낼 수 없다. 유전체에 너무나 많은 변종들이 있기 때문이다. 하지만 적어도 실험을 통해 하나의 유전자 변이만 있는 것 같은 더 적은 범위에는 집중해볼 수 있다. 어떤 유전자라도 단백질 암호를 해독할 수 있다. 그리고 단백질만이 우리 세포를 위해 일하는 유일한 일꾼이 아니라 유전자형과 표현형 사이의 중요한 연결 관계 역시 같은 일꾼이라는 사실 때문에 이런 실험은 대단히 유용할 수 있다. 각각의 세포에는 각기 다른 수천 가지 종류의 단백질이 있고, 각각의 단백질은 맡은 바 역할이 있다. 따라서 표현형과 함께 유기체의 가장 작은 부분들 사이에 있는 단백질이라 할지라도 연구해볼 가치가 있다.

각각의 단백질은 DNA 문자의 끈이나 열에 의해 암호화되며 이런 모든 가능한 끈들의 총합, 즉 서열 공간이라고 불리는 부분은 가능성의 거대한 영역이라고 볼 수 있다. 그 공간을 진화가 진화의 역사 전체를 통해 발견한, 혹은 거기에 더해 미래에 발견될 수 있는 셀 수 없이 많은 모든 혁신적 단백질들에 대한 암호화된 자료가 보관되어 있는 도서관이라고 생각해보자. 도서관은 자연이 그 생화학적 기계장치들을 위한 새로운 부품들을 찾으러 가는 공간이기도 하다.[11]

이 공간에 대한 적합 지형도를 만드는 것은 각각의 DNA 서열 혹은 역시 암호화된 아미노산 서열이 정해진 역할과 목적에 얼마나 잘 어울리는지 확인하기 위해서다. 그러면서 단백질 효소가 당 분자를 분리할 수 있는 속도, 끌어당기는 역할을 하는 단백질이 근육 안에서 움직이는 속도 혹은 운송 단백질이 영양분을 세포까지 전달하는 속도 등도 측정한다. 그리고 이 지형도의 지형은 오로지 위쪽으로만 향하는 개체군의 이동을 위한 길만 열기 때문에 그와 동시에 새롭고 더 나은 단백질을 찾으려는 자연의 창의성에 제동을 가할 수도 있다.

그런데 불행하게도 심지어 이 단백질 자료의 도서관도 완벽하게 살펴보기에는 너무나 방대해서 각각 100개 이상의 아미노산이 함께하는 10^{130}개 이상의 단백질이 있으며 대부분의 단백질이 그보다 훨씬 더 길다. 따라서 실험자들은 그중에서도 숫자가 적은 짧은 끈이나 지형도를 통과하는 겉으로 드러나 있는 몇 가지 통로에만 초점을 맞추어야 한다. 심지어 이런 경우에라도 수많은 DNA와 단백질 끈을 만들어낼 수 있는 기술이 필요하며, 관련 기술이 충분히 효율적이 된 21세기 첫 10년이 될 때까지 기다려야만 했다. 시월 라이트가 지형도라는 개념을 처음 소개한 지 80여 년 만에 일어난 일이었다.

방대한 단백질 자료 도서관을 통과하는 길의 일부는 인간이 아니라 인간의 치명적 호적수인 질병의 원인이 되는 박테리아의 생명을 구하는 혁신으로 이어진다. 이 박테리아들은 베타락타마제betalactamase, 즉 의사들이 박테리아를 죽일 때 사용한 방어 무기인 항생제를 무장해제하는 단백질을 발견해냈다. 페니실린 같은 항생제들 안에서 만들어지는 원자들의 고리인 베타락탐betalactam의 이름을 따라 지어진 베타락타마제는 이 고리를 무너트리고 이 항생제들의 약효를 떨어트릴 수 있다. 베타락타마제가 박테리아를 죽음에서 구해낼 수 있기 때문에 자연선택의 원칙에 따라 박테리아 개체군을 통해 들불처럼 번져나가게 된다. 그러는 사이 박테리아 감염이 퍼지면서 무기력하게 남겨지는 환자들의 생명은 경각에 달한다. 베타락타마제와 같은 혁신은 끊임없이 새로운 방어 무기를 개발하고 있는 의학 분야 종사자들과 이런 무기들을 무력화시키는 새로운 방법을 찾기 위해 자연의 DNA 도서관을 돌아다니고 있는 방대한 개체 수의 박테리아들 사이에서 끝없이 이어지고 있는 군비 경쟁 속에서 나타나는 자연의 방어기제다.

인간이 개발한 공격 무기 중 특히 중요한 것은 수없이 다양한 종류의 박테리아를 무너트릴 수 있는 광범위한 효능의 항생제 세포탁심cefotaxime이다. 세포탁심은 세계보건기구의 필수 의약품 목록에 올라가 있기도 하다. 하지만 애통하게도 그 목록에 앞으로 더 오래 남아 있지 못하게 되는 것이 아닐까 하는 걱정이 생긴다. 한 가지 단순하고 불안한 문제 때문인데, 그 문제는 세포탁심을 무력화시키는 데는 현재의 베타락타마제 단백질에 몇 가지 수정만 가해지면 된다는 사실이다.

기존의 베타락타마제는 세포탁심을 무력화시키는 데 너무 많은 시간이 걸렸고, 의사들이 처방한 복용량 속에서 박테리아가 살아남는 데 많은 도움을 주지는 못했다. 하지만 그런 베타락타마제 단백질에서 단지 다섯 개 문자만 변화시키면 세포탁심을 무찌르는 효율이 무려 10만 배나 증가하게 된다는 사실이 밝혀졌다.[12] 새로운 단백질 변종은 세포탁심을 무너트릴 수 있는 단백질의 적합 지형도 안에서 어쩌면 가장 높은 봉우리는 아니더라도 높은 봉우리라고 말할 수 있다. 그렇다면 이 봉우리에 도달하는 일은 얼마나 힘들까? 꼭대기까지 이르는 길은 울퉁불퉁하고 험난할까, 아니면 부드러운 눈길 같을까? 이러한 질문에 대해

답할 수 있는 이상적인 실험은 이 봉우리 주변의 모든 단백질 변종들을 만들어내 세포탁심을 파괴할 수 있는 역량을 측정하고 그중 어느 것이 자연선택의 행진을 가로막을 수 있는 더 낮은 노두露頭인지를 찾아내는 것이다. 하지만 역시 안타깝게도 그 숫자가 너무나 많다. 다섯 개나 혹은 그보다 더 적은 숫자의 아미노산에 의해 기존의 베타락타마제는 다른 단백질의 숫자는 1조 개 이상이며 현재의 기술에 의해 만들어낼 수 있는 양을 가볍게 뛰어넘는다. 하지만 모든 지역의 봉우리와 협곡을 모두 지형도에 그려 넣을 수 없다고 해도 우리는 여전히 각각의 길을 따라감으로써 대강이나마 전체를 바라볼 수 있다.[13] 이제 그 방법을 살펴보자.

눈이 보이지 않는 상태로 어느 산 밑자락에 서서 산 위로 올라가려 한다고 상상해보자. 산봉우리에 이를 수 있는 제일 좋은 경로를 찾아볼 수는 없지만, 오르막길과 내리막길은 구분할 수 있다. 그러면 한 걸음씩 움직일 때마다 자신이 어떤 길로 가는지는 알아차릴 수 있을 것이다. 산의 지형이 완벽할 정도로 평탄하다면 오르막길로 이어지는 모든 길은 결국 다 봉우리 끝으로 이어지게 될 것이다. 반면에 또 어떤 길은 이리저리 구불구불 복잡할 수 있다. 어떤 길은 나선형으로 굽이굽이 이어지다 봉우리에 닿을 수도 있다. 또 어떤 길은 그냥 곧장 위로 이어질 수도 있는데 그런 식으로 그냥 모든 길이 결국에는 다 봉우리로 이어진다고 생각할 수도 있다. 물론 산의 지형이 험난하다면 그렇지 않을 수도 있다. 그런 경우라면 대부분의 길에서 우리는 봉우리 아래 갑자기 돌출이 된 부분을 만나 거기서 가로막혀 멈추어 설 수 있으며, 반드시 직선의 오르막길이라고 할 수 없는 몇 개 되지 않은 길만이 계속해서 위로 이어질지도 모른다. 산의 지형이 어느 정도 험난한지 알기 위해서 우리는 이렇게 해볼 수 있다. 즉, 같은 길을 여러 번 올라가보고 각기 다른 방향으로 시도하면서 오르막길에서는 얼마나 자주 가다가 걸려서 멈추어 서게 되는지 확인해보는 것이다. 어떤 길로 올라가든 결국 봉우리 끝에 도달할 수 있게 된다면 그 산은 완벽하게 평탄한 산일 것이다. 시도할 때마다 가로막힌다면 그야말로 최악의 험난한 지형을 가진 산일 것이다.

2006년 당시 하버드대학교에서 연구원으로 있던 대니얼 웨인라키Daniel Weinreich는 이런 생각을 베타락타마제와 관련한 실험으로 옮겨보았다. 본래의 베타락타마제 단백질이 다섯 개의 아미노산 문자가 바뀜으로써 세포탁심을 파괴하는 변종으로 진행되는 경로를 추적한 것이다. 각각의 문자 변화는 봉우리로 향하는 한 걸음이다. 다섯 개의 문자는 각기 다른 순서로 변화될 수 있기 때문에 'BOLT'라는 단어에서 두 문자를 다른 방식으로 편집하는 식으로 'GOLD'로 바꿀 수 있으며 'BOLT'를 'MOLD'에서 다시 'GOLD'로 바꾸거나 'BOLT'에서 아무 의미가 없는 'GOLT'에서 다시 'GOLD'로 바꾸는 일이 가능한 것처럼 각기 다른 길을 따라 봉우리 끝에 도달할 수 있다. 다섯 개의 서로 다른 아미노산 변화가 일어날 때 120가지의 서로 다른 순서가 있을 수 있고, 각각의 순서는 세포탁심의 봉우리로 이어지는 각각의 다른 길로 볼 수 있다. 웨인라키와 그의 동료들은 각각의 길을 따라 모든 단백질을 합성하고 어떤 길이 막다른 길인지 확인하기 위해 세포탁심을 파괴할 수 있는 단백질의 역량을 측정했다.

그러자 대부분의 길이 막다른 길이라는 사실이 밝혀졌다. 90퍼센트 이상이 어느 정도까지는 봉우리로 연결되지만 그러다가 결국 거기서 한 걸음 정도로는 나아질 수 없는 그런 단백질을 만나게 되는 것이다. 그리고 자연선택은 뒷걸음질 쳐서 내려오는 것을 허락하지 않기 때문에 진화의 오르막길은 바로 거기서 가로막혀 끝나게 된다.[14]

이와 비슷하게 다른 연구자들이 실시했던 십여 개의 또 다른 실험에서는 분자와 유기체가 진화하는 방대한 지형도 내 다른 곳에서 봉우리에 도달할 수 있었다. 연구자들은 같은 영양분을 공급받아도 더 빠르게 성장하고 분열하는 박테리아를 만들어냈는데, 인간 세포에 효과적으로 감염되는 HIV 바이러스, 그리고 식물들이 스스로를 방어할 수 있는 새로운 화학물질을 만들 수 있도록 해주는 효소 등이 바로 그것이다. 그리고 그들은 유사한 지형과 마주하게 되는데, 카우프만과 레빈이 이론적으로 연구했던 지형도들처럼 절망적일 정도로 험난하지는 않았지만 여전히 아무 문제 없이 평탄한 것과는 한참이나 거리가 먼 지형이었다.[15] 봉우리로 이어지는 많은 길 중에서 실제로 끝까지 닿을 수 있도록 이어지는 길은 몇 개 되지 않는다. 남아 있는 길들 중에서 자연선택으로 인한 막다른 길은 가장 높은 봉우리 아래, 그것도 때로는 한참 아래에 위치하게 된다. 진화의 지형도 안에서 봉우리 근처에는 올라가지도 못하고 등반기지 근처에서 주저앉게 되는 위험은 실제로 대단히 크다.

수십억 년 동안 단백질은 꾸준히 혁신의 흐름을 이끌어냈지만 또 다른 종류의 혁신적인 분자인 RNA는 그 역사가 더 길다. 이 분자생물학의 미운 오리 새끼는 오랜 세월 동안 DNA의 단순한 복사판으로만 여겨졌고 단백질을 만드는 데 도움을 주는 정도의 역할만 한다고 여겨졌다. 하지만 1980년대 생화학자들이 RNA가 훨씬 더 중요한 역할을 할 수 있다는 사실을 발견하게 되면서 RNA는 화려한 백조로 탈바꿈하게 되었다.

단백질과 마찬가지로 RNA도 화학적 반응을 촉진할 수 있지만 또 단백질과는 달리 문자 서열이 DNA와 같은 종류의 유전적 정보 또한 저장할 수 있다. 그런 특별한 특성들을 통해 RNA는 모든 살아 있는 세포들 안에서 진행되는 일종의 보이지 않는 연극의 주연배우가 될 수 있었다. 예를 들어, RNA는 텔로메어telomeres라고 불리는 성가신 염색체의 꼬리 부분을 유지하는 데 도움을 주며 텔로머레이즈telomerase라고 불리는 효소 안의 단백질과 협력한다. 텔로메어는 세포분열을 거듭할수록 그 길이가 짧아지는데, 텔로메어에 대한 유지 보수가 느리게 진행되어 제대로 손쓰지 않으면 세포들은 빠르게 활동을 중단하고 분리되고 노쇠해 죽음에 이르게 된다. 그것만으로도 좋지 않은 일이지만, 또 텔로머레이즈가 지나치게 활동적일 때는 세포들이 통제 불능 수준으로 분열을 시작할 수 있고 암세포로 발전할 수 있기 때문에 더 나쁜 결과로 이어질 수도 있다.

RNA로 무장한 또 다른 생화학 기계장치는 생명체의 초창기 역사로 향하는 창문을 활짝 열어주었다는 이유만으로도 중요한 의미가 있다. 이 기계장치란 단백질을 만들어내는 리보솜ribosome,

세포질 속에 있는, 단백질을 합성하는 단백질과 RNA로 이루어진 아주 작은 알갱이으로, 여러 개의 RNA 끈들과 50가지 이상의 단백질이 결합된 대단히 복잡한 모습을 하고 있다. 이런 모든 분자들 사이에서 RNA는 가장 중요한 역할을 한다. 특별한 RNA 암호화 유전자로부터 전사된 리보솜의 RNA 분자들 중 하나가 아미노산 부분들을 문자 하나씩 하나로 연결해 단백질 끈을 구성하는 중요한 역할을 하기 때문이다. 리보솜은 초창기 생명체가 RNA 세상이었다는 여러 단서 중 하나이고, 지금의 단백질이 하는 역할을 했을 것으로 추정된다.

이 사라진 왕국의 또 다른 중요한 유물은 일부 유전자가 다양한 단백질들을 암호화할 수 있도록 해주는 유별난 과정이다. 일단 유전자의 DNA가 RNA 전사본으로 바뀌면 세포는 때로 그 전사본의 작은 부분들을 제거하며 남은 부분들을 함께 하나로 짜 맞춘다. 똑같은 유전자가 두 번 혹은 그 이상 전사되면 이런 제거 과정은 각기 다른 장소에서 발생하며, 각기 다른 단백질로 해석될 수 있는 RNA 복사본들을 각각 만들어낸다. 생화학자들이 이야기하는 이른바 선택적 이어붙이기는 대단히 쓸모가 많은 기계장치로, 똑같은 유전자로부터 각기 다른 기능을 하는 단백질들을 만들어낸다. 그것은 마치 우리가 어느 긴 시의 구절들을 그때마다 각기 다른 조합을 통해 이리저리 짜 맞추어 여러 개의 짧은 변종 시들을 창작해내는 것과 비슷하다고 할 수 있다. 인간의 언어에서라면 대부분의 이런 변종들은 별다른 의미 없는 이상한 내용이 되기 쉽지만 단백질과 관련한 화학적 언어에서는 의미 있고 유용한 단백질들을 암호화할 수 있다. 그리고 이 선택적 이어붙이기는 유별나게 보이기는 해도 대단히 중요한 역할을 한다. 이 과정에서 소리를 감지해내는 데 필요한 인간 단백질의 변종이 만들어지기 때문이다. 이러한 변종으로 인해 우리 속귀 안의 세포들이 조절되며 각기 다른 주파수의 소리를 인지할 수 있게 된다.[16] 그런 선택적 이어붙이기가 없었다면 바흐도 바르토크도 베토벤도 존재할 수 없었을 것이다.

인간과 같은 복잡한 유기체는 이런 종류의 창조적인 편집 작업을 위해 스플라이소솜spliceosome 혹은 이어붙이기 복합체라고 불리는 또 다른 복잡한 생화학 기계장치가 필요하다. 하지만 박테리아 같은 단순한 유기체들에게는 이런 장치가 필요하지 않다.[17] 게다가 일부 박테리아 유전자 안에서는 전사된 RNA 끈 '그 자체itself'가 그 어떤 단백질의 도움도 받지 않고 이런 작업을 해낼 수도 있다. RNA 끈은 자신의 문자들의 일부를 제거하고 남아 있는 것들을 짜 맞추어 새롭고 더 짧은 끈을 만들어낸다. 이런 놀라운 분자는 생화학자들이 리보자임이라고 부르는 RNA 효소뿐만이 아니다. 어떤 RNA 효소는 스스로를 수정하기도 하는데, 이미 쓰인 시를 그 시가 스스로 알아서 다시 재배열해내는 것과 같은 수준의 일이다.

단백질과 마찬가지로 RNA 분자들도 분자 알파벳, 즉 단백질의 스무 개 아미노산 문자 대신 네 개의 뉴클레오티드 문자로 된 정보들이 있어 역시 상상을 초월하는 거대한 규모의 도서관을 구성하고 있다. 이 도서관 정보의 일부는 자체적인 이어붙이기가 가능하며 그중 하나는 '아조아르쿠스Azoarcus'라고 불리는 또 다른 평범한 토양 박테리아의 유전체 안에서 만들어진다. 취리히대학교의 연구소에서 나와 함께 근무하는 젊은 연구자인 에릭 헤이든Eric Hayden은 아조아르쿠스 리보자임을 적합 지형도에서 근처에 있는 봉우리를 오르기 위한 기지로 사용했다.[18]

헤이든은 RNA 분자가 자체적인 이어붙이기 능력을 활용해 스스로 특별한 문자 서열과 함께 또 다른 RNA의 끈과 합쳐질 수 있다는 사실을 알았다. 그런 반면 다른 문자 서열의 세 번째 끈과 합쳐지는 일에는 형편없이 실패할 수 있다는 사실도 알게 되었다. 하지만 초창기 실험에서 헤이든은 양쪽 끈과 모두 자체적인 이어붙이기를 할 수 있는 조금 더 유연한 리보자임을 찾아내기도 했다. 이 리보자임은 그의 분자들이 올라가기를 원하는 봉우리에 있었다. 바로 아조아르쿠스 리보자임과 불과 네 문자 변화 정도만 차이가 있는 봉우리였다. 헤이든은 아조아르쿠스 리보자임과 이 봉우리 사이에 있는 모든 RNA 분자들을 합성해냈고 이를 통해 봉우리로 이어질 수 있는 24개 경로 모두를 빠지지 않고 연구했다. 그는 오직 하나의 경로만 계속해서 끊어지지 않고 정상의 봉우리와 연결이 되며 나머지는 모두 자연선택에 의해 가로막히게 된다는 사실을 알아냈다. 그 나머지 길들은 지형도의 협곡 쪽으로 이어졌기 때문이다. 우리는 이 실험들을 통해 RNA 적합 지형도도 단백질 지형도 못지않게 복잡하고 험난해질 수 있다는 사실을 알게 되었다.

헤이든과 같은 연구자들은 봉우리로 이어지는 각기 다른 모든 길 위의 분자들을 공들여 합성하면서 적합 지형도를 아주 꼼꼼하게 확인했다. 실험실에서 이 정교한 실험을 수행하는 데는 거의 일 년이 넘는 세월이 걸렸다. 다른 연구자들은 방대한 분량의 분자들을 만들어내기 위해 자동화된 합성 기술을 사용하는데, 이 기술 덕분에 연구자들은 분자에 대한 모든 자료를 목록으로 정리할 수 있었다. 단점이 있다면 이 작업은 200개 이상의 문자가 있는 베타락타마제와 아조아르쿠스 리보자임보다 훨씬 더 적은 분자들로 이루어진 규모가 작은 도서관에만 효과가 있다는 것이었다.

하지만 그 규모가 작다는 것은 실제로는 상대적인 의미다. 이와 관련된 어느 연구에 따르면 하버드대학교의 연구자들은 24개의 뉴클레오티드 문자가 있는 모든 가능한 RNA 분자들을 만들었는데, 그 숫자는 280조 개 이상이었다. 모든 생명체에 필수적인 기술을 갖고 있는 분자를 찾아 연구원들은 이 도서관을 샅샅이 뒤졌다. 그 필수적인 기술이란 에너지가 풍부한 다른 분자들과 스스로를 합칠 수 있는 능력이었다.

이 기술을 필수적이라고 하는 이유는 유기체 안에서 발생하는 여러 화학반응은 모두 에너지를 필요로 하기 때문이다. 이런 에너지의 대부분은 원자와 연결된 화학적 결합에 에너지를 저장하고 있는 분자들로부터 나온다. 하지만 그렇게 저장되어 있는 에너지를 사용하기 위해서는 단백질이나 RNA 같은 효소가 반드시 먼저 고에너지 분자와 결합해야 하고 그래야만 이 에너지를 끌어낼 수 있게 된다. 그렇기 때문에 이 연구자들은 이런 의문을 제기했다. 조 단위의 이 짧은 RNA 분자들 중에서 이렇게 에너지를 끌어내기 위한 첫 번째 단계를 수행할 수 있는 분자는 어떤 것일까?

관련 실험을 진행하던 연구자들은 구아노신 삼인산_{guanosine}

triphosphate 혹은 GTP라고 불리며 모든 살아 있는 유기체 속의 분자들에 의해 확인될 수 있는 고에너지 분자를 이용했다. 그리고 단지 몇 개가 아닌 수천 개 단위의 GTP와 결합된 RNA 분자들을 찾아냈다.[19] 중요한 사실은 이러한 RNA 분자들은 에너지 확보 분자의 적합 지형도 안에서 하나의 봉우리만을 형성하지 않는다는 것이었다. 그 대신 서로 각기 다른 높이의 15개에 달하는 각기 다른 적합성 봉우리들을 이루고 있었다. 여기서는 봉우리의 높이가 높을수록 GTP와 RNA 결합이 더 많이 이루어진다는 뜻이다. 게다가 봉우리들은 지형도 전체에 걸쳐 대단히 넓게 서로 흩어져 있었다. 낮은 봉우리에 멈추어 선 분자 개체군은 그 자리에 영원히 머물게 될 수도 있었다.

생물학적 진화로 인한 모든 발생이 내가 설명했던 것처럼 에너지를 크게 필요로 하는 RNA 혹은 항생제를 무찌르는 베타락타마제 같은 새로운 분자들에게만 의존하고 있는 것은 아니다. 어떤 경우는 기존의 오래된 분자가 만들어지는 시간과 장소가 변화하는 것만으로 충분하다. 그것이 가능한 이유는 성장하는 배아 안에서 만들어지는 새로운 생명은 어떤 설명서, 예컨대 요리책에 실려 있는 조리법과 유사한 내용을 따르고 있기 때문이다. 하지만 그럼에도 불구하고 그 과정은 역시 상상을 초월할 정도로 정교해서 수천 가지 단백질 재료들을 끓고 있는 솥단지에 아주 정확한 시간에 정확히 집어넣지 않으면 안 된다. 이 새로운 재료들을 첨가하는 시간과 장소에만 변화를 줌으로써 진화는 물고기로부터 네발 달린 동물이나 공룡에서 깃털 달린 새들 같은 새로운 생명체들을 탄생시킬 수 있었다. 이제 그 과정을 조금 더 자세하게 살펴보도록 하자.

　우리 몸 안에는 조 단위의 세포들이 있지만, 그중에서 뇌에 전기 신호를 전달하고 팔의 근육을 움직이고 혈액에 산소를 공급하는 등 중요한 일을 담당하는 것은 불과 수백여 가지의 서로 다른 세포들이다. 각각의 세포 유형은 대부분이 단백질인 각기 다른 분자들을 갖고 있으며 그 분자들은 마치 사람의 지문처럼 각기 다른 특징을 가진다. 다시 말해 각각의 세포는 우리 유전체의 2만여 개 유전자 중 단지 일부만을 단백질로 전사해 번역하는 것이다. 일부 유전자들은 오직 간 안에서만 단백질로 전사되고 일부는 뇌 안에서, 그리고 또 다른 일부는 근육 안에서만 단백질로 전사된다. 유전자들이 단백질로 전사되는 빈도 및 위치, 시기는 전사 제어 인자로 알려진 특별한 단백질에 의해 조절된다. 이 조절 과정은 유전자를 RNA로 바꾸는 생화학적 기계장치와 협력한다. 이러한 협력 과정의 세부적인 사항은 복잡하지만 그 기본적인 원리는 간단하다. 실질적인 영향력을 느끼기 위해서는 이런 조절 장치가 작동을 시작하는 생화학 기계장치 가까운 곳에 있을 필요가 있다. 그 위치는 유전자의 시작 부분이다. 위치를 찾는 일은 대단히 단순한 원리에 의해 이루어진다. 이런 각각의 조절 단백질은 CATGTGTA 혹은 AGCCGGCT 같은 특정한 문자열과 함께 짧은 DNA 문자들을 인식하고 자기 쪽으로 끌어당긴다. 그리고 이러한 문자가 유전자 근처에 나타난다면 유전자의 단백질 전사 작업은 활기를 띠거나 그 반대가 될 수 있다. 게다가 우리 유전체 안에 있는 수천 개 유전자 중 상당수는 같은 조절 장치에 의해 인식된 DNA 단어들을 갖고 있다. 이렇게 해서 하나의 조절 장치가 유전자 여러 개를 조절할 수 있게 되는 것이다.

우리의 육체가 수정란에서 자라나 성장할 때, 수백여 개에 달하는 이런 조절 장치들은 마치 요리사처럼 육체를 구성하는 데 필요한 엄청나게 복잡한 조리법을 따라 작업을 수행한다. 그와 동시에 수천여 개의 유전자가 적정한 수준까지 활성화되는지를 확인해야 하며 올바른 단백질이 필요한 양만큼 만들어지는 일도 돕는다. 조절 장치의 중요성은 이 조리법을 그대로 따르지 않았을 때 일어날 수 있는 선천적 결함 같은 것만 보아도 알 수 있다. 사소한 실수는 입술이 갈라지거나 손가락이 붙는 것 같은 가벼운 선천적 장애의 원인이 되지만, 큰 실수는 심장의 기형이나 태어나기도 전에 신체가 훼손되어 사망하고 마는 치명적이고 심각한 문제들을 만들어낸다.

원시 해파리에서 복잡한 영장류에 이르기까지, 작은 해조류에서 거대한 삼나무에 이르기까지, 모든 다세포 유기체가 만들어지기 위해서는 유전자의 조절이 필요하다. 따라서 새로운 종류의 신체 혹은 새로운 신체의 일부가 만들어지기 위해서는 새로운 조절 과정이 필연적이다. 뱀의 관 모양 몸통은 수백여 개의 갈비뼈가 있는 기괴하게 늘어진 가슴 부분에 의해 지탱된다. 말의 긴 다리는 엄청나게 커진 세 번째 발톱에 의해 지탱되어 포식자들을 피해 도망칠 수 있게 해준다. 그리고 어떤 난초들의 단순한 나선 모양의 꽃잎은 곤충의 암컷과 묘하게 닮은 모습으로 바뀌어 암컷을 찾아 헤매는 수컷 곤충들을 유혹해 수정에 필요한 꽃가루를 나르게 한다. 이런 모든 생명의 창의성에 의한 결과물들이 탄생하려면 변형된 조절 설명서가 필요하다. 이 설명서를 통해 유전자는 조금 일찍 혹은 조금 느리게, 그리고 조금 많이 혹은 조금 적게 단백질을 조절하며 새로운 생명을 탄생시키는 데 필요한 수많은 구성 요소들을 조작해내는 미묘한 변화들을 만들어내는 것이다.

모든 조절 장치들은 하나가 아닌 수백여 개의 각기 다른 DNA 단어들을 인식하고 있기 때문에 진화는 이런 설명서 혹은 조리법에 쉽사리 변형을 가할 수 있다. 그리고 이를 통해 일부 구성 요소들을 하나로 단단히 연결하거나 DNA 위에 오랜 시간 머무르게 하여 근처에 있는 유전자를 마치 오디오 기기의 소리를 최대로 올리듯 그렇게 크게 활성화시킬 수 있다. 반면에 연결이 느슨해지고 DNA로부터 쉽사리 떨어져 나가게 되면 유전자는 오디오 기기의 소리가 들릴 듯 말 듯한 것처럼 그저 잠시 깨어나는 데 그친다. 이런 단어들 중 하나에서 문자 하나의 변화가 조절 장치의 결합 및 조정 능력, 그리고 유전자가 얼마나 자주 전사되는지에 영향을 미칠 수 있으며 이런 작은 변화들이 여러 개 모이면 진화의 새롭고 창의적인 산물이라고 할 수 있는 새로운 신체 구조를 더해줄 수 있다.

이런 모든 DNA 단어들, 즉 각각의 특별한 종류의 유전자형은 하나로 합쳐져 유전자 조절이라는 지형도를 만들어낸다. 하지만 우리가 앞서 살펴보았던 절망적일 정도로 거대한 일부 지형도들과는 달리 대부분의 조절 장치들이 하나로 묶은 DNA 단어들은 대부분 열 개 내외일 정도로 그 길이가 그다지 길지 않기 때문에 우리는 이런 지형도를 쉽게 확인하고 그릴 수 있다. 예를 들어 100개 아미노산에 따라 10^{100}개 이상의 천문학적 숫자의 문자를 가진 단백질과 비교하면 12개 문자의 DNA 단어는 고작 1,600만 개뿐이다.

이런 적은 숫자는 분자 지형도를 공부하는 우리 같은 연구자들에게는 구원의 소식이 아닐 수 없다. 우리에게는 그 정도 지형도 속의 모든 DNA 분자를 하나로 묶을 수 있을 정도의 능력이 조절 장치에게 있는지 측정할 수 있는 기술이 있기 때문이다. 이 기술은 미세배열기술 혹은 DNA 칩 기술로 알려져 있다. 컴퓨터 내부에서 수많은 간단한 연산을 동시에 수행하는 반도체 칩과 유사하게 이 미세배열기술을 통해 과학자들은 많은 측정을 한 번에 수행할 수 있다. 미세배열이 수많은 교차점이 있는 사각형의 격자무늬 판이며, 그 위에는 과학자들이 연구해야 하는 DNA 단어들이 올라가 있다고 생각해보자. 각각의 지점에는 한 가지 특별한 문자 서열과 함께 DNA 분자의 수많은 복사본이 있다. 이 판을 조절 단백질을 포함하고 있는 용액 속에 넣는다면 조절 장치는 일부 DNA 단어들과 하나가 될 것이며 이런 결합력은 각 교차점 위에서 측정될 수 있다.[20] 간단히 말해, 하나의 DNA 칩 실험으로 전체 적합 지형도를 그려낼 수 있는 것이다. 일부 조절 장치가 특정한 유전자를 최대치로 활성화시켜 난초의 꽃잎이 최고로 유혹적인 모습이 되며 초파리의 날개가 최고치의 양력을 만들어내거나 말의 다리가 최적의 기능을 발휘할 수 있게 된다면, 이 지형도의 봉우리들은 조절 장치와 가장 밀접하게 엮여 있는 단어라고 할 수 있다. 그리고 미세배열기술이 전체 지형도를 그리는 일을 대단히 쉽게 만들어주기 때문에 식물과 균류와 쥐처럼 서로 각기 다른 유기체들로부터 하나가 아닌 수천 개 이상의

조절 장치의 지형도를 그려올 수 있었다.[21]

이런 미세배열자료를 통해 조슈아 페인Joshua Payne과 호세 아길라르 로드리게스Jose Aguilar Rodriguez라는 취리히연구소의 두 연구자는 '이런 지형도들 안에는 도대체 얼마나 많은 봉우리들이 있을 수 있을까?'[22]라는, 지금은 익숙하게 여겨지는 문제에 대해 질문을 던졌다.

그에 대한 대답은 우리가 다른 적응 지형도들로부터 배운 내용들을 반영하고 있다. 유전자 조절의 지형도는 다소 험난해질 수 있지만 통과하기 불가능할 정도의 수준은 아니다. 대부분 자연선택에 의해 쉽사리 정복될 수 있는 정도의 봉우리 하나만 갖고 있다. 물론 각기 다른 높이의 봉우리가 10여 개 있는 지형도도 일부 있다. 봉우리들은 각기 다른 DNA 단어들을 의미하며 더 활기차게 혹은 그 반대와 같은 다양한 수준으로 유전자들을 활성화시킬 수 있다. 하지만 각각의 봉우리에서 그보다 더 높은 봉우리로 갈 때 오직 오르막길을 따라 올라간다고 해서 제대로 도착할 수 있는 것은 아니다. 진화가 새로운 신체 구성을 모색할 수 있는 지형도들은 새로운 항생제를 무력화시키는 단백질이며, 새로운 RNA 끈들을 짜 맞출 수 있는 RNA 효소들을 포함한 또 다른 창의적 결과물들을 내놓을 수 있는 지형도들과 전혀 다르지 않다.

생물학은 시월 라이트가 진화의 지형도들의 지형을 겨우 추측만 할 수 있었던 시대 이후 먼 길을 걸어왔다. 그의 막연한 추측은 모래 한 알까지 확인할 수 있는 위성사진처럼 가장 자세하게 분자의 세부적인 내용들을 담고 있는 고해상도 지도로 대체되었다. 하지만 그런 세부적인 사항보다 더 중요한 것은 모든 창조의 과학 중심에 위치한 사상이다. 라이트는 미처 알아차리지 못했던 그 사상의 보편성을 우리는 이 책을 읽어나가면서 계속해서 만나고 또 만나게 될 것이다. 또한 어떤 문제의 난이도는 그 지형도의 지형 안에서 요약될 수 있다는 것도 알게 될 것이다. 봉우리가 하나만 있는 평탄한 지형도는 쉬운 문제들을 의미하며 하나의 초상의 해결책을 담고 있는 그 봉우리는 오로지 오르막길만을 따라가는 발걸음에 의해 정복될 수 있다. 여러 개의 봉우리들이 있는 지형도는 어려운 문제들을 의미하며 봉우리들이 많을수록 문제의 난이도는 더 올라간다. 가장 어려운 문제들은 가장 창의적인 해결책을 필요로 하며 이런 해결책들을 찾는 과정의 대부분은 막다른 봉우리를 벗어나 더 높은 봉우리를 찾는 과정으로 이루어져 있다.

지금까지 예로 든 모든 적합 지형도는 커다란 암모나이트가 취할 수 있는 효율적인 이동 방법에서 박테리아에 대한 새로운 항생제를 무력화시키는 일 등 자연이 해결한 문제들을 중심으로 전개되었다. 쉬운 문제들에 대해 오르막길로만 향하는 방식은 효과가 있지만 막다른 길에 도달했을 때 뒤로 한 걸음 물러서서 상황을 살필 수 있었던 폰 헬름홀츠와는 달리 자연선택에 의해 내몰리는 개체군은 그렇게 할 수 없다. 이런 사실은 자연선택이 전지전능하다고 믿는 사람들에게는 중요한 교훈이 아닐 수 없다. 언제나 더 빠르고 더 좋고 더 우월한 것을 좇아 끝없이 경쟁하는 인간처럼 오직 위로 몰아붙이는 것밖에 모르는 자연선택은 정말로 어려운 문제를 해결하는 일에는 치명적인 장애가 될

수밖에 없다. 자연선택과 경쟁만으로는 그런 문제들을 해결하는
데 역부족이다.

　그렇다면 여기에서 중요한 의문 한 가지가 떠오른다. 자연은
어떻게 해서 막다른 골목에 있는 봉우리를 벗어날 수 있었을까?

지옥을 통과하는
일의 중요성

LIFE FINDS A WAY

1922년 영국의 고고학자 하워드 카터Howard Carter가 이집트에서 파라오 투탕카멘의 무덤을 발굴했다. 투탕카멘은 열아홉 살이라는 어린 나이에 세상을 떠났지만 그의 곁에는 지팡이가 130개나 함께 묻혀 있었다. 지팡이는 투탕카멘이 저승에서 쓸 수 있도록 함께 묻혔다고 생각하는 사람이 많았지만, 실제 지팡이가 묻힌 이유가 밝혀지기까지는 한 세기 가까운 세월이 걸렸다. 이집트의 고고학자 자히 하와스Zahi Hawass가 이끄는 연구진은 CT 촬영을 통해 파라오 투탕카멘이 다양한 신체 기형 증상으로 고통 받았다는 사실을 밝혀냈다. 왼쪽 발은 안쪽으로 휘어 있었고 오른쪽 발은 엄지발가락이 없었다. 입천장은 갈라져 말을 제대로 할 수 없었고, 뼈에는 유전적 질환의 흔적이 있었다. 투탕카멘은 살아 있는 동안 실제로 지팡이를 사용했던 것이다. 역사적 기록과 DNA 검사를 통해 우리는 근친혼으로 인한 문제가 유전적으로 투탕카멘에게까지 이어져 내려왔음을 알게 되었다. 투탕카멘의 부모는 친남매 사이였다. DNA 검사가 추가로 이루어지자 또 다른 수수께끼도 밝혀졌다. 파라오의 곁에 함께 묻혀 있던 두 사산아死産兒의 시신은 황실의 가계를 잇지 못하고 세상을 떠난 두 자녀로 밝혀졌다.[1]

어쩌면 파라오 투탕카멘은 근친혼이라는 황실의 전통이 갖고 있는 위험에 그만 굴복해버린 첫 번째 파라오가 아니었을까. 물론 이런 사례는 여기서 끝나지 않았다. 그로부터 3천 년의 세월이 지난 후 그와 비슷한 일이 이번에는 유럽의 합스부르크 왕가에서 일어나게 된다.

합스부르크 왕조 사람들은 외모부터 그리 평범하지 못했다. 유럽에 있는 주요 미술관이라면 어디를 가든 별다른 설명 없이도 한눈에 그들의 초상화를 알아볼 수 있을 정도다. 그들을 두드러지게 만드는 것은 이른바 '합스부르크 입술Habsburg lip'로 알려진, 기이하게 돌출되어 나온 아랫입술과 턱이었다.

나중에 밝혀지게 되지만 합스부르크 왕조 사람들의 이런 모습은 무슨 화장 같은 것의 문제가 아니라 훨씬 더 심각한 질병을 알리는 불길한 징조였다. 합스부르크 입술은 실제로 아래턱뼈 앞 돌출증 증상의 결과였고, 아래쪽 턱이 지나치게 커지면서 아예 윗니와 아랫니가 더 이상은 똑바로 정렬이 되지 않을 정도였다. 이런 일종의 기형은 그리 얼마 되지 않은 왕가 구성원들 사이에서 6세기 가까이 근친혼이 지속된 결과였다. 그들은 근친혼을 통해 정치적 동맹을 유지하고 전쟁을 막았으며 새로운 영토를 확보할 수 있었다. 20세기 유전학자들이 왜 근친혼이 재앙에 가까운 결과로 이어지는지 설명하기 한참 전에 이런 귀족이나 왕족들은 그 영향력을 먼저 체험했다. 스페인 쪽 합스부르크 왕조만 놓고 보더라도 15세기 펠리페 1세에서 17세기 카를로스 2세에 이르기까지 열한 번의 왕실 결혼 중 아홉 번은 사촌 간 혹은 숙부와 여자 조카 사이에 이루어진 것이었다. 유전학에 대해서 전혀 알지 못하는 사람이라 할지라도 무언가 잘못되어 가고 있다는 사실을 알아차릴 수 있었을 정도였다. 왕실의 영아 사망률은 50퍼센트에 이를 정도였는데, 일반적인 스페인 사람들에게 발견되는 수치의 두 배가 넘었다.[2]

오랜 세월에 걸쳐 진행된 이 실험의 끝자락에는 카를로스 2세가 있었다. 카를로스 2세에게는 아랫입술과 턱 말고도 훨씬 더 심각한 문제가 있었는데 그는 사실 태어날 때부터 침을 흘리는 백치白痴와 다를 바가 없었다. 네 살이 될 때까지 말도 제대로 하지 못했고 여덟 살이 되어서야 겨우 걸을 수 있었으며 몸집은 작고 허약하기 그지없었다. 또 혀가 너무 커서 무슨 말을 하는지 도무지 알아들을 수 없었고 턱은 너무 앞으로 튀어나와 씹는 것 자체가 불가능했다. 카를로스 2세는 주변 세상이 돌아가는 일에는 전혀 관심이 없었고 무엇보다 왕족에게 있어 가장 치명적이라고 할 수 있는 병에 걸리고 말았다. 바로 발기불능이었다. 그리고 그렇게 카를로스 2세와 함께 스페인 합스부르크 가문은 대가 끊어지고 말았다.[3]

몸과 마음의 기형은 근친혼으로 벌어지는 여러 결과 중 하나이지만 근친혼이 문제만 일으킨다는 생각은 하지 않기를 바란다. 근친혼은 좋은 쪽으로 영향력을 발휘할 수도 있다. 예를 들어, 동물 사육사들은 가축이나 애완동물에게서 바라는 특성을 더욱 강화시키기 위해 근친교배에 의존하기도 한다. 자연선택과 달리 근친교배는 어떤 특성이 좋은지 나쁜지와 별로 상관이 없으며 보통은 아주 극단적인 특성들을 만들어낸다. 어느 소 사육사가 정말로 아주 긴 뿔을 가진 텍사스 긴 뿔 황소 한 마리와 암소 여러 마리를 짝짓기시킨다고 가정해보자. 거기에서 태어난 송아지들은 모두 다 일종의 이복형제자매인데 송아지들 일부는 아빠 소만큼이나 긴 뿔을 갖고 태어날 수도 있다. 사육사는 그 특별한 소들을 서로 짝지어주고 나머지 소들은 도축할 수 있다. 이런 선택적 짝짓기를 몇 세대에 걸쳐 되풀이하면 처음에는 아주 유별났던 선조 황소의 긴 뿔도 후손들에게 이르러 평범한 모습이 될 수 있다.

가축이나 애완동물 혹은 식물 사이에서 벌어지는 이와 같은 선택적 근친교배는 예로부터 전해 내려오는 전통적인 가축 교배와 사육의 과정이지만 합스부르크 왕조와 투탕카멘이 그랬던 것처럼 예상하지 못한 결과들을 만들어낼 수도 있다. 이런 결과들은 기본적 유전학을 통해 이해될 수 있는데 이 문제에 대해 한번 알아보도록 하자.

황소의 유전체 안에는 2만 개가 넘는 유전자가 각각 복제되어 들어 있는데, 하나는 어머니에게서 온 것이고 다른 하나는 아버지에게서 온 것이다. 돌연변이는 어떤 유전체에 대해서라도 DNA 오류를 지속적으로 퍼트리기 때문에 두 복제본의 DNA 염기 서열은 본래 유전자의 상당수와는 다를 수 있다. 또한 일부 유전자 안에서 한 돌연변이가 복제본 중 한쪽을 손상시켰을지도 모른다. 다른 복제본이 무사한 이상 이런 일은 문제되지 않는다. 하지만 같은 유전체 안에서 두 복제본이 동시에 손상을 입었다면 유전병이 발생하게 된다.[4] 이런 경우는 극히 드물지만 분명 일어날 수는 있다. 예를 들어, 이미 부모 소들로부터 손상된 복제본을 이어받은 황소가 살아가는 동안 다른 복제본이 돌연변이로 고통을 겪는 경우다. 하지만 같은 혈통의 후손들이 반복해서 짝짓게 되면 이런 일이 반복해서 일어날 수 있다. 황소의 후손들, 즉 모두 다 사실상 이복형제자매인 이 소들이 아버지 황소로부터 이미 손상된 복제본을 물려받을 확률은 50퍼센트다. 이복형제자매들이 다시 서로 짝을 이룬다면 후손들이 병에 걸릴 확률은 크게 늘어난다. 유전학자들이 계산한 바로는 정확하게 25퍼센트 늘어난다는 것이다. 사육사들은 병든 동물들이 태어나는 것을 막기 위해 주기적으로 이계 교배를 하거나 상태가 가장 좋지 않은 동물을 도축하는 등 다양한 방법을 동원하지만 질병 발생을 완전히 막을 수는 없다.

어떤 가계라도 손상을 입을 수 있는 수많은 유전자들이 존재하기 때문에 근친교배는 결국 각기 다른 혈통 안에서 각기 다른 결함들을 만들어낸다. 그중 일부는 소의 꼬리털이 사라지는 것처럼 대수롭지 않을 수 있는데, 사육사 입장에서는 외관상의 결함 정도로 여겨질 수 있어도 소 자신에게는 피를 빠는 성가신 해충들을 쫓아내는 데 분명 크게 불편할 것이다. 또 다른 결함의 경우 털의 길이가 짧아지는 것처럼 조금 더 심각한 문제가 될 수 있다. 털이 짧아지면 겨울 추위를 견디어내기 힘들고 그러면 살이 찌는 속도가 느려지는데, 육우용 소를 키우는 사육사 입장에서는 결코 원하지 않는 결과다. 아예 조기 사망이나 저출산처럼 재앙에 가까운 결함들이 나타날 수도 있는데 인간 왕족들이 그랬듯 어느 쪽도 완전히 드문 현상은 아니다.

무분별한 근친교배는 좋은 특성과 나쁜 특성 양쪽 모두에게 영향을 미치기 때문에 다양한 종류의 소와 개, 고양이, 다른 가축들은 그들의 장점이나 대부분 잘 알려져 있지 않은 단점 들에 의해 분류되는 경우가 많다.

독일산 셰퍼드들은 관절의 구와 절이 딱 들어맞지 않는 기형 고관절로 종종 고통 받는다. 그 결과 이 아름다운 동물의 상당수가 걸을 때 통증을 느끼고 계단 등을 오를 때 힘겨워한다. 자리에서 갑자기 일어설 때 삐끗하기도 하며 나이가 들면서 다리를 절게 되기도 한다.

미국산 버마고양이의 경우는 더 심각하다. 버마고양이는 마치 인간 어린아이처럼 천진난만하고 호기심 가득한 눈 모양으로 아름답다고 칭송을 받는 품종이다. 하지만 슬프게도 이 버마고양이 중 일부 역시 버마고양이 두개골 기형이라고 불리는 끔찍하고 치명적인 기형으로 고통 받는다. 태어났을 때 머리 윗부분이 불완전하게 형성되어 있고, 둘로 나뉘어 있는 윗입술에 해당하는 부분이 자라나면서 지나치게 커져가는 기형이다. 이 고양이들의 불행은 씨고양이 한 마리가 정상적인 새끼들을 많이 낳았지만 동시에 기형을 물려주었기 때문에 확인될 수 있었다. 그 고양이의 이름은 '행운이'였지만 분명 가련한 새끼 고양이들에게 어떤 행운도 가져다주지 못했다.

어떤 동물들의 경우 대단히 선망의 대상이 되는 특성을 일으키는 유전자는 그 반대되는 현상을 아울러 불러온다. 오호스 아후레스Ojos Azules라는 품종의 멋진 멕시코산 애완용 고양이를 예로 들어보자. 오호스 아후레스는 '깊은 푸른색의 눈동자'라는 뜻이며 그 이름만으로도 어떤 특성이 있는지 짐작될 것이다. 실제로는 홍채 속의 색소 결핍으로 만들어진 푸른색의 눈동자는 어느 유전자에서 발생한 돌연변이의 결과이며 그 유전자의 두 복제본 중 한쪽만 변이되었다면 별 문제는 없다. 눈만 푸른색으로 빛날 뿐 고양이의 건강에는 아무 이상이 없는 것이다. 하지만 두 복제본이 모두 변형된 고양이는 두개골 기형으로 고통 받게 되며 심지어 태어나자마자 세상을 떠날 수도 있는 슬픈 운명을 맞이하게 된다.[5]

자연은 어디에서든 근친교배를 피할 수 있는 방법과 구조를 개발해냈다. 어떤 동물들의 경우는 그 새끼들이 멀리 퍼져나가기도 한다. 예컨대 사자 무리들은 모든 수컷과 암컷이 짝을 찾기 위해 본래 속해 있던 무리를 떠나곤 한다.[6] 한편 쥐나 메추라기, 들쥐 같은 동물들은 같은 무리 안에서는 서로 친해지는 것을 꺼려하거나 최소한 성적 매력을 덜 느끼는 경향이 있다. 그래야만 한 배에서 태어난 후손들끼리 짝짓는 일이 거의 없어지기 때문이다.[7] 우리는 이런 현상을 웨스터마크 효과Westermarck effect라고 부른다. 웨스터마크는 핀란드의 인류학자로, 함께 자란 가족들은 성인이 된 후 서로의 성적 매력을 일부러 외면하게 된다는 주장을 처음 제시한 사람이다. 그의 주장을 뒷받침할 수 있는 좋은 사례가 바로 키부츠kibbutz 현상이다. 키부츠는 이스라엘 건국 초기에 세워졌던 개척 공동체인데, 아이들을 공동으로 양육했는데도 키부츠 안에서 함께 자란 수천 명의 남녀 중 결혼으로 이어진 사례는 극히 드물다고 한다.[8] 근친교배는 심지어 식물에게도 좋지 않다. 근친교배를 하면 식물 자체는 물론 씨앗까지 성장이 저해되며 사람들이 먹기 위해 재배하는 식물들의 경우 이른바 '백자白子' 모종이 만들어져 제대로 된 재배와 수확이 어려워진다.[9] 어떤 식물의 꽃들은 유입되는 꽃가루의 분자 지문을 감지한다. 그런데 그 지문이 자신의 지문과 지나치게 유사하면, 그러니까 근처의 가까운 친척이나 심지어 아예 자신에게서 나온 꽃가루라면 수정되지 않아 씨앗이 만들어지지 못한다. 물론 이런 현상들이 발생하는 이유를 다른 곳에서도 찾을 수는 있다. 예를 들어 사자들이 무리를 떠나 맴도는 것은 어쩌면 짝짓기 경쟁을 피하려는 의도일 수도 있다. 하지만 이런 모든 행동은 결국 근친교배를 피하는 데 도움이 된다.[10]

하지만 불행하게도 그런 노력 속에서도 자연의 자식들은 때로 어쩔 수 없이 근친 관계를 강요당하기도 한다. 한 개체군이 어떤 대격변에 의해 몰살되어 전멸 직전까지 이르거나 어느 작고 외진 섬 같은 지역으로 휩쓸려간다면, 개체군 중 극히 일부만 살아남아 유전자 공급원이 점점 줄어들 수 있다. 혹시 일어날지도 모를 이런 모든 격변이나 재난 중에서도 어느 외딴 섬으로 유배 아닌 유배를 당하게 된다는 가정은 특히 생물학자들의 관심을 끈다. 단지 모래사장이 있는 해변과 손상되지 않은 자연림이 현장 연구를 위한 최적의 장소이기 때문만은 아니다. 섬이라는 장소는 실제로 진화 과정을 관찰할 수 있는 일종의 고립된 실험실이며 여기서 일어나는 일들은 자연의 창의성을 이해하는 데 필요한 열쇠를 쥐고 있다. 그리고 앞으로도 계속해서 살펴보게 되겠지만 비단 자연의 창의성만 이해할 수 있게 되는 것은 아니다.

서로 혈연관계가 전혀 없는 남자 두 명과 여자 두 명이 배를 타고 가다 난파해 태평양의 어느 작은 섬에 닿게 되었다고 상상해보자. 섬에는 공간도 식수도 또 먹을 것도 충분하지 않다. 서로의 짝을 만나는 일에서 별다른 선택의 여지 없이 네 사람은 각기 짝을 이루어 아이를 갖는다. 두 쌍이 낳은 아이들은 유전적으로 전혀 관련이 없으며 아이들이 자라 서로 다른 부모의 아이들끼리 짝이 되어 또 아이를 갖는다면 거기서 태어난 2세대의 아이들 역시 아무런 혈연관계가 없다. 하지만 이 손자뻘 되는 아이들이 또 자라 아이를 가질 수 있는 나이가 되었을 때 근친 관계는 더이상 피할 수 없게 된다. 이유는 간단하다. 이 2세대의 모든 아이들은 조부모가 같거나 유전자의 사 분의 일을 서로 공유하게 되기 때문이다. 그렇다면 이 세대로부터 시작해 이후 이 섬에서 태어나는 모든 세대들은 결국 같은 가족의 일원이 된다.

처음 시작할 때 구성원의 숫자가 조금 더 많다고 해도 결국 모든 사람들이 유전적으로 연결되는 똑같은 결과는 피할 수 없다. 다만 그저 시간이 조금 더 오래 걸릴 뿐이다. 간단히 계산해보면 10명이 있을 때는 10세대가, 혹은 100명이 있을 때는 100세대가 걸려 하나의 거대한 일족이 만들어진다. 다만 아마도 유전적으로는 행복한 일족이라고 할 수는 없으리라. 구성원이 늘어날수록 유전적으로 문제가 발생하는 데 걸리는 시간은 더 오래 걸리겠지만 구성원의 숫자에 상관없이 언젠가는 똑같은 결과를 맞이하게 된다. 모든 사람이 다 서로 피가 섞인 혈연관계가 되는 것

이다. 다만 그 근친관계의 정도나 횟수 정도만 서로 차이가 있을 뿐이다.[11]

주어진 상황에 의해서든 사육사의 강요에 의해서든 근친교배는 언제나 똑같은 결과를 불러온다. 유전적 결함이 발생하는 것이다. 영국의 맨섬Isle of Man을 고향으로 하는 맹크스Manx라는 품종의 고양이가 있다. 맹크스라는 이름은 넓이가 570평방킬로미터에 불과한 이 작은 섬의 켈트족 원주민들의 이름에서 비롯되었는데, 이 맹크스 고양이를 통해서도 근친교배에 의한 유전적 결함에 대한 사례를 확인할 수 있다. 이 고양이들은 투탕카멘처럼 발을 절지는 않지만 수 세대에 걸친 근친교배의 결과로 한눈에 보이는 결함을 지니게 되었다. 바로 꼬리가 사라진 것이다. 꼬리가 없는 맹크스 고양이는 몸의 균형을 잘 잡을 수 없으며 고양이 특유의 곡예와 같은 우아한 움직임도 보여줄 수 없다. 문제는 그뿐만이 아니다. 맹크스 고양이의 대부분은 척추가 기형인 채로 태어나며 심지어 사산되는 경우가 많아 출산율이 상대적으로 대단히 저조하다. 다행히도 이런 결함들은 몇 가지 장점에 의해 상쇄되는데, 맹크스 고양이들은 탁월한 사냥 능력을 갖고 있어 쥐로 골머리를 앓는 농장주들에게 인기가 높고 다른 고양이들과는 다르게 마치 개를 연상시키는 듯한 친근한 모습을 보여 주인들이 아주 기꺼워한다.

스코틀랜드에 있는 허타섬의 소이 양Soay Sheep 또한 근친교배에 따른 고통스러운 삶을 겪고 있다. 허타섬은 스코틀랜드 서해안 세인트 킬다St. Kilda군도에 속한, 나무 한 그루 찾아볼 수 없는 거친 환경의 섬이다. 킬다군도는 힘든 삶을 견디다 못한 36명의 마지막 주민들이 1930년 본토로 이주한 이후 아무도 살지 않는 곳이 되었다. 소이는 고대 북쪽 지역 말로 '양의 섬'이라는 뜻이다. 이 양의 섬에 사는 소이 양들은 인간과 같은 자유로운 선택을 할 수가 없었다. 그리고 어쩌면 섬을 떠나는 일 자체에 아무 신경을 쓰지 않았는지도 모른다. 이들은 아무도 기억하지 못할 만큼 아주 오래전부터 적은 숫자를 이루며 킬다군도에서 살아왔다. 다만 대부분이 그나마 부족한 영양분을 빨아들이는 회충에 감염되어 편안하게 살아오지는 못했다. 그리고 근친교배로 태어난 양의 대부분이 겨울이 되면 추위를 이기지 못해 사망하고 심할 때는 70퍼센트가 넘는 양들이 죽는다. 그때 가장 큰 원인이 되는 것이 바로 압도적으로 늘어나는 회충들이다. 근친교배가 결국 양들의 면역 체계를 약화시켰기 때문이었다.[12]

이와 유사한 사례가 만다르테섬에서도 발견된다. 면적이 불과 6헥타르에 불과한, 캐나다 브리티시컬럼비아주 해안 근처의 이 작은 섬에는 100여 마리 남짓한 노래 참새song sparrow가 살고 있는데 그 숫자는 해마다 잦은 변동을 겪는다. 1989년 아주 혹독한 겨울 폭풍이 몰아닥쳤을 때는 불과 11마리밖에 살아남지 못했었다. 그리고 죽은 참새의 대부분은 근친교배로 태어난 것들이었다.[13]

왼쪽 발이 안쪽으로 휘어버린 파라오 투탕카멘, 회충에 감염된 소이 양들, 근친교배의 결함을 보여주는 다른 수많은 사례들이 강조하고 있는 것은 자연선택이 전지전능하지는 않다는 사실이다. 자연의 적응 지형도 안에서 오직 오르막길만 바라보는 모습은 난관에 부딪힐 수 있다. 그런 일이 언제, 왜 일어나는지 이해하기 위해 우리는 그 기원부터 생명체에 영향을 미쳐온 어떤 현상을 이해해야 할 필요가 있다. 그 현상은 비록 20세기 초반 이후부터 인정받기 시작했지만 시월 라이트 같은 생물학자들은 그 무렵 개별 생명체가 아닌 전체 개체군을 연구하는 것이 진화의 과정을 이해하는 데 중요하다는 사실을 깨닫게 되었다. 오늘날 이 현상은 '유전적 부동'이라고 불리지만 때로 이 발견에 대한 라이트의 공헌을 기념하기 위해 '시월 라이트 효과'라고 부를 때도 있었다.[14]

라이트는 생명체의 개체군을 단지 유기체들의 집합이 아닌 유전자 혹은 대립유전자들의 공급원으로 본 최초 학자들 중 한 사람이다. 그리고 이런 관점의 변화는 유전적 부동을 이해하는 데 핵심이 있었다. 개체군이 작으면 유전자 공급원도 작아지고 개체군이 커지면 그 공급원이 커질 수밖에 없다. '아주' 작은 개체군이 있다고 가정해보자. 거기에는 사람의 눈동자 색깔 같은 개체군의 일부 특성에 영향을 주는 대립유전자가 오직 네 개뿐이다. 그 작은 유전자 공급원에는 갈색 눈동자를 만드는 두 개의 대립유전자와 파란색 눈동자를 만드는 두 개의 대립유전자가 있다. 유전적 부동이 여러 세대에 걸쳐 이 대립유전자들의 운명에 어떻게 영향을 미치는지 이해하기 위해서는 이 유전자 공급원을 두 가지 다른 색깔의 구슬 네 개가 들어 있는 그릇으로 생각하면 도움이 된다. 그림 3-1의 왼편을 보면 큰 원 안에 검은색과 회색 원이 각각 두 개씩 들어 있으니 이 그림을 참고하자.[15]

20세기 초 유전학자들은 한 세대에서 다음 세대로 유전자를 물려주는 것, 즉 다음 세대의 유전자 공급원을 만들어내는 일이

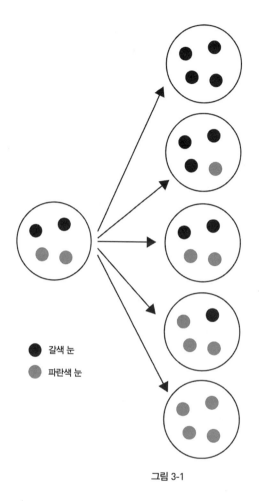

그림 3-1

이런 그릇에서 마치 추첨하듯 보지 않고 구슬을 꺼내는 것과 비
슷하다는 사실을 깨달았다. 따라서 새로운 유전자 공급원을 만
들어내기 위해서는 먼저 보지 않고 구슬을 하나 꺼내고는 그 색
깔이 갈색인지 파란색인지 기록한 후 다시 그릇 속에 구슬을 넣
는다. 그런 다음 역시 보지 않은 채 또 다른 구슬을 꺼내 색깔을

기록하고 다시 집어넣는다. 이렇게 같은 과정을 세 번, 네 번 반복하며 새로운 네 개의 유전자 공급원을 만들어낸다. 구슬을 꺼내기 전에 앞서 꺼냈던 구슬을 다시 집어넣는 것은 유전의 중요한 특징을 나타내는 것이다. 즉, 각기 다른 정자나 난자 세포가 부모 중 한 사람으로부터 같은 대립유전자의 복제본을 물려받을 수 있다는 것이다.

구슬 꺼내기와 집어넣기의 과정을 반복하며 우리는 네 개의 구슬을 골라낸다. 이 과정을 집에서 직접 해보면 이 구슬들이 부모의 유전자 공급원처럼 반드시 두 개의 갈색 구슬과 두 개의 파란색 구슬이라는 똑같은 색깔의 조합을 만들어내지는 않는다는 사실을 알 수 있다. 그림 3-1에서 볼 수 있는 것처럼 때때로 세 개의 갈색 구슬과 한 개의 파란색 구슬을 골라낼 수 있으며 네 개모두 갈색일 수도 있다. 또는 그 반대로 세 개의 파란색 구슬과 한 개의 갈색 구슬 혹은 네 개 모두 파란색 구슬을 골라낼 수 있는 것이다. 주어진 색깔에 따른 구슬의 숫자는 각기 다른 유형의 대립유전자 빈도수에 해당한다. 중요한 요점은 이것이다. 그 숫자는 한 세대에서 다음 세대에 이르기까지 무작위로 달라진다.

이런 유전자 공급원이 어떻게 몇 세대를 걸쳐 계속해서 진화하는지 이해하기 위해 우리는 정확히 똑같은 방법으로 새로운 공급원에서 구슬 네 개를 꺼낼 수 있다. 그런 다음 이 과정을 세번, 네 번, 그리고 무한히 반복하는 것이다.

20세기 초 개체군 유전학자들은 수학의 확률 이론을 이용해 이런 유전자 공급원이 궁극적으로 어떻게 변화할지 알아보려 했다. 수학적 계산 과정은 복잡했지만 중요한 교훈들은 간단했다.

먼저, 어느 한 가지 유형의 대립유전자에 해당하는 어느 한 가지 색깔의 구슬의 개수는 갈색 혹은 파란색의 오직 한 가지 유형의 대립유전자가 남을 때까지 무작위로 예측할 수 없이 계속해서 변하게 된다. 그러다 두 대립유전자 중 한쪽이 사라지게 되면 다른 한쪽은 개체군 유전학 용어로 말해서 개체군 안에 '고정'되게 된다. 유전자 공급원은 그 순간부터 DNA 돌연변이가 다른 대립유전자를 다시 만들어내지 않는 한 변하지 않는 채로 남아 있게 되지만 그럴 확률은 극히 적다.[16]

이 수학적 과정은 또한 하나의 대립유전자가 결국 고정되는 것은 분명하지만 어느 대립유전자가 행운의 주인공이 될지는 동전을 던져 어느 면이 나올지 예측하는 것만큼 어렵다는 사실을 보여준다. 개체군의 50퍼센트에서 파란색 대립유전자가 고정될 것이며 모든 사람은 파란색 눈을 갖게 될 것이다. 다른 50퍼센트에서는 모든 사람이 갈색 눈을 갖게 될 것이다.

우리의 몸이 아이를 갖는 데 필요한 정자와 난자 세포를 만들 때 인간의 유전자는 복잡하게 다시 뒤섞이게 되겠지만 그렇더라도 그릇에서 구슬을 꺼내는 과정은 유전자와 그 대립유전자들이 정확히 어떻게 세대에서 세대로 이어지는지를 보여준다.[17] 우리 인간도 각각의 유전자에 대해 두 개의 복제본을 갖고 있기는 하지만 그 과정과 전혀 다를 바가 없다. 네 개의 인간 유전자 공급원은 두 사람이라는 '개체군'에 해당하는 것이며 각 유전자에 대해 각각 두 개의 복제본이 있다. 나는 지금 이 두 사람에게 남자와 여자 두 아이가 있다면, 그리고 두 아이가 자라 또 다른 남자와 여자 아이를 갖고 또 두 아이가 자라 아이를 갖는 식으로 계속해서 이어진다면 이 유전자 공급원이 어떻게 진화하게 될 것인지에 대해 설명하고 있다. 결국 깊은 근친 관계로 이루어진 이 가족은 모두 다 파란색 아니면 갈색 눈동자를 갖게 될 것이며 장차 누가 어떤 색깔의 눈동자를 갖게 될지는 그 어느 누구도 말할 수 없다.[18]

유전적 부동은 더 많은 개체군들에게도 영향을 미친다. 대략적으로 계산해도 각각 두 개의 대립유전자가 있어서 총 10개의 유전자가 있는 공급원에서는 대립유전자의 숫자가 각 세대마다 10퍼센트 정도의 변동을 겪는다. 100개의 유전자가 있는 공급원에서는 1퍼센트 정도의 변동이 일어나며 1,000개의 유전자라면 0.1퍼센트 정도다. 게다가 파란색 혹은 갈색의 대립유전자가 유전자 공급원을 통해 퍼져나가고 고정되는 시간은 큰 개체군에서는 더 많이 걸리게 된다. 유전자 공급원의 크기가 10배로 커지게 되면 각 개별 개체가 똑같은 대립유전자를 전달하는 데 시간이 10배 더 걸리게 된다. 그 때문에 근친교배는 대단히 규모가 큰 개체군에서는 그렇게 크게 문제가 되지 않을 수 있다. 유전적 부동은 확실히 10억 개의 유전자가 있는 공급원에 영향을 미칠 수 있다. 하지만 대립유전자 숫자 안에서 아주 작은 혼란만 일으키며 각 세대마다 0.0000001퍼센트의 변동만을 만들어낸다.[19]

DNA 돌연변이는 하나의 대립유전자의 새로운 복제본 하나만을 만들어낼 뿐이며 개체군의 개별 개체 하나 안에서만 일어난다. 두 개의 나쁜 복제본이 같은 개체 안에서 하나로 합쳐져야 하는 많은 유전적 질병들에 대해 이런 드문 대립유전자는 유전적 부동을 거쳐 개체군을 통해 세대를 거듭하며 퍼져나갈 수 있다. 또 자연선택의 방해를 받지 않고 대립유전자가 충분히 변동을 일으켜 두 개의 나쁜 복제본이 어느 개별 개체 안에서 하나로 합쳐지기 시작할 때까지 계속된다. 그 결과 이런 개체들이 죽게 되었을 때 자연선택의 영향력이 비로소 나타나기 시작한다. 개체군의 규모가 작으면 이런 일은 더 빨리 일어나며 우리에게는 유전자가 너무나 많기 때문에 나쁜 대립유전자들이 최소한 하나 이상의 유전자에 대해 하나로 합쳐질 확률이 높아진다.[20]

근친교배에 의해 일어나는 질병이 바로 여기에서 비롯된다. 각기 다른 근친 관계 개체군에서 각기 다른 질병이 발생하는 것도 바로 이 때문이다. 우리가 진화의 시계를 마음대로 다시 설정해 똑같은 작은 개체군을 근친교배시키기 시작한다면, 우리는 유전적 부동의 도움을 받아 퍼져나가는 나쁜 대립유전자들이 매번 다른 모습이 된다는 사실을 알 수 있을 것이다.

이런 모든 내용은 근친교배의 부정적인 영향력이 작은 개체군 안에서의 유전적 부동의 결과라는 사실을 의미한다. 어떤 섬의 환경에 의해 개체군이 줄어들거나 왕실의 정책이나 자존심에 의해 구성원들의 숫자가 제한되거나 산맥에 가로막혀 마을 사람들이 고립되거나 사육사가 같은 혈통의 동물들을 반복적으로 짝짓기를 시키는 일 등은 사실 상관없다.

다시 한 번 말하지만 유전적 부동이나 근친교배가 꼭 나쁜 결과를 가져오는 것은 아니다. 그저 둘 다 좋다거나 나쁘다는 개념과는 상관없으며 좋은 유전자를 퍼트리는 것만큼이나 나쁜 대립유전자를 퍼트리게 되는 것뿐이다. 유전적 부동이 꼭 근친교배로 이어지는 것도 아니다. 일부 단세포 균류와 조류의 경우 각각의 유전자에 대해 오직 하나의 복제본밖에 갖지 못한다. 다시 말해, 두 개의 나쁜 대립유전자가 하나로 합쳐지는 일은 절대 일어나지 않는다는 뜻이다. 박테리아 역시 각각의 유전자에 대해 오직 하나의 복제본밖에는 가질 수 없으며 우리가 익히 알고 있는 것처럼 성행위 없이 번식한다. 그렇기 때문에 애초에 근친교배의 대상이 될 수 없다.[21] 하지만 유전적 부동은 그 개체군 안에서도 작동을 하며 조류, 균류 혹은 모든 다른 유기체 안에서도 작동한다. 유전자 공급원을 채우기 위한 유전자의 무작위 추출이 번식 방법에는 상관없이 모든 생명체들에게는 기본 방식이기 때문이다. 근친교배가 모든 생명체에게 일반적으로 일어나는 일은 아니지만 유전적 부동은 그와는 다르다.

유전적 부동이 한 개체군에 대해 어떤 영향을 미치는지 그려보기 위해 앞서 소개했던 적합 지형도와 이런 지형도에서 자연선택이 개체군의 진화를 위해 가차 없이 오르막길로만 밀어붙였던 내용을 떠올려보자. 유전적 부동은 개체군의 유전자 공급원에서 무작위의 변화를 불러일으키기 때문에 우리는 이를 두고 마치 이 지형도를 쉴 새 없이 뒤흔드는 지진처럼 끊임없이 일어나는 변동이나 진동으로 생각할 수 있다.[22] 정말로 지진이 일어난다면 등반가들의 발걸음이 느려질 것이며 그것은 봉우리를 향해 올라가는 개체군도 마찬가지일 것이다. 유전적 부동은 정해진 방향이 없기 때문에 그림 3-2에서 보듯이 개체군은 이런 진동으로 인해 위나 아래 혹은 옆으로 어느 방향으로든 움직일 수 있다. 대규모 개체군 안에서 진동이 대수롭지 않은 수준으로 일어난다면 봉우리를 향해 오르는 개체군의 발걸음에도 별로 영향이 가지 않을 수 있다. 하지만 진동이 크고 개체군이 작다면 개체 군은 더 놀라고 발걸음은 더 느려질 것이다. 개체군이 이에 영향을 받아 내리막길로 향한다면 특히 주의해야 한다. 근친혼을 한 왕족들, 그리고 회충에 감염된 양들만큼이나 상황이 좋지 못한 협곡으로 내몰리게 될 수 있기 때문이다.

유전학 관련 수학은 또한 우리에게 자연선택의 오르막 이동을 앞서기 위해 개체군은 얼마나 작아야 하며 또 진동은 얼마나 커야 하는지를 알려줄 수 있다. 그 적합성에서 5퍼센트 차이가 나는 유기체의 개체군을 하나 선택하자. 어떤 종류의 박테리아는 다른 박테리아에 비해 분열 속도가 5퍼센트가량 빠르고 어떤 사과나무는 5퍼센트 더 많은 씨앗을 만들어낸다. 어떤 다람쥐는 혹독한 겨울이 닥쳤을 때 생존 확률이 5퍼센트가량 더 높다. 이

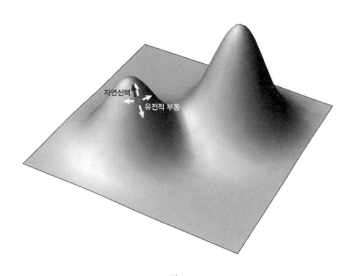

그림 3-2

런 개체군에서 유전적 부동은 대립유전자의 숫자를 5퍼센트 이상 흔들 수 있다면 자연선택을 압도할 수 있다. 그리고 이런 현상은 개체 수가 20개 이하의 개체군에서 일어난다.[23] 하지만 개체군의 개별 개체들이 적합성에서 단지 1퍼센트 정도만 차이가 난다면 유전적 부동은 더 큰 개체군 안에서도 자연선택을 압도할 수 있다. 대립유전자의 숫자를 훨씬 더 적은 1퍼센트 정도만 흔들면 되기 때문이다. 이런 수학적 계산에서 개체 수가 100개 이하인 개체군은 자연선택을 압도하고 개체군의 위로의 전진을 막기에 충분할 만큼 강한 진동을 만들어내기에 부족함 없다는 사실을 알 수 있다. 그 일반적인 과정은 간단하다. 개체들의 적합성이 0.1퍼센트 차이가 난다면 유전적 부동은 개체 수가 1,000개 이하의 개체군 안에서 자연선택을 압도할 수 있다. 적합성이 0.01퍼센트 차이가 난다면 개체 수가 1만 개 이하의 개체군 안에서 자연선택을 압도할 수 있을 것이다.

이만큼 적은 적합성의 차이는 자연선택의 가장 풍부한 원료가 되기 때문에 진화에서 중요한 요소라고 할 수 있다. 우리는 돌연변이가 적합성에 얼마나 큰 영향을 미칠 수 있는지 측정할 수 있으므로 이런 사실을 잘 알고 있다. 대다수의 돌연변이는 적합성에 아주 조금 영향을 미친다는 사실이 밝혀졌다.[24] 하지만 이런 작은 영향도 수백만 세대에 걸쳐 혹은 수백만 년 동안 진화가 거듭되면서 축적될 수 있다. 장기적으로 보면 심지어 100만 분의 1퍼센트보다 적은 적합성의 차이를 만들어내는 돌연변이도 개체 수 1억 개 이상의 개체군 안에서 일어나는 한 생존과 멸종의 차이를 가를 수 있다.[25] 어떤 작은 개체군 안에서라도 자연선택이 유전적 부동을 극복할 만한 여력은 없다.

나는 눈동자 색깔에 영향을 미치는 대립유전자를 유전적 부동의 무작위 활동을 설명하는 데 이용했다. 눈동자 색깔은 특별히 별로 중요하지 않은 특성처럼 보이지만 조금 더 밝고 파란색의 홍채를 갖고 있는 사람들은 눈과 관련된 암에 걸릴 확률이 조금 더 높다는 사실이 밝혀졌기 때문이다.[26] 우리 유전체의 수천 개의 다른 유전자들은 눈동자 색깔보다도 훨씬 덜 중요한 특성들, 즉 뼈의 강도나 면역 체계의 능력 혹은 일반적인 생식 능력에 영향을 미친다. 모든 유전자는 같은 법칙에 따라 전해 내려오기 때문에, 이런 유전자들의 '나쁜' 대립유전자들 역시 개체군의 규모가 충분히 작고 유전적 부동이 충분히 강한 이상 무작위의 유전적 부동을 거쳐 개체군을 따라 퍼져나갈 수 있다.

14세기 이탈리아의 시인이었던 단테는 장편 서사시 〈신곡〉을 발표하고 당시 세계 문학의 정점에 올랐다. 그가 겪었던 창작의 과정은 역사에 세세히 기록되지 않았지만, 이 과정은 어쩌면 〈신곡〉의 주인공이 견디어내야 했던 여정과 다를 바 없을지도 모른다. 그는 아홉 개의 지옥을 다 둘러보아야 했다. 거기서 만난 지옥의 수감자들은 점점 더 끔찍하게 가해지는 고통과 고문을 당하다가 마침내 연옥을 거쳐 아홉 개의 천체로 이루어진 천국에 다다를 수 있다.

이 서사시를 가득 채우고 있는 비유와 우화에 전혀 관심이 없는 사람들은 그저 오랫동안 전해 내려오는 원칙이나 진리를 시로 다듬어낸 것 정도로만 생각할 수도 있다. 높은 자리에 오르기 위해서는 때로 먼저 고통을 겪어야 한다는 진리 말이다. 이러한 원칙은 사실 사람들이 생각하고 있는 것보다 훨씬 더 심오한 의미를 지니고 있다. 인간 영역을 훨씬 넘어서 어디에나 적용될 수 있기 때문이다. 생명체가 겪어온 40억 년의 진화 과정도 그런 원칙이 아니었다면 그렇게 계속 지속될 수는 없었을 것이다. 적응 지형도의 낮은 봉우리나 막다른 골목에 발목이 잡힌 개체군은, 오직 올라가는 것밖에는 아무것도 모르는 자연선택에 의해서는 그 자리를 결코 벗어날 수 없다. 하지만 유전적 부동은 유전자들이 새로운 모습으로 성공적인 변신을 할 수 있는 지옥의 용광로 안으로 과감하게 내려가는 일을 도울 수 있다.

불행하게도 이런 유전적 지옥으로 내려가는 일은 보통 위험한 일이 아니다. 수많은 개체군들은 지옥 앞에 있는 '연옥' 단계에조차 도달하지 못하고 그저 멸종해버리고 만다. 그리고 남은 무리들만이 우리에게 그들이 겪었던 비극적 운명에 대해 이야기를 해주는 것이다.

이렇게 남은 무리들은 특별히 외부의 유입이 적고 유전적 부동이 강한 섬 지역에서 더 분명하게 확인할 수 있다. 하와이섬 한 곳만 보더라도 외부에서 들어온 화초들 중 30퍼센트 이상이 제대로 뿌리 내리지 못했다. 곤충들은 그보다도 더 심한 꼴을 당했다. 적응에 실패한 유전자와 적대적인 환경이 하나로 합쳐지면서 최초로 유입된 동식물들 중 80퍼센트 이상인 150종류 이상이 멸종하고 말았던 것이다.[27]

하지만 운 좋게 살아남은 개체군들은 계속해서 견디어나가다가 '눈물의 계곡'을 자신들의 전진 기지로 만들었고 생존의 새로운 형태와 함께 수많은 새로운 봉우리를 정복할 수 있었다. 다시 한 번 말하지만 섬 지역은 이런 상황을 보여주기에 최적의 장소다. 섬은 멸종한 동식물들의 무덤이기도 하지만 동시에 진화의 창의성이 끝없이 샘솟는 곳이기도 한 것이다.

작은 갈라파고스제도에 가보면 하나의 조상으로부터 열네 가지 각기 다른 종류로 갈라진 핀치새들을 볼 수 있다. 찰스 다윈은 1835년 비글호를 타고 떠난 탐사 여행에서 갈라파고스제도에 도착해 이 핀치새들을 확인했다.[28] 하와이에는 최소한 열세 종류가 넘는 꿀먹이새honeycreeper들이 진화해 꽃의 꿀을 먹으며 살고 있다. 아프리카 서해안의 카나리아제도에는 블루위드blueweed의 친척뻘인 '제누스 에키움genus Echium'이라는 학명의 2년초로부터 23개의 새로운 종의 식물들이 갈라져 나왔다. 제누스 에키움은 파란색의 화려한 꽃을 피우는 것으로 유명하다.[29] 오늘날 하와이에서 발견된 1천여 종에 달하는 화초의 90퍼센트와 5천여 종의 곤충 가운데 98퍼센트는 외부에서 유입된 것이 아니라 자생한 것이다.

이런 숫자보다 더 주목해야 하는 것은 진화가 그들을 만들어낸 폭발적인 속도다. 갈라파고스와 하와이제도에서 가장 오래된 섬들은 그 역사가 대략 500만 년에 이르며 그 시기는 인간이 침팬지에서 갈라져 나온 시기와 비슷하다. 진화의 역사에서 보면 짧은 순간이지만 그 섬에서 수천여 개의 새로운 종들이 탄생하는 데는 충분한 시간이다.[30] 하지만 자연의 창의성은 속도가 아니라 만들어지는 종의 숫자에서 확인할 수 있다. 섬에서 태어난 수많은 새로운 종들은 각각의 새로운 생활양식을 갖고 있는 것이다.[31] 갈라파고스제도에 처음 등장했던 핀치새들은 부드러운 곤충들을 잡아먹고 살았지만 지금 찾아볼 수 있는 어떤 핀치새들은 호두까기처럼 생긴 커다란 부리를 갖는 쪽으로 진화해 섬에 있는 가장 단단한 씨앗도 깨트려 먹을 수 있다. 카나리아제도의 블루위드의 친척뻘 되는 식물은 가뭄을 견딜 수 있는 뿌리 체계의 도움을 받아 무려 그 높이가 5미터 이상 자라는 거대한 나무로 진화했다. 게다가 거기에는 정원사들이 극찬하는 우아한 모습의 원통형 꽃까지 피어난다.

일부 생활양식은 다른 섬 지역에서도 반복적으로 나타났다. 예를 들어 어떤 식물들의 경우 단 한 차례만 나무처럼 변했던 데에 비해, 한 번 이상 무성한 나무로 변화하는 종류도 있었다.[32] 이 중에서도 특히 흡혈 핀치새의 사례가 아주 독특하다. 흡혈 핀치새는 푸른발 부비새의 꼬리 부분을 쪼아 피를 빨아먹는다. 또 다른 갈라파고스제도의 특별한 주민인 딱따구리 핀치의 놀라운 기술도 주목할 만하다. 딱따구리 핀치는 진화를 통해 선인장의 가시나 나뭇가지를 사용해서 나무 속 은신처에 숨어 있는 벌레들을 겁주어 밖으로 나오게 하는 방법을 배웠다. 아프리카 섬나라 모리셔스 근처에 있는 라운드 아일랜드Round Island의 이중턱 뱀은 어떤가. 이 뱀은 입과 턱의 뼈가 부드럽고 유연한 관절에 의해 매달려 있는 형태라 자기보다 몸집이 큰 도마뱀도 삼킬 수 있다. 그리고 갈라파고스제도에는 바다 이구아나가 살고 있는데 바다를 넘나들며 먹고살 수 있는 유일한 도마뱀 종류다. 이 바다 이구아나의 여러 혁신 중에는 과도한 염분을 몸 밖으로 빼낼 수 있는 분비선도 포함되어 있다. 하와이에 살고 있는 학명 '제누스 유피테

치아Eupithecia', 즉 물결자나방의 애벌레 중 일부는 겉모습은 잎을 갉아먹고 사는 무해한 애벌레와 전혀 다를 바 없다.[33] 하지만 이 물결자나방 애벌레는 마치 공포영화의 한 장면처럼 잎사귀나 나뭇가지처럼 몸을 감추고 있다가 별다른 의심 없이 근처로 다가오는 곤충들을 잡아먹는데, 이때 집게처럼 특수하게 진화한 다리를 사용해 번개처럼 낚아챈다.[34]

이런 모든 현상은 같은 문제에 대해 자연이 내놓은 수많은 창의적 해결책 중 일부다. 어느 섬에 고립되었다면 그곳에서 어떻게 살아남아 삶을 꾸려나가겠는가?

수많은 혁신을 통해 섬 지역은 우리에게 경쟁의 압박이 그리 심하지 않을 때 창의성이 꽃필 수도 있음을 가르쳐주고 있다. 하지만 그런 일은 유전적 부동이 새롭고 텅 빈 섬이라는 환경을 만났을 때, 진화의 과정 중 아주 짧은 막간을 이용해서 일어난다. 섬 지역에서는 수백만 년 정도의 기간 동안 이런 혁신이 폭발하는데, 그 기간은 처음 생명체가 그 모습을 드러내고 40억 년이 흐른 진화의 전 과정을 생각하면 아주 짧은 기간에 불과하다.

생명이 탄생한 이후 상상할 수조차 없는 오랜 기간 동안 특별한 섬 지역의 생태계 창조보다 훨씬 더 심오한 무엇인가가 일어났다. 진화가 더 복잡하고 덩치가 더 큰 유기체들을 만들어내는 동안 유전적 부동의 위력은 천천히, 하지만 꾸준히 증가해왔다. 이 늘어나는 힘을 통해 유전적 부동은 자연의 창의성을 가능하게 해준 바로 그 유전적 기질을 변화시켜온 것이다. 유전적 부동은 그 구조 자체가 혁신을 위해 준비된 유전체를 변화시킨 것인데 어떻게 그렇게 되었는지 살펴보자.

100평방미터 안에는 10조 마리의 미생물이 살 수 있는 반면 그보다 100만 배 넓은 100평방킬로미터 안에 살 수 있는 대형 포유류의 숫자는 그리 많지 않다. 사자는 사십 마리, 호랑이는 열다섯 마리, 북극곰의 경우는 두 마리 정도다.[35] 유기체의 덩치가 커질수록 더 많은 공간이 필요하다. 다시 말해, 덩치가 큰 유기체는 일반적으로 그 개체 수가 적다는 뜻이다. 대략적으로 계산해보면 정해진 공간 안에 살 수 있는 박테리아의 개체 수가 1억 마리라고 할 때 곤충이나 벌레 같은 무척추동물의 개체 수는 1천만 마리, 척추동물이나 나무의 경우 보통 1만 마리나 1만 그루 내외다.[36] 물론 개체군의 규모는 같은 척추동물이라 하더라도 코끼리나 쥐의 경우처럼 대단히 다양할 수 있다. 하지만 우리가 살고 있는 지구가 코끼리보다는 쥐를 더 많이 수용할 수 있으며, 덩치가 큰 유기체일수록 개체 수가 적다는 것은 분명한 사실이다. 따라서 다음과 같은 결론을 내릴 수 있다. 덩치가 큰 유기체의 작은 개체군 안에서는 유전적 부동의 영향력이 더 크며 그에 따른 자연선택의 영향력은 덩치가 작은 유기체의 더 큰 개체군과 비교해 더 미약하다는 것이다. 수십억 단위의 규모를 자랑하는 인류는 덩치가 큰 유기체일수록 개체군의 규모가 작다는 법칙을 벗어난 것처럼 보이지만 지금까지 진행된 진화의 과정 대부분에서는 인류의 규모가 수백만을 밑돌았다는 사실을 기억하도록 하자. 게다가 이 기간 동안 인류는 수많은 독립된 작은 부족들로 나뉘어 있었다. 인류의 규모가 폭발적으로 늘어나게 된 것은 극히 최근의 일이며 우리의 육신과 유전체의 진화는 아직 그 속도를 따라잡지 못하고 있다.[37]

덩치가 큰 유기체의 삶에서 유전적 부동은 엄청난 개체 수를 자랑하는 아주 작은 크기의 박테리아와 비교해 1만 배는 더 크게 영향을 미치며 자연선택의 영향력은 그보다 훨씬 더 미미하다. 박테리아 개체군 안에서는 빠르게 사라질 수 있는 수많은 나쁜 대립유전자들은 자연선택의 눈에는 보이지 않으며 덩치가 큰 동물이나 식물 안에서는 사라지지 않고 계속 남아 있을 수 있다. 덩치가 더 크고 조금 더 복잡한 유기체 안에서 더 크게 일어나는 유전적 부동의 위력은 몇 가지 놀라운 결과를 가져왔다. 그중에서 가장 중요한 것은 DNA 문자의 개수, 즉 우리 유전체의 크기가 수백만 년의 세월을 지내면서 계속해서 꾸준히 늘어났다는 사실이다.

인간과 같은 전형적인 척추동물의 유전체에는 30억 개의 문자가 있는데 대장균과 같은 박테리아와 비교하면 거의 천 배는 많은 것이다. 그리고 우리가 우리의 복잡한 신체를 구성하고 유지하기 위해 조금 더 많은 유전자를 필요로 하는 반면 실제로는 그만큼 많은 유전자를 갖고 있지 못해서 대장균의 4,500개 유전자의 일곱 배에도 미치지 못한다. 다시 말해, 우리의 많은 유전자 개수로도 왜 우리의 유전체가 그렇게나 더 규모가 큰지를 설명할 수 없는 것이다. 사실 유전체 규모의 차이는 대부분은 유전자 '밖' DNA에서 비롯된다. 이런 DNA는 또한 어떤 단백질도 암호화하지 않기 때문에 '비번역non-coding' DNA로도 불린다.

분명 대장균과 같은 박테리아의 유전체 역시 이런 비번역 DNA를 일부 지니고 있다. 이들 대부분은 유전자 조절에 꼭 필요한 정도의 짧은 DNA 단어들로 이루어져 있다. 이 단어들은 2장에서도 언급한 바 있는, 전사를 위한 단백질 조절 장치에 의해 인식된다. 조절 단백질은 그런 단어에 붙어서 단백질 합성에 꼭 필요한 사전 작업인 유전자의 전사를 시작하거나 중단할 수 있다. 다시 말해, 대장균의 비번역 DNA 대부분은 자체적으로 특별한 목적을 갖고 있는데, 바로 유전자 조절을 돕는 것이 그 목적이다.[38] 이 DNA의 규모는 대단히 작은 수준이며 대장균 유전체의 12퍼센트밖에 담당하지 못한다.

우리의 유전체도 이와 크게 다르지 않다. 비번역 DNA라는 바다는 광대하지만 우리의 유전자는 작은 섬에 불과해 단지 유전체의 3퍼센트 정도만 차지하고 있을 뿐이다. 두 개의 인간 유전자는 수천 혹은 수백만 개의 비번역 문자들에 의해 분리될 수 있는 반면 두 개의 평균적인 대장균 유전자는 불과 120개의 비번역 문자들에 의해 분리된다.[39] 게다가 유전자를 조절하는 것은 인간의 비번역 DNA 중에서도 극히 작은 일부다. 우리는 나머지 비번역 DNA들이 어떤 역할을 맡고 있는지 아직 자세히 알지 못한다. 하지만 나중에 살펴보게 되는 것처럼 아마도 진화의 창의성이 펼쳐지는 거대한 놀이터가 아닐까 생각할 수 있다.[40] 유전적 부동은 그런 진화의 창의성이 어디에서 오는지 이해하는 데에도 중요한 요소다.

세대를 이어 내려오는 유전체는 그 크기가 다양한 방식으로 커질 수 있다. 그중 하나가 일종의 DNA 돌연변이인 DNA 복제로, 앞서 살펴보았던 단문자 변화 못지않게 자주 일어나는 현상이다. 이 현상은 세포들이 손상된 DNA 수리를 목표로 하거나 특별한 종류의 오류를 범할 때 일어나며 마치 전자 원고로 교정을 보다가 실수로 다른 문장을 복사해 붙인 편집자와 비슷하다. 이런 오류들은 드문 현상은 아니지만 DNA는 끊임없이 손상을 입기 때문에 세포들 역시 쉬지 않고 그들의 DNA를 편집해나갈 수밖에 없다.[41]

복제된 DNA 문장은 몇 개의 문자 혹은 수천 개의 문자 혹은 수백만 개의 문자로 이루어진 염색체의 커다란 부분들을 구성할 수 있다. 그리고 동시에 하나 혹은 그 이상의 유전자를 구성한다. 이런 경우 유전자 복제가 발생한다.

복제된 유전자는 유전체의 나머지 부분에 계속해서 떨어지는 DNA를 변화시키는 돌연변이와 똑같은 부분에 노출된다. 운이 좋다면 이러한 돌연변이들 중 하나가 새로운 기술을 알려주어 어쩌면 새로운 종류의 음식물 분자를 소화시키는 일을 돕거나 다른 독성 물질에 대해 세포를 보호해줄 수 있을지도 모른다. 하지만 이런 돌연변이의 대부분은 돌연변이라면 으레 하는 일들을 한다. 주변을 다 망쳐놓는 것이다. 이 돌연변이들은 유용한 단백질을 만드는 유전자의 능력을 손상시키거나 파괴한다. 그런 다음 복제된 유전자를 위유전자pseudogene로 알려진 비활성 DNA의 연장된 일부로 바꾸어놓는다. 그리고 위유전자가 만들어지면 유전체 안에 있는 비번역 DNA가 성장한다.

진화 과정에서 복제된 DNA의 운명이 어떻게 되는지 이해하기 위해 복제에는 대가가 따른다는 사실을 먼저 생각해보아야 한다. 복제를 위해서는 우선 에너지가 필요한데 세포가 복제된 DNA의 구성 요소들을 만드는 데 필요로 하는 바로 그 에너지다. 그리고 복제된 DNA에 하나나 그 이상의 유전자들이 포함되어 있다면 DNA 정보를 해독하고 암호화된 단백질을 만들어내는 데 추가로 에너지가 또 필요하다. 2007년 연구에서 나는 유전자 복제가 일반적으로 미생물 세포 에너지가 쓸 수 있는 양의 약 0.01퍼센트를 소모한다는 결과를 계산하기 위해 이 에너지의 복잡한 실험 측정 자료를 사용했다.[42] 그 에너지는 또 다른 복제 같은 작업에는 더 이상 사용할 수 없다.

0.01퍼센트라면 대단하게 들리지 않으며 실제로 우리가 갖고 있는 과학 장비들의 관심을 끌기에도 부족하다. 하지만 자연선택은 그보다는 조금 더 눈썰미가 있다. 적합성 문제에 대한 아주 작은 차이도 문제가 될 수 있는 거대 개체군 속의 미생물들을 다시 떠올려보자. 그러한 복제 과정을 주관하는 미생물은 조금 더 효율적인 동료들에 의해 천천히 경쟁에서 뒤쳐질 것이다. 물론 그렇게 되기까지 수천 혹은 수백만 세대가 걸릴지는 모르지만 결국 어쩔 수 없이 그 후손들은 사라지게 될 것이다.

동일한 복제 과정을 겪는 대부분의 동식물들은 그렇지 않다. 동식물들은 유전적 부동이 큰 영향력을 발휘할 수 있는 작은 개체군을 이루며 살고 있고 자연선택은 같은 종류의 차이점을 알아차리지 못한다.[43] 그 결과 복제된 DNA의 진화 과정이 시작되는 데 필요한, 상상할 수조차 없는 오랜 기간 동안 한 번에 하나씩 수천 년을 단위로 축적될 수 있다. 그렇다면 그 최종 결과는? 비번역 DNA의 숫자가 엄청나게 늘어난다. 거기에는 우리 유전자를 뒤섞어놓는 1만 5천 개의 위유전자가 포함되어 있으며 아마도 조용히 나타나는 DNA 돌연변이 속에서 알지도 못하는 사이에 사라져버린 수천 개의 위유전자도 있을 것이다.[44]

유전자들은 자신의 어떠한 노력 없이 수동적으로 복제되지만 이동형 DNA같은 또 다른 종류의 DNA는 자신의 복제를 적극적으로 주관한다. 이렇게 늘어난 DNA는 보통 몇천 개 길이 정도의 DNA 문자를 이루며 각기 특별한 재주가 있는 하나 혹은 그 이상의 단백질을 암호화한다. 그 재주란 번역된 DNA를 다른 곳, 그러니까 주로 유전체 안의 임의의 지역에 복제해 가져다 붙이는 능력이다. 바로 그 자리에서 이 DNA는 다시, 또다시 그렇게 복제를 반복한다.

이동형 DNA는 영국의 생물학자 리처드 도킨스Richard Dawkins가 《이기적 유전자The Selfish Gene》에서 설명했던 가장 중요한 사례다.[45] 이 DNA는 어떤 더 중요한 목적을 위해 일하지 않으며 숙주의 안녕에는 아랑곳하지 않고 숙주의 유전체 안에서 증식한다. 이런 이동형 DNA의 움직임을 아무도 확인하지 않는다면 유전체는 이 DNA의 복제본들에 의해 가득 차버릴 수 있다.[46]

그런데 다행히도 그런 이동형 DNA를 계속해서 확인하는 존재가 있다. 바로 자연선택이다.[47]

어느 소설의 어떤 단락을 잘라내 아무 곳에나 가져다 붙인다면 그 소설이 처음부터 엉터리가 아닌 이상 아마도 내용이 이상하게 바뀌고 말 것이다. 같은 원리로 이동형 DNA가 새로운 유전체 지역에 아무렇게나 삽입된다면 역시 좋지 않은 상황이 벌어질 수 있다. 이동형 DNA가 다른 유전자에 붙게 될 때 해당 유전자의 정보 끈information string을 파괴하고 유용한 단백질을 만들 수 있는 계획에 손상을 입힐 수 있다. 예를 들면, 커지는 배아의 필요에 따라 그 유전자가 요구된다면 결국에는 배아의 죽음으로 이어질 것이다. 또한 이동형 DNA가 근처에 있는 어떤 유전자에 붙게 될 때 실수로 그 유전자를 활성화시킬 수 있다. 이동형 DNA에는 재배치를 위해 자체의 유전자를 활성화시킬 수 있는 조절 서열이 포함되어 있기 때문이며 이 조절 DNA는 우연히 근처에 있는 어떤 유전자라도 활성화시킬 수 있는 것이다. 배아의 성장과 관련되어 있는 어떤 유전자에 이런 일이 일어난다면, 그리고 그 유전자가 적절하지 않은 시간과 장소에서 깨어나 활성화된다면 배아의 성장은 극적으로 혹은 미묘하게 영향 받을 수 있다. 두 개의 신경세포들이 적절하게 연결되지 못하고 혈관이 적절한 장소에서 형성되지 않거나 혹은 뼈가 필요한 만큼 단단하게 만들어지지 못하는 것이다. 실제로 미묘한 변화는 크고 극적인 변화보다는 더 자주 일어나며 그로 인한 손상은 종종 숙주의 적합성을 1퍼센트 이하로 줄이는 정도의 수준에서 발생할 수 있다.[48] 그리고 자연선택이 대혼란을 일으키는 삽입물을 재빨리 제거할 수는 있겠지만 자연선택은 혼자서는 미묘한 영향을 미치는 삽입물의 운명을 결정하지 않는다. 바로 유전적 부동이 함께 작용해야 하는 것이다.

　대장균과 같이 엄청난 개체 수를 가진 유기체에서 유전적 부동의 영향력은 미약하며 자연선택은 대부분의 문제가 되는 이동형 DNA 삽입물들을 쓸어버리는 데 아무 문제가 없다. 그렇기 때문에 대부분의 미생물 유전체들은 보통 유전체의 1퍼센트에 못 미칠 정도로 적은 이동형 DNA만을 갖고 있는 것이다.[49] 하지만 덩치가 큰 유기체에서는 개체 수가 너무 적고 유전적 부동이 너무 강하며 자연선택이 미묘한 영향을 미치는 이동형 DNA를 몰아내기에는 너무나 미약하기 때문에 이동형 DNA가 조금씩 자연 증식 할 수 있다. 그 결과 우리 인간을 포함한 다른 대형 동식물들의 유전체의 50퍼센트 이상은 이동형 혈통을 갖고 있다.[50] 또한 우리 유전체는 수백만 개에 달하는 이동형 DNA 복제본을 갖고 있다.[51]

그리고 이동형 DNA가 우리 유전체 안에 천천히 축적되는 동안 우리의 나머지 모든 다른 DNA들과 마찬가지로 같은 돌연변이에 노출된다. 이 돌연변이들은 시간이 지남에 따라 DNA의 복제와 이동 능력을 파괴할 수 있기 때문에 우리의 이동형 DNA 대부분, 그러니까 99퍼센트 이상이 움직이지 못하는 비활성 상태가 된다.[52] 그렇게 되면 더 이상 재배치할 수도 없고 유전자는 씻겨나가 위유전자가 된다. 하지만 그렇게 움직이지 못하는 상태가 되어서도 우리 유전체 안의 비번역 DNA라는 바다에 여전히 도움을 줄 수 있다.

결론적으로, 덩치가 큰 유기체는 일반적으로 유전적 부동의 영향에 의해 더 복잡한 유전체를 갖고 있다. 유기체의 크기가 더 커질수록 개체 수는 줄어들며 자연선택의 영향력은 약해지고 유전적 부동의 영향력은 커진다. 유전체는 더 많은 유전자와 더 많은 복제 유전자, 더 많은 위유전자, 더 많은 활성화된 이동형 DNA, 더 결함이 많은 이동형 DNA, 그리고 전체적으로 더 많은 비번역 DNA를 얻게 되며 따라서 유전체의 크기는 천 배 이상으로 천천히 증가하게 된다.

인디애나주립대학교의 생물학자 마이클 린치Michael Lynch는 점점 더 복잡해지고 있는 우리 유전체에 대해 설명하며 유전적 부동이 중요한 역할을 하고 있음을 처음으로 주장한 학자다. 린치는 수백여 개의 다른 유기체의 유전체들을 서로 비교하며 자신의 주장을 뒷받침했고 그가 내세운 자료들은 유전적 부동이 단지 유전체 크기를 늘리는 데만 영향을 주는 것이 아니라 동시에 개별 유전자들의 복잡성을 늘리는 데도 일조하고 있다는 것을 보여준다.[53]

어떤 유전자의 DNA가 RNA로 전사될 때 이 유전자의 일부분, 즉 '비발현부위introns'로 알려진 부분이 제거되며 나머지 부분, 즉 '발현부위exons'는 함께 합쳐진다. 이렇게 합쳐진 발현부위만이 단백질로 번역될 수 있다. 다시 말해, 유전자는 각기 쪼개져서 전달될 수 있으며 유전자의 정보가 해독될 때만 다시 합쳐진다.[54] 생명체가 진화하는 동안 이런 유전자 조각들의 숫자는 유전체 크기와 마찬가지로 점점 늘어난다. 미생물의 일반적인 유전자는 한두 개 정도로 나뉠 수 있지만 쥐와 인간의 유전자는 일곱 개 이상으로 나뉜다.[55] 게다가 우리 유전체 안에 있는 것 같은 폐기된 비발현 DNA가 점점 늘어나는데, 유전자의 전사된 DNA의 98퍼센트 이상이 폐기되며 단백질로 번역되는 것은 겨우 2퍼센트 남짓이다.[56]

유전체와 관련된 이런 모든 복잡성의 결과는 진화의 창의성을 위한 거대한 놀이터다. 유전자가 더 많은 조각을 갖게 될 경우 더 많은 종류의 단백질이 이런 유전자 조각들을 새로운 방식으로 결합하고 이어주는 과정을 통해 만들어질 수 있다. 우리의 유전자는 수많은 조각으로 나누어질 수 있어서 우리의 육체는 초파리와 비교해 유전자의 숫자가 고작 두 배 남짓 더 많을 뿐이다.

하지만 5만 개나 더 많은 단백질을 만들어낼 수 있다.[57]

게다가 일반적인 척추동물 유전자는 수천 혹은 수백만 개의 비번역 DNA 문자로 분리될 수 있기 때문에 임의의 돌연변이들은 조절 장치 단백질에 의해 하나로 결합될 수 있다. 그리고 얼마 되지 않은 비번역 DNA로 대장균 안에서 하는 것보다 우리의 것과 비슷한 유전체 안에서 새로운 유전자 조절을 수행할 수 있는 새로운 DNA 문자들을 만들어낼 가능성이 훨씬 더 늘어난다.[58] 그것이 바로 덩치가 크고 복잡한 유기체의 진화에서 유전자 조절의 변화가 어쩌면 유전자 자체에서 일어난 변화보다 중요한 의미를 갖고 있는 이유다. 예를 들어 인간과 침팬지 사이에 존재하는 유전적 차이점의 대부분은 유전자 조절에 영향을 미칠 수 있는 비번역 DNA 안에서 일어나는 변화에서 비롯된다.[59] 다양한 방식으로 생명체의 제조 설명서에 영향 줄 수 있는 이런 변화들은 미묘한 듯 보이지만 기호언어와 예술, 문학에서 새로운 종을 만들어내는 것만큼 극적 효과를 가져올 수 있다.

대단히 단순하며 복잡한 부분이 없는, 마치 수도자의 방처럼 텅 빈 듯한 미생물의 유전체와 달리 다세포 유기체의 유전체는 발명가의 작업실처럼 여분의 부품과 도구, 실패한 발명품들, 분해된 기계장치, 반쯤 구상하다 만 물건 등 쓰레기처럼 보이는 것들이 천장 바로 밑까지 가득 차 있다. 하지만 그런 것들은 모두 다음의 획기적 발명을 위한 준비물들이다. 그리고 이 작업실을 유용한 부품들로 채우는 중심에는 유전적 부동이 있다. 작업실 주인인 발명가가 자연선택, 즉 지나치게 열심인 관리인에게 작업실 관리를 의지하는 한 그는 공연한 일로 헛수고만 거듭하게

3장 지옥을 통과하는 일의 중요성 · 119

될 것이다.[60]

요컨대, 유전적 부동은 두 가지 근본적인 방식으로 생명체의 진화에 영향을 미친다. 단기적으로는, 그러니까 새로운 종이 만들어지기까지 필요한 몇백만 년 동안 유전적 부동은 진화가 자연의 유전적 지형도 안에서 새롭고 높은 봉우리 위로 오를 수 있도록 돕는다. 그런 과정에서 유전적 부동은 독특한 생활 방식을 가진 새로운 종이 더 빨리 만들어지도록 하는 것이다. 그리고 장기적으로는 유전체의 구조를 변경하고 미래의 혁신을 위한 잠재 능력을 증가시킨다.

유전적 부동의 발현은 이렇게 서로 다른 만큼이나 또 비슷한 공통의 원칙을 공유하고 있다. 진화가 자연의 창의성의 지형도를 자유롭게 탐험할 수 있을 때, 자연선택의 근시안적이고 맹목적인 오르막 행진으로부터 잠시나마 벗어날 수 있을 때 좋은 일들이 일어날 수 있다는 것이다.

알고 보면 결국 진화가 이런 지형도들을 가로지르는 데 있어 유전적 부동만이 유일한 도움이 되는 것은 아니었다.

4장

유전적 지형도
안에서의 순간 이동

LIFE FINDS A WAY

      4차원 혹은 그 이상의 차원에서 산맥 하나를 가로지르는 모습을 상상하는 것 못지않게 더 어려운 문제를 생각해낸다면 그것은 바로 겨우 2차원에서 산맥을 가로지르는 일이다. 하지만 그것이 문제되는 것은 우리의 상상력이 부족하기 때문은 아니다. 3차원 이상의 차원에서는 평평한 산맥 하나가 여러 개의 산맥보다 통과하기 더 어렵기 때문이다. 그런 이유로 다윈 진화는 2차원에서 훨씬 더 어려워진다.

    그림 4-1의 윗부분 그림이 평평한 세상의 적합 지형도를 보여준다고 상상해보자. 왼쪽 고원에 살면서 오른쪽 고원지대로 옮겨갈 필요가 있는 개체군은 이미 익숙해져 있는 문제에 봉착하게 된다. 자연선택은 단 한 걸음이라도 내리막길로 가는 것을 막기 때문에 협곡으로 갈라져 있는 두 고원 사이를 통과할 방법이 없는 것이다. 하지만 이 그림이 실제로 3차원 지형도를 가져와

절단해서 만든 2차원 그림이라면 그림 4-1 아래쪽에 있는 분화구 같은 모양의 옆모습은 아마도 운석의 충돌에 의해 형성된 것은 아닐까? 평평한 그림의 두 고원은 그러면 3차원에서는 하나의 고원이 되지만 실제로는 둥근 능선이고 다만 높낮이의 차이만 있는 것은 아닐까. 그렇다면 심지어 대규모 개체군에서도 적은 규모로 나타나는 유전적 부동만으로도 해당 개체군은 쉽사리 빙 둘러서 이동할 수 있다. 분화구 바닥을 통과하기 위해서 군이 강력한 유전적 부동이나 작은 개체군이 있어야 할 필요는 없다.

우리의 3차원 두뇌로는 시각화할 수 없지만 같은 개념이 더 높은 차원에도 적용된다. 로키산맥이나 알프스산맥 혹은 안데스산맥이 단지 4차원 산맥의 3차원 측면도라면 깊숙한 3차원 협곡들에 의해 구분되는 산맥의 봉우리들은 4차원에서는 산등성이에 의해 연결될 수 있을 것이다. 그리고 4차원에서도 여전히 접근할 수 없는 그런 봉우리들의 일부는 5차원에서라면 단지 몇 걸음만으로 접근 가능할 것이다. 5차원에서도 접근 불가능한 봉우리들이 있을까? 그렇다면 6차원에서는 접근 가능할 것이며 이런 식으로 계속 봉우리들을 정복해나갈 수 있을 것이다.

물론 적합 지형도는 3차원, 4차원 혹은 5차원 안에서만 존재하지는 않으며 수백수천 차원 안에서도 존재한다. 각각의 차원은 유기체의 한 가지 특성을 나타내며 그 특성은 그것이 유전자든 혹은 개별 DNA 문자든 DNA 문장 안에서 다양해질 수 있는 유기체의 유전체 안의 위치처럼 대단히 다양하다. 여러 측면에서 볼 때 이런 지형도들을 3차원 안에서 생각하는 것이 효과적이겠지만 적합성 협곡들을 우회하는 능력을 이해하려고 노력할

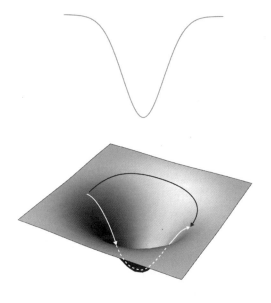

그림 4-1

때 이런 쓸모없는 3차원은 별 도움이 되지 못한다. 우리의 두뇌는 비록 고차원의 지형도들을 시각화하지는 못하지만 우리는 여전히 그 지형도들을 탐험하고 그려볼 수 있다.

취리히연구소에 있는 내 동료들을 비롯한 다른 많은 연구자들은 최첨단 진화 실험 시설과 전자 기술을 이용해 바로 그 일을 하고 있다. 우리는 실험을 통해 RNA 효소와 단백질 효소를 항생제 페니실린을 중화시키는 베타락타마제처럼 진화시키고 있다. 이 작업을 위해 동일한 고기능성 분자의 거대한 개체군을 만들어냈다. 그리고 개체군의 개별 개체들 분자 문장 안에 돌연변이를 흩뿌리고 여전히 잘 움직이고 있는 돌연변이체들을 골라낸 후 이 과정을 되풀이한다. 이 작업을 하는 동안 우리는 진화하는 수천 개 개별 개체들의 분자 문장을 순서대로 나열하고 컴퓨터에게 지형도에서의 그들의 위치를 추적하도록 명령한다.

이런 개체군들을 통해 우리는 진화의 창의적인 힘이 그저 놀랍고 기상천외한 것만큼이나 중요하다는 사실을 배운다.

이런 실험에서 모든 개체군은 적응 지형도의 한 봉우리에서 시작한다. 이 봉우리가 마치 아프리카의 킬리만자로산처럼 지형도의 고차원 평원에 고립되어 있다고 한다면 개체군의 개별 분자들은 봉우리 주변에 이리저리 모여 있게 될 것이다. 모든 돌연변이체는 시작 분자에 비해 뒤떨어지며 자연선택은 그들을 무자비하게 개체군에서 몰아내려 할 것이다. 하지만 우리가 보려는 것은 그런 광경이 아니다. 개체군은 그대로 가만히 있지 않고 지형도를 통해 퍼져나간다. 천천히, 그리고 한 치의 오차도 없이 돌연변이의 모든 순환과 자연선택에 따라 개별 개체들은 수많은 다른 방향들로 시작점인 봉우리로부터 점점 더 멀어져간다. 이렇게 이동하는 동안 자신들이 하는 일에 있어서 훨씬 더 나빠지거나 훨씬 더 좋아지는 일도 없이 지형도의 같은 높이에 머물러 있게 된다. 시작 봉우리는 근처의 다른 봉우리들과 연결되어 있는 것처럼 보인다. 십여 개의 '능선'이 거기에서 시작되어 이런 다른 봉우리들과 이어지는데, 여기에서 십여 개의 더 많은 능선이 심지어 더 멀리 있는 봉우리들과 연결되고 이런 모습이 계속해서 이어진다.

이와 같은 실험들은 우리에게 다차원 적응 지형도의 구성에 대해 무언가 더 심오한 것을 알려준다. 즉, 봉우리는 보통 킬리만자로산처럼 하나만 있는 것이 아니라 마치 지형도 전체를 통해 멀리 불규칙적으로 퍼져가는 거미줄과 같은 형태로 높은 고도에 위치한 길들의 연결망에 가깝다는 것이다. 각기 다른 봉우리들을 연결하는 길들은 완벽하게 평평할 필요는 없지만 동시에 높낮이 차이가 그렇게 심하지는 않다. 우리는 그 이유가 우리의 실험이 수십억에 달하는 분자가 있는 거대한 개체군을 사용하며 이런 개체군에서 유전적 부동은 너무 위력이 약해 어떤 개별 개체도 봉우리 아래로 너무 멀리 내려갈 수 없기 때문이라는 것을 알고 있다.

실험실에서의 진화 실험은 오직 적응 지형도의 극히 일부분만 탐험할 수 있지만 40억 년에 달하는 실제 진화 과정에서 자연은 훨씬 더 넓은 지역을 탐험했다. 또한 자연은 분자들이 자신들의 독특한 기술은 그대로 유지하면서 거미줄 같은 연결망을 따라 얼마나 멀리 움직일 수 있는지 알아냈다. 우리 혈액 속에서 산소와 합쳐져 이동하는 단백질인 헤모글로빈을 생각해보자. 쥐와 파충류와 어류, 곤충과 심지어 식물 같은 수천의 다른 종들은 이와 같이 산소를 품고 있는 단백질을 갖고 있다. 그들은 모두 산소와 결합된 단백질의 조상들로부터 10억 년 전 시작된 기나긴 진화 과정의 결과물이라고 할 수 있다. 그리고 이 여정에서 산소를 갖고 있는 단백질은 절대로 그대로 유지되어 있지 않았다. 그들의 아미노산 문장들은 천천히, 그리고 확실하게 문자 하나씩 바뀌어온 것이다. 고대의 공통 조상으로부터 시작된 이런 단백질들은 유용한 산소 운반자의 방대한 거미줄을 따라 퍼져나갔다. 지금까지 그들은 100여 개에 달하는 아미노산 문자 중 15개 정도만 공유할 수 있을 만큼 여행해온 것이며 산소와 결합하는 똑

같은 문제를 두고 각기 서로 대단히 다른 문장과 해결책을 갖고 있다.[1]

헤모글로빈은 수많은 다른 진화하는 분자들과 함께 이런 진화의 유형을 함께 공유하고 있으며 이 분자들에는 가라앉은 RNA 세계의 촉매 잔류물에서 생화학반응을 촉진하고 세포 사이를 연결하며 우리 몸을 지탱하고 우리가 움직일 수 있도록 돕는 단백질들이 엄청나게 많이 포함되어 있다. 이런 분자들은 모두 각자의 일을 충실히 잘 해내고 있다. 그리고 이들이 각각 점유하고 있는 적합성 봉우리는 단지 하나의 봉우리가 아니라 적응 지형도의 사방으로 퍼져 있는 고차원 경로의 불규칙한 연결망에 가깝다. 이런 거미줄을 시각화하려고 너무 애쓸 필요는 없다. 그 범위가 너무 방대해 3차원에서 구현하기가 불가능하기 때문이다. 적어도 수백 차원의 공간과 수많은 방향이 기다리고 있는 것이다.

게다가 이런 모든 상황은 단지 개별 분자들뿐만 아니라 우리의 몸을 만들고 유지하는 생화학 기계장치라고 할 수 있는 복잡한 조립 장치에도 적용된다. 이런 기계장치 중에는 두 개가 특히 중요한데, 그중 하나는 많은 유전자의 전사를 통제하는 조절 장치 단백질에 의해 운용된다. 이 조절 장치들은 혼자서 일하지 않으며 그 대신 복잡한 조절 계통을 이루는데, 그 안의 조절 장치들은 수백여 개의 다른 유전자들을 전사하면서 동시에 서로를 조절한다.

두 번째로 중요한 조절 장치는 신진대사다. 신진대사는 수천 가지 화학적 반응의 복잡한 연결 관계이며 각각의 반응은 일부 유전자에서 발생하는 정교한 효소 암호화에 의해 촉진된다. 우리 신체와 다른 모든 유기체들의 신진대사는 에너지와 영양소 같은 구성 요소들을 확보해 생명체가 살아가는 데 필요한 수많은 분자들을 만들어낸다.

이러한 조절 및 신진대사의 기계장치들은 유전체 안에서 암호화되며, 유전체가 DNA 돌연변이를 통해 다양하게 바뀌면 함께 바뀌게 된다. 개체군에 속한 개별 개체들은 신진대사에 따라 서로 다른 차이를 보인다. 어떤 개체가 다른 개체들에 비해 더 효율적으로 에너지를 흡수하고 지방을 더 많이 저장하며 특정한 음식을 더 잘 견디어내는 등의 특성을 갖게 되는 것은 이런 이유 때문이다. 일부 조절 계통들이 더 넓은 날개와 더 강한 심장 혹은 더 빠른 신경세포를 구성하며 더 나은 신체를 만들어낼 수 있게 되는 이유이기도 하다. 다시 말해, 조절 및 신진대사 장치들은 DNA 돌연변이와 자연선택에 의해 진화하고 개선될 수 있다. 하지만 그만큼 중요한 사실이 또 있다. 심지어 우월한 성과를 만들어낼 수 있는 이런 조절 계통과 신진대사 들도 다 똑같지 않다는 사실이다. 이들이 점유하고 있는 봉우리는 지형도 안에 홀로 솟아 있는 킬리만자로가 아니며 오히려 사방으로 뻗어 있는 능선들의 연결망에 더 가깝다. 이 연결망을 따라 다양한 조절 및 신진대사의 형태들이 서로 공존할 수 있으며 각각 서로 다른 방식으로 최적화된 기능을 발휘하는 신체 구조를 만들어내고 유지한다.

이런 예상하지 못한 고차원의 세계에 대한 수많은 책들이 나올 수 있을 것이며 실제로 한 권은 이미 발표되었다.《최적화의 조건Arrival of the Fittest》이라는 책에서 나는 이런 거미줄들이 어디에서 시작되었는지, 왜 그런 모습이 거의 보편적이며 왜 진화에 중요한지에 대한 놀라운 이야기를 풀어놓았다.[2] 하지만 여기에서 중요한 것은 거미줄들이 창조 활동에서 자연을 돕고 있으며 우리는 실험을 통해 그런 사실을 증명했다는 사실이다.

그중 한 실험을 통해 취리히연구소의 박사후과정 연구원인 에릭 헤이든은 앞서 언급했던 것처럼 리보자임으로 실험을 시작했다. 리보자임은 특정한 문자 서열을 가진 RNA 분자를 스스로와 연결시킬 수 있었다. 이 사실을 출발점으로 해서 헤이든은 다른 RNA 분자를 자기 자신과 연결시킬 수 있는 조금 더 유연한 리보자임을 만들어내는 방법을 찾으려 했다. 실제로 그는 두 가지 실험을 실시했고 각각 각기 다른 분자 개체군을 실험 대상으로 삼았다. 첫 번째 개체군은 시작 리보자임 적응 지형도의 봉우리 하나에 몰려 있었다. 높은 고도의 능선 연결망의 한 지점이었다. 두 번째 개체군은 이 연결망을 따라 사방으로 퍼져 있었다. 헤이든은 둘 중 어느 쪽이 더 나은 혁신가가 될 수 있는지, 어느 쪽이 새로운 분자를 더 빨리 발견할 수 있는지 알고 싶었다.

단지 여덟 차례의 돌연변이 주기와 자연선택을 통해 우리는 원하는 해답을 얻었다. 사방으로 더 멀리, 더 넓게 퍼져나간 개체군이 조금 더 유연한 리보자임을 여섯 배나 더 빠르게 찾아냈다. 그 이유를 이해하기란 그리 어렵지 않았다. 이 새로운 라보자임은 시작 라보자임으로부터 조금 떨어진 곳에 있는 어느 더 높은 봉우리를 점유하고 있었고 이 새로운 봉우리 아래쪽 능선을 가로질러 퍼져나가고 있던 개체군 안에서 일부 개별 리보자임들이 우연히 새로운 봉우리에 가까이 다가가게 되었다. 그들은 이런 유리한 위치를 바탕으로 봉우리 꼭대기에 더 빨리 도달할 수 있

었다.[3]

항생제 저항성 단백질인 베타락타마제를 통해서도 우리는 거의 비슷한 상황을 확인할 수 있다. 이스라엘의 생화학자 댄 토픽 Dan Tawfik이 실시한 실험을 보면, 자신의 적응 봉우리 근처의 능선들을 따라 퍼져나가며 진화한 베타락타마제 유전자는 세포탁심과 페니실린 모두를 파괴할 수 있는 새로운 능력을 개발할 가능성이 더 높다는 사실을 확인할 수 있다. 이 실험 속의 분자는 서로 다르지만 그 이유는 같다. 사방으로 퍼져 있는 연결망은 깊은 협곡 안으로 내려갈 필요 없이 새로운 봉우리에 다가갈 수 있도록 도울 수 있는 것이다.[4]

바로 그러한 사실이 완전히 새로운 항생제에 대항하는 저항력이 그렇게 빨리 발전할 수 있는지를 설명해준다. 박테리아는 빠르게 분열되어 엄청나게 그 숫자가 불어날 뿐더러 그 항생제 저항성 유전자 역시 대단히 다양한 모습으로 적응 지형도 사방에 흩어져 있다. 이것은 어느 정도는 이 지형도 사방으로 퍼져 있는 거미줄 같은 능선 덕분이기도 한 것이다.[5] 이러한 다양성은 이런 유전자들 중 하나가 스스로 새로운 항생제에 대한 저항력 봉우리 근처로 찾아갈 수 있는 확률을 높여준다.

요컨대, 각각의 봉우리가 실제로 다차원 능선들의 연결망이 되는 적응 지형도의 특별한 구성은 진화가 어려운 문제들을 풀어나가는 데 도움을 준다. 다양한 유기체와 분자 들을 만들어내는 데도 마찬가지다. 그들 중 일부는 어쩌면 더 높은 봉우리들과 더 가까이 있을 수 있으며, 다시 말해 예전 문제들에 대한 더 나은 해결 방안이나 혹은 새로운 문제들에 대한 창의성 넘치는 해결책들을 제시할 수 있다는 뜻이다.

"스코티, 전송해줘Beam me up"라는 말은 공상과
학 드라마인 〈스타트렉Star Trek〉을 알고 있는 사람이라면 모두 기
억하고 있을 만큼 유명한 대사다.[6] 우주선 USS 엔터프라이즈호
의 함장 제임스 커크는 위기 상황에서 탈출해야 할 필요가 있을
때, 보통은 외계 행성에서 적대적인 외계인과 마주쳤을 때 이 말
을 외친다. 그러면 함선의 기관장 몽고메리 스콧은 흡사 마법처
럼 전송장치를 작동시켜 커크 함장을 USS 엔터프라이즈호로 불
러들인다. 아쉽게도 USS 엔터프라이즈호는 물론 이런 일종의
순간 이동 장치 역시 아직까지는 그저 공상과학의 영역에만 머
물러 있다.

최소한 우리 인간의 일상생활에서는 그렇다는 뜻인데, 놀랍게
도 자연은 멀리 떨어진 장소에 도달할 때 이와 비슷한 순간 이동
기술을 사용한다는 사실이 밝혀졌다. 멀리 우주에 있는 우주선
이 아니라 자연의 창의성이 펼쳐지는 지형도 안의 멀리 있는 장
소들로의 이동이다. 모든 사람이 이 사실을 알고 있으며 대부분
의 사람이 이 기술을 좋아한다. 다만 그것이 무엇 때문에 중요한
지 정말로 이해하는 사람은 거의 없다. 이 자연의 기술은 바로 성
적인 관계다.

우리의 유전자를 포함하고 있는 스물세 개의 염색체는 각각
쌍을 이루게 되기 때문에 우리는 각 유전자에 대해 두 개의 복제
본을 갖게 된다. 정자와 난자 세포를 만들어내는 특별한 종류의
세포분열이 일어나는 동안 염색체 쌍의 두 염색체는 자신들의

DNA 문자 일부를 교환하기 위해 나란히 서게 된다. 각각의 쌍을 각기 다른 색깔, 그러니까 예컨대 검은색과 하얀색의 똑같은 길이의 신발 끈이라고 가정해보자. 이 두 신발 끈을 어느 평평한 표면 위에 각각 왼쪽과 오른쪽에 나란히 둔다. 이 두 신발 끈을 나란히 열을 맞추어놓고 임의의 부분을 여러 곳 잘라낸 다음 서로 잘라낸 부분들을 교환한다. 작업이 끝나고 난 후에는 접착제로 잘린 부분들을 고정시킨다. 그렇게 되면 각각 흰색과 검은색이 뒤섞인 신발 끈 두 개가 남게 된다. 최소한 두 신발 끈의 길이는 여전히 똑같다. 왼쪽 신발 끈에서 검은색에서 흰색으로 바뀐 부분은 바로 옆 오른쪽의 경우 흰색에서 검은색으로 바뀐 것이다.

우리의 몸에서 정자와 난자 세포를 만들어낼 때, 이런 정렬과 임의의 절단과 교환, 조절 과정, 다시 말해 과학 용어로 '재조립 recombination'하는 과정은 각 염색체의 쌍에게 일어난다. 그리고 다시 재배열된 신발 끈이 검은색과 하얀색이 뒤섞인 모습이 되는 것처럼 DNA 끈이 뒤섞인 모습이 되며 각 쌍의 한쪽은 정자나 난자 세포에 들어가게 된다.

여성이 아이를 임신하면 정자는 남성 쪽의 재배열된 DNA를 여성의 난자에 흘려보낸다. 거기에는 여성 쪽의 재배열된 DNA가 들어 있다. 그 결과가 여성과 남성 안에서 재조립된 스물세 개 염색체의 두 복제본을 갖게 되는 수정된 세포다.

실제로 두 개의 DNA 끈은 무슨 색깔이 아니라 DNA 문자의 서열에서 차이를 보이는 것이며 그 차이는 아주 미미해서 일반적인 사람 한 명당 1천 개 문자 중 한 개 정도일 뿐이다.[7] 즉, 우리가 우리 염색체 쌍의 어느 한쪽을 따라 걷는다면 1천 개 문자마다 한 번씩, 그러니까 한쪽이 A라는 글자 하나를 갖게 되고 다른 한쪽은 또 다른 글자인 C, G 혹은 T를 갖게 된다는 사실을 확인하게 되는 것이다. 남아 있는 모든 글자들, 99.9퍼센트에서 두 염색체는 동일하다.

다시 말해, 우리가 갖고 있는 스물세 개 염색체 쌍의 각각의 두 구성원은 거의 차이가 없다는 뜻이다. 하지만 모든 염색체 안에 30억 개 문자가 들어 있을 정도로 그들 안에 있는 DNA가 너무나 많기 때문에, 이런 차이점들을 모두 합치면 전체적으로 우리가 가진 모든 염색체의 두 복제본 사이의 차이는 300만 개의 DNA 문자만큼이 된다.[8]

이런 사실을 알고 있으면 우리는 또한 아이의 새롭게 조립된 유전체와 부모 중 한쪽 유전체 사이에 문자 수가 얼마나 차이가 나는지를 알아낼 수 있다. 각 염색체 쌍의 한쪽은 아버지에게서 오며 따라서 아버지의 유전체와 다르지 않다.[9] 또 다른 한쪽은 어머니에게서 오며 아버지 쪽과 약 300만 개 문자 정도의 차이가 있다. 따라서 전체적으로 아이의 유전체는 아버지의 유전체와 0에서 300만의 중간인 150만 개 정도 다르다. 같은 계산 방법에 의해 아이의 유전체는 어머니와 똑같은 정도, 즉 150만 개 문자 혹은 유전체의 0.05퍼센트 정도 차이를 보인다.

이러한 비율은 그다지 커 보이지 않을 수 있지만 우리는 적응 지형도를 통해 그 진정한 규모를 이해할 수 있다. 적응 지형도에서의 한 걸음, 즉 유전체에서의 문자 하나의 변화가 보통의 인간이 한 걸음으로 갈 수 있는 거리만큼을 감당할 수 있다면, 이런 종류의 유전체 교환으로 아이를 한 번에 700마일 정도 멀리 이

동시킬 수 있을 것이다. 그리고 유전체는 두 부모가 아이를 가질 때마다 그만큼의 거리를 이동한다.[10] 우리가 이 정도 거리를 미국 캔자스의 위치토 근처의 완만하게 경사진 평원에서부터 이동한다면 탐험해야 할 수많은 새로운 봉우리들이 있는 콜로라도의 로키산맥이나 유타 한복판에 있는 자신의 모습을 발견하게 될 것이다.

인간 부모의 DNA 혹은 같은 종의 모든 두 유기체의 DNA는 보통 다른 종의 DNA가 그런 것보다는 훨씬 더 적은 차이를 보인다. 하지만 부모가 DNA에서 더 많은 차이를 보일수록 재조립은 더 큰 도약을 할 수 있고 창의적 힘도 더 커질 수 있다. 재조립으로 인한 도약은 부모가 서로 다른 종으로서 자손을 생산했을 때 특히 더 커지는데, 이렇게 태어난 자손을 종간잡종이라고 부른다. 확실히 어떤 잡종들은 진화의 막다른 골목을 보여주는데, 부모가 서로 완전히 다르거나 유전적으로 합쳐질 수 없어서 태아가 더 이상 성장할 수 없고 혹시 태아가 성장해 태어나더라도 더 이상은 번식할 수 없는 경우다. 이런 사례에는 말과 당나귀의 잡종인 노새, 얼룩말과 말의 잡종인 조스zorse, 사자와 호랑이의 잡종인 라이거liger 등이 있다. 하지만 이런 잡종 교배는 동시에 대단히 성공적일 수 있는데, 완전히 새로운 종을 즉시 만들어낼 수 있기 때문이다.[11]

성공적인 잡종 교배는 특히 식물계에서 흔하게 찾아볼 수 있는데 대량 10퍼센트 정도의 새로운 식물 종이 잡종 교배로 만들어진다.[12] 또한 이렇게 탄생한 새로운 종들은 전의 어떤 선조들도 가보지 못한 새로운 영역에 과감하게 도전할 수도 있다. 거기에 해당하는 적당한 사례가 미국의 두 가지 새로운 잡종 해바라기다. 이 잡종 해바라기의 부모는 북아메리카 대륙 중앙에 있는 대초원 지대가 고향이지만 '황무지에 사는 해바라기'라는 뜻의 학명 '헬리안투스 데저티콜라Helianthus deserticola'에 어울리듯 새로운 잡종 해바라기 중 하나는 네바다주 사막에서도 살아남을 수 있었다. 또 다른 잡종 해바라기는 텍사스의 염수鹽水 지대에서 크게 번식을 했다. 이런 두 새로운 환경에서라면 선대 해바라기들은 도저히 살아남을 수 없었을 것이다.[13]

동물들의 경우도 잡종 교배가 성공적으로 잘 이루어질 수 있다. 예를 들어, 1981년에는 프린스턴대학교 출신의 연구자 피터 그랜트Peter Grant와 로즈메리 그랜트Rosemary Grant는 갈라파고스 제도의 다프네Daphne섬에서 특별히 유별난 수컷 종을 만나게 되면서 새로운 잡종 갈라파고스핀치를 발견하게 된다. 이 새는 우선 몸집이 다른 핀치새들에 비해 50퍼센트는 더 컸으며 또 완전히 새로운 소리를 냈다. 그리고 유별나게 커다란 머리에 유별나게 커다란 부리가 있어서 다른 핀치새들은 입에도 대지 못하는 씨앗들을 깨트려 먹을 수 있었다. 이후 28년에 걸쳐 그야말로 끈기 있게 8세대 동안 이어지는 이 '빅 버드Big Bird'의 후손들을 관찰한 결과, 두 사람은 새로운 특성들이 실제로 많은 도움이 된다는 사실을 알게 되었다. 2003년과 2005년 사이 가뭄으로 인해 핀치새의 90퍼센트가 사라졌을 때, 남은 10퍼센트 중에 이 새로운 새들이 끼어 있었다. DNA 분석에 따르면 빅 버드는 두 가지 종류의 갈라파고스핀치들의 잡종이었고 거기에 다윈 핀치들 중 상당수가 잡종 교배로 탄생했다는 사실도 아울러 밝혀졌다.[14]

박테리아는 식물과 동물이 하는 것처럼 그렇게 잡종 교배를 할 수가 없다. 하지만 적응 지형도를 가로지르는 순간 이동은 아주 중요해서 자연은 심지어 박테리아조차도 그 일을 할 수 있도록 만들었다. 물론 거기에 필요한 장치나 구조는 우리의 것과는 사뭇 다르다. 박테리아 유전체는 하나의 박테리아가 다른 수용자 박테리아에게 DNA를 나누어줄 수 있도록 해주는 유전자를 포함하고 있다. 이 유전자들을 통해 DNA를 나누어주는 쪽의 박테리아는 길고 텅 빈 단백질 관을 만들 수 있는데 이를 전문 용어로 '성모sex pilus, 性毛'라고도 부른다. 근처에 있는 수용자 세포에 달라붙어 이 관을 연결하고 수용자 쪽에 DNA를 전달하는 것이다. 이 과정은 또한 수평적 유전자 이동이라고도 불리며 이렇게 옮겨진 DNA는 수용자가 새로운 환경 속에서도 살아남을 수 있도록 돕는다. 이런 수평적 유전자 이동은 인간의 성관계와 조금 비슷하게 보이기도 하지만 중요한 측면에서 차이가 있다. 박테리아는 모든 세대에 걸쳐 교미하지 않는다. 또 우리가 일반적으로 알고 있는 것 같은 형태의 관계로는 번식하지 않는다. 박테리아는 단지 DNA의 복제본을, 그러니까 최대 수백여 개에 달하는 유전자를 다른 세포에게 전달해줄 뿐이다. 때때로 이 과정에서 심지어 성모를 만드는 데 정말로 필요한 유전자가 옮겨지기도 하는데, 그렇다면 그 결과는 여성을 남성으로 바꾸는 성전환과 같은 것이 된다.[15]

하지만 인간의 성행위와 가장 다른 점은 바로 이것이다. 박테리아의 교미 행위는 두 인간 혹은 심지어 두 해바라기와 비교해 100배 이상 서로 차이가 나도 관계를 갖는 일이 가능하다.[16] 우리가 박테리아와 같은 재조립 능력을 갖고 있다면 우리는 단지 다른 인간으로부터만 유전자를 받아 우리의 유전체와 섞는 것이 아니라 침팬지며 쥐, 새 혹은 심지어 파충류나 어류와도 관계 맺을 수 있을 것이다. 박테리아는 심지어 동물이나 식물과도 DNA를 서로 교환할 수 있다.[17] 그렇다면 우리의 생활 방식과 세계가 겪고 있는 굶주림, 세계 경제에 일어날 수 있는 결과들을 잠시 상상해보자. 만일 우리가 식물처럼 햇빛에서 영양분을 섭취하고 대기 중의 이산화탄소로 우리의 신체를 구성할 수 있게 된다면 어떨까?[18]

요컨대, 박테리아는 유전자 이동을 통해 방대한 유전적 지형도 안의 단지 수백 마일이 아니라 수천 마일의 거리를 순식간에 움직일 수 있는 것이다.

박테리아의 순간 이동을 인간이 광합성할 수 있을 정도의 혁신과 연관시키는 것은 그리 놀랄 일은 아니다. 우리 주변을 둘러싸고 있는 모든 박테리아는 이 순간 이동 능력을 이용해 전혀 새로운 유전자의 조합을 실험하고 있기 때문이다. 박테리아의 창의적 발견 중에는 DDT 살충제나 방부제 혹은 유독성이 대단히 강한 산업폐기물처럼, 같은 인간이 만들어낸 거친 분자에서도 살아남고 심지어 번성할 수 있도록 돕는 유전자 조합이 있다.[19]

20세기에 들어서고 나서야 만들어진 이런 분자들을 먹을거리로 바꾸어놓은 혁신을 박테리아가 얼마나 빨리 이루어냈는지에 대해 생각하지 않을 수 없다. 거기에 걸린 시간은 진화의 과정에서 보면 정말 짧은 한순간에 불과하다. 그리고 유전자 이동은 일단 이런 모든 혁신을 일으키는 것을 도운 후에는 다시 이 혁신이

한 박테리아의 종에서 다른 더 많은 종으로 퍼져나갈 수 있도록 돕는다. 바로 그런 이유 때문에 항생제의 공격에서 살아남는 기술이 다른 종들 사이에도 빠르게 퍼져나갈 수 있고, 또 너무나 그속도가 빠르기 때문에 인간 혁신가들은 그 속도를 따라잡을 만큼 빠르게 새로운 항생제를 만들어내는 데 곤란을 겪고 있는 것이다.[20]

다행히도 인간 혁신가들은 적응 지형도를 통과하는 장거리 도약에 대한 자연의 교훈들을 잊지 않고 있다. 그들은 박테리아의 교미보다 훨씬 더 강력한 유전적 순간 이동을 위한 새로운 구조와 원리를 상상하고자 애쓴다. 이러한 혁신가들은 심지어 자연조차 제대로 일치시키는 데 어려움을 겪는 분자 재조립을 위해 시험관 안에서 새로운 DNA를 만들어내기까지 한다.[21]

이런 혁신가들 중에 지금은 고인이 된 네덜란드의 생화학자이자 십여 개의 특허도 갖고 있으며 연쇄 창업자이기도 한 핌 스태머Pim Stemmer라는 사람이 있었다. 스태머는 1994년 'DNA 뒤섞임DNA shuffling' 기술을 개발하며 생물공학 분야에 한 획을 그었다. DNA 뒤섞임이란 DNA 폴리메라아제라는 효소를 사용해서 하나 이상의 유전자를 암호화하는 엄청난 숫자의 DNA 분자들을 복제하는 생화학적 기술이다.

DNA 폴리메라아제는 완전히 새로운 효소는 아니다. 생물공학자들이 실험실에서 만들어낸 이 물질은 모든 살아 있는 세포 안에서 발생하며, 세포가 분열할 때마다 세포의 DNA를 복제하는 데 꼭 필요한 역할을 한다. 하지만 생물공학자들은 이 효소에 인위적으로 조작을 가해 DNA 뒤섞임에 꼭 필요한 성분만을 뽑아내 활용했다.[22] DNA 끈의 한쪽 끝에서 시작해서 이 DNA 폴리메라아제는 끈을 따라 미끄러지듯 움직이며 문자를 하나씩 복제한다. 이 과정에서 DNA 폴리메라아제는 이 끈에서 근처에 있는 다른 DNA 끈으로 뛰어넘어갈 수 있는데, 생화학자들은 DNA 폴리메라아제가 복제용 원판을 바꾸어가며 계속해서 다른 끈을 복제한다고 이야기한다. 그것은 마치 우리가 두 영어 원문을 나란히 놓고 한쪽 원문을 복사하다가 옆의 원문으로 넘어가 복사를 계속하는 모습과 비슷하다. DNA 폴리메라아제가 이동한다고 해도 두 DNA 끈이 똑같다면 복제본의 문자 서열에는 아무런 변화도 생기지 않는다. 하지만 차이가 생긴다면 그 결과로 나온 복제본은 첫 번째 DNA의 문자 서열로 시작해 두 번째 DNA의 문자 서열로 끝나는 기이한 존재가 되어버릴 것이다.

이 DNA 뒤섞임 과정과 함께 생화학자들은 각각 다른 문자 서열을 갖고 있는 많은 분자들의 혼합물을 다시 뒤섞을 수 있다. 이들이 뒤섞은 DNA는 또한 굉장히 다양해질 수 있으며 설치류와 금잔화 같은 유기체에서 찾아볼 수 있는 두 개의 일반 박테리아의 평범한 유전자보다 더 다양해진다. 게다가 이런 분자들 중 어느 하나라도 복제하는 동안 DNA 폴리메라아제는 여러 번 원판을 교체할 수 있고, 그러면 그 마지막 복제본에는 다양한 DNA 끈에서 나온 조각 문자들이 들어 있게 된다.

이 DNA 뒤섞임을 분자들의 집단 성관계라고 생각해보자.

스태머 연구실의 연구자들은 DNA 뒤섞임이 효율적인 효소를 만들어내는 자연의 정밀한 기술을 향상시킬 수 있는지를 실험했는데, DNA 뒤섞임에 의해 적응 지형도 안에서 긴 도약이 가능해지면서 그런 사실이 입증되었다.[23] 연구자들은 효소의 각기 다른 변종들을 암호화하는 네 개의 다른 박테리아로부터 유전자 공급원을 만들었고, 세포탁심처럼 항생제를 무력화시키는 이 효소 중 하나에 초점을 맞추었다. 이 효소의 변종들이 서로 대단히 다르다는 것을 강조하지 않을 수 없는데, DNA 문장 속 문자들이 서로 40퍼센트 이상 다를 정도다. 우선, 연구원들은 각각의 DNA 문자들을 한 번에 하나씩 바꾸면서 지형도를 한 번에 한 걸음씩 걸어서 통과하며 시작 효소를 얼마나 개선시킬 수 있을지에 대해 연구를 했다. 그 해답은 여덟 배 개선이 가능하다는 것이었다. 다시 말해, 그렇게 개선된 효소는 같은 시간 동안 여덟 배 더 많은 항생 분자를 분해할 수 있다는 뜻이었다. 그 정도면 꽤 괜찮은 것 아니냐고 말할 수도 있겠지만 분자들을 네 차례의 DNA 뒤섞임 과정에 집어넣었을 때의 결과와는 비교할 수조차 없다. 네 차례의 뒤섞음 과정을 통해 효소는 그 모체보다 500배나 더 나은 분해 능력을 보였다. 그리고 DNA 뒤섞임을 이용한 또 다른 실험에서는 옷의 때를 더 빨리 제거하는 능력을 지닌 효소들이 만들어졌다. 새로운 종류의 분자를 분해하거나 광산 폐기물에서 나오는 비소가 함유된 독성물질을 해독할 수 있는 효소도 있었다.[24]

DNA 뒤섞임, 다양한 박테리아, 종의 잡종들을 통해 우리는 유전적 지형도 안에서의 순간 이동이 자연의 창의적인 힘에 중요한 영향을 미친다는 사실을 확인할 수 있었다. 따라서 우리는 거대한 생명의 나무 어디에서나 그런 현상을 찾게 되리라 기대하게 되며, 실제로도 거의 그렇다. 생명의 나무에 속해 있는 수백만 가지 종들의 일부는 확실히 자신들의 DNA를 재조립하지 않으며 암컷들이 미수정란을 통해 번식을 하는 일부 도롱뇽이나 꽃가루 없이 씨앗을 만들어내는 일부 화초들이 여기에 속한다.[25] 하지만 이런 종들이 더 놀라운 것은 이들 거의 대부분이 생명의 나무에서 아주 작은 부분만 차지하고 있다는 사실이다. 대부분의 동식물들은 성적 결합에 따라 번식한다. 이러한 현상은 너무도 당연한 일이지만 성적 결합의 중요성에 대한 심오한 내용을 전해주고 있다. 무성생식을 하는 종들은 어느 날 갑자기 그렇게 된 것이 아니라 오랜 진화 과정의 역사에서 최근에 그런 일을 겪게 된 것이며, 그렇지 않았다면 생명의 나무에 속해 있는 중요한 종들이 다 성적 결합과 무관한 존재가 되었을지도 모른다. 수백만 년 전에 성을 잃어버린 종들은 이제 더 이상 주변에서 찾아볼 수 없다. 그들은 진화가 내린 최종 사형 선고를 받아 멸종되었다.

여기에서 우리가 알 수 있는 사실은 너무나 분명하다. 성을 잃어버리게 되면 세상을 살아가고자 하는 의지도 자연스럽게 줄어들게 된다.

그런데 여기 이런 규칙을 정면으로 반박하는 듯한 수수께끼가 하나 있다. 고대의 무성 생물로 알려진 극히 일부의 종들이다. 이 종들은 수백만 년이 넘는 기간 동안 성적 교미가 없었던 것으로 보이며 그중에는 적어도 3천만 년 전에 이 세상에 등장한 델로이드 로티퍼bdelloid rotifer라고 불리는 300여 종의 작은 담수동물들이 있다.[26] 이 기묘한 동물들이 성적 결합을 했다는 증거는 어디에서도 발견되지 않았지만 그 유전체의 DNA에 대한 최근 분석에 따르면 그런 성적인 특수성 말고도 더 놀라운 사실이 밝혀졌다. 유전체 안의 유전자들 중 3천 개 이상이 그들 자신의 것이 아니었던 것이다.[27] 이 유전자들은 심지어 다른 다세포 동물들에게서 온 것도 아니었으며 누구인지 알 수 없는 미지의 존재로부터 그들의 유전체 안으로 전해진 것이다.

우리는 델로이드 로티퍼가 어떻게 그런 일을 할 수 있었는지 전혀 알지 못한다. 다만 적응 지형도 안을 도약하기 위해 박테리아에 의해 완벽하게 진행되는 수평적 유전자 이동과 똑같은 종류의 방식을 이용한 것은 분명하다. 다시 말해, 이 무성생식 생물들은 그 순간 이동에 대한 원리가 아직 밝혀지지는 않았다. 하지만 알려진 것처럼 완전한 무성생식은 결코 아니었다는 것이다. 그리고 아마도 다른 고대 무성생식 생물들도 이와 같지 않을까 생각하게 된다. 어쩌면 그들도 역시 비밀리에 성적 결합을 하며 특별한 성적 생활에 대한 유전체적 특징을 갖고 있는지도 모른다. 21세기에도 여전히 해결해야 하는 생물학적 수수께끼와 중요한 발견 들이 남아 있다는 사실은 어쩌면 좋은 소식인지도 모르겠다.

재조립이 거의 보편적이었다는 사실은 유전적 순간 이동이 생명체의 진화에 있어 반드시 필요한 요소라는 사실을 증명해준다. 하지만 동시에 한 가지 성가신 의문도 든다. 재조립을 통한 임의의 도약이 지형도의 어느 깊은 골짜기로 떨어지면서 유전체가 마구 뒤섞이고 유기체가 망가지는 일은 왜 거의 일어나지 않는가? 아니, 어쩌면 이미 그런 일은 일어나고 있으며 순간 이동 기계 안으로 들어온 대부분의 유기체들이 죽어나가고 있는 것은 아닐까? 유감스럽게도 실제로 어떤 일이 벌어지고 있는지 알아내기란 쉽지 않다. 유전체가 절벽 아래로 떨어져버린 유기체는 결국 절대로 세상에 태어나지 못한다는 뜻이며, 세상에 태어나지도 않은 유기체를 검사할 수는 없기 때문이다.[28] 하지만 우리는 다른 식으로 접근할 수 있다. 바로 컴퓨터를 사용해 재조립 분자와 유전체의 장거리 도약을 가상으로 구현해보는 것이다.

전 세계의 각기 다른 연구자들이 컴퓨터를 사용해 이 작업을 실시했고 모두 비슷한 결과를 얻었다. 그 연구자들 중에는 시카고대학교의 앨런 드러몬드Allan Drummond가 있었는데 그는 재조립 이후 유전자들이 적응 지형도 어디에 도착하게 되는지 궁금했다. 봉우리 근처일까 아니면 협곡에 더 가까운 곳일까? 조금 더 정확하게 말하자면 이 유전자들에 의해 암호화된 단백질이 재조립 과정에서 손상 없이 남게 되는지 궁금했던 것이다. 우리 연구실 소속의 또 다른 연구자들 역시 신진대사의 화학적 반응을 암호화하는 DNA 안에서 일어나는 재조립 과정을 연구했다. 그리고 신진대사가 적응 지형도 안에서 장거리 도약을 한 후에도 계속해서 생명체를 지원할 수 있을지에 대해 예측하려 했다. 또 다른 연구자들은 새로운 신체를 만드는 데 도움을 주는 조절 장치와 순환 장치 사이에서 일어난 재조립 과정을 연구했다. 그들은 재조립 후에도 완전한 유기체를 만들어낼 수 있는 정교한 설명서가 그대로 남게 되는지 알고 싶었다.

이 모든 과학자들은 재조립을 통한 장거리 도약의 위험을 무작위로 일어나는 단일 문자 변화라는 느린 걸음으로 같은 거리를 이동할 때 발생하는 위험과 비교했다.[29] 그리고 모두 비슷한 결론에 도달했다. 재조립은 무작위로 일어나는 돌연변이보다 적어도 몇천 배 이상 생명체를 보전하는 데 더 도움된다는 결론이었다. 물론 재조립은 분명 무엇인가를 파괴할 가능성도 아울러 가지고 있다. 더 이상 번식하지 못하는 잡종들을 생각해보라. 하지만 이런 파괴의 가능성은 무작위로 일어나는 돌연변이에 비해 훨씬 더 적을뿐더러 재조립을 통한 엄청난 창의적 잠재력과 비교할 바가 되지 못한다.

그렇다면 그 이유는 무엇일까? 자연이 유전체를 재조립할 때, 생물공학자들이 분자를 재조립할 때 DNA에 대해 완벽하게 무작위로 일어나는 변화를 일으키지는 않는다. 그 대신 지금까지 잘 생존해온, 그러니까 이미 제구실을 잘하고 있는 유기체나 분자를 골라 그 구성 요소들을 뒤섞는다. 그것은 마치 비슷한 이야기를 담고 있지만 각기 다른 단어로 되어 있는 두 문장을 서로 교환하는 것과 비슷하다. 이런 재조립이 항상 더 나은 문장을 만들어내지는 않지만 그 의미를 완전히 파괴하는 일은 거의 없다. 그리고 심지어 전혀 예상하지 못한 반전이나 새로운 구성을 만들어낼 수도 있다. 글자 하나하나를 마구잡이로 뒤섞어 그저 이상한 '돌연변이' 문장을 만들어내는 것이 아니다. 적어도 그 안에 담긴 의미를 거의 확실하게 이해할 수 있어야 한다.

재조립의 가능성을 이해하는 또 다른 방법으로는 적응 지형도의 고차원적인 본성과 높은 고도의 능선이 이어진 거미줄 같은 연결망이 있다. 이런 능선들이 존재한다는 것은 결국 장거리 도약을 통해 고도가 높은 지역에 도착해 생명체의 적응을 보전할 수 있다는 사실을 의미한다. 여기에서 필요한 조건은 실제로 능선 위에 도착해야만 한다는 것인데, 재조립이 이미 제구실을 잘

하고 있는 분자들을 다시 연결하는 것이기 때문에 그런 재조립을 통한 정비는 도약 후 안전하게 도착할 수 있도록 돕는다.

유전적 부동과 더불어 DNA 재조립과 적응 지형도 안 능선들의 연결망은 자연선택의 근시안적 속성을 보완해준다. 적응 지형도 안의 가장 가까운 언덕을 향해 무조건 올라가기만 하려는 자연선택을 달래주는 것이다. 유전적 부동이 올라가는 만큼 내려가기도 하며 적당하게 한 걸음씩 움직이는 데 반해 재조립은 지형도 안에서 거대한 도약을 이끌어낸다. 적응 능선들은 재조립 후의 안전한 도착을 보장해줄 뿐만 아니라 동시에 개체군 안에서의 다양성도 허용해준다. 그렇게 해서 새로운 풍경을 보여주고 일부 개별 개체들이 새롭고 심지어 더 높은 봉우리 위로 올라갈 수 있도록 해준다.

자연은 자연선택을 달랠 수 있는 다양한 방법을 제시해왔으며 이런 일이 얼마나 중요하게 취급받아야 하는지를 우리에게 알려주고 있다. 이미 밝혀진 것처럼 자연선택을 자제시켜야 하는 필요성은 우리 인간의 영역에서 일어나는 일들과도 공통점이 있다. 우리는 물리학자인 헤르만 폰 헬름홀츠가 어려운 문제들을 해결할 때 사용한다고 설명했던 정신의 여정 안에서 그에 대한 실마리를 찾아볼 수 있다. 과학혁명의 뒤에서 교차 수정을 가능하게 했던 저명한 창작자들의 파란만장한 삶과 같은 다양한 형태로 그런 공통점들을 훗날 다시 만나게 될 것이다.

육식성 애벌레, 사막 해바라기, 독성 물질을 먹어 치우는 박테리아 등은 재조립과 유전적 부동이 자연선택의 창조 과정을 돕는 과정에서 탄생한 수많은 유기체 중 일부일 뿐이다. 적응 지형도 안의 거미줄처럼 연결된 능선들과 함께 이런 진화의 구조와 원리는 자연의 창의적인 힘에 꼭 필요한 요소가 아닐 수 없다. 다음에 살펴보게 되겠지만 이런 힘은 너무나도 거대하고 멀리까지 뻗어나가서 심지어 근시안적 등산가들이라면 멀리까지 나아갈 수 없는 무생물의 세계까지 이어질 수 있다.

5장

/

다이아몬드와
눈송이

LIFE FINDS A WAY

LIFE FINDS A WAY

지오데식 돔Geodesic dome은 어쩌면 고딕 양식의 첨탑 이후 건축이 거둔 가장 커다란 승리가 아닐까. 몬트리올 환경박물관이나 플로리다 월트디즈니월드 안에 있는 스페이스십 어스 같은 건축물들은 버팀대를 격자무늬로 짜 맞추어 가볍고 안정적인 것으로 이름 높은 텅 빈 새장 형태로 완성되었다. '지오데식'이란 구체의 중심을 따라 돌아가며 버팀대가 떠받치고 있는 커다란 원형의 형태를 의미한다. 지오데식 돔은 제1차 세계대전이 끝난 후 독일의 공학자인 발터 바우에스펠트Walther Bauersfeld가 발명했지만 미국의 건축가이자 발명가인 버크민스터 풀러Buckminster Fuller가 세계 주택 문제에 대한 해결책으로 이 돔을 제시하면서 크게 유명해졌다.[1]

중력에 도전하는 이 구조물은 인간의 창의성을 증명하는 증거물 제1호라고 할 수 있다. 그 독특한 힘은 몇 광년 떨어진 고대의 별과 성운 들의 지옥의 가마솥 안에서 자연이 영겁의 세월 동안 그와 비슷한 것들을 더 작은 모습으로 계속해서 만들어오고 있다는 사소하고 성가신 사실과는 별로 상관이 없다.

우리는 화학자 해럴드 크로토Harold Kroto와 그 조력자들에게 이런 발견에 대한 감사를 보내야 할지도 모른다. 1985년, 이들은 분광계를 통해 얻은 자료들을 보고 고개를 갸웃거렸다. 그 자료들은 가까이 있는 별들과 별 사이 공간 안에 10여 개 이상의 원자를 갖고 있는 복잡한 탄소 분자의 존재를 알려주었다.[2] 이런 분자들이 어떻게 척박한 우주 공간 안에서 형성될 수 있는지 궁금했던 연구진들은 가까이 있는 별들에서 발견되는 고온의 환경을 실험실에서 구현해서 분자들을 만들어보려 했다. 지금은 널리 알려진 라이스대학교에서의 유명한 실험에서 그들은 흑연 조각에 레이저 광선을 쏘았고 그 순간 1만 도가 넘는 지옥을 연상시키는 고온의 환경이 만들어지면서 흑연은 그 즉시 원자 탄소의 형태로 증발되었다.[3]

여기에 헬륨을 쏘아 냉각시키면 이 원자들은 과학자들이 생각했던 것보다 더 복잡하고 아름다운 분자를 형성한다. 이 각각의 분자 안에는 60개의 탄소 원자가 서로 이어지며 그림 5-1과 같은 대단히 정확한 규격의 32개의 육각형 면과 20개의 오각형 면을 가진 구형의 우리cage 비슷한 모양이 된다. 정식 규격을 따르는 축구공 모양이나 수학에서 말하는 깎은 정이십면체가 연상되기도 한다.

크로토는 버크민스터 풀러의 지오데식 돔을 기리며 이런 분자들에게 버크민스터풀러네스buckminsterfullerenes라는 이름을 붙였지

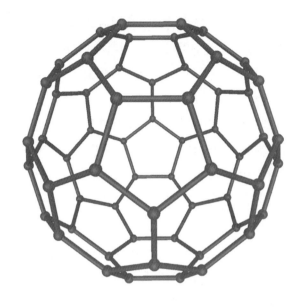

그림 5-1

만 얼마 뒤 조금 더 입에 착 붙고 친근한 '버키 볼bucky-ball'이라는 이름으로 불리게 되었다. 그리고 이 발견으로 크로토와 두 명의 동료는 1996년 노벨화학상을 수상했다.[4]

버키 볼은 크로토가 실험을 시작하게 된 계기가 된 성간 탄소 분자보다 훨씬 더 복잡했다. 하지만 나중에 밝혀지는 것처럼 실제 존재를 발견하게 되기까지 수십 년의 세월이 걸렸지만, 이 분자들은 우주 공간 안에 분명히 존재하고 있었다. 2010년, 또 다른 일단의 과학자들이 오래된 별들과 성간 성운들의 탄소가 풍부한 외부 구조 안에서 버키 볼이 조 단위로 만들어진다는 사실을 발견하게 된다.[5] 그 숫자가 얼마나 많은지 근처에 있는 별들의 빛을 다 가릴 수 있을 정도였다.[6]

자연은 인간이 생겨나기 훨씬 전에 이미 지금 우리가 알고 있는 우주의 구조를 만들었다. 생명체 자체가 탄생하기 훨씬 전에 빅뱅Big Bang의 남은 잔해들이 원자를 이루었고, 그 원자들은 소용돌이치는 은하계가 되었다. 은하계 중심의 가스 구름들은 오직 스스로의 힘으로 조 단위의 태양과 그보다 더 많은 별들이 되었다. 하지만 자연의 창의적인 힘이 가장 분명하게 드러나는 곳은 버키 볼 같은 아름다운 분자들이며 그런 분자들이 어떻게 스스로 조립이 되는가에 대한 이해는 모든 창의성에 대한 중요한 교훈과 이어진다.

버크민스터풀러네스 혹은 다른 분자 안에서 결합된 두 개의 탄소 원자는 스프링 위에 매달려 있는 두 개의 작은 공과 비슷하다. 두 공을 따로 떼어놓으려면 에너지를 사용해야 한다. 이 에너지는 스프링으로 전달되고 물리학자들이 위치에너지라고 부르는 형태로 저장된다. 이 위치에너지를 따로 떼어놓으려던 손을 놓았을 때 다시 원래의 자리로 돌아가는 원자의 힘이라고 생각해보자. 잡아당기는 힘이 더 강할수록 더 큰 위치에너지가 축적된다. 원자를 하나로 모으려 할 때도 이와 같은 현상이 일어난다. 위치에너지가 저장되었다가 하나로 모으기 위해 누르고 있던 손을 놓으며 원자들은 원래 있던 자리로 돌아가게 되는 것이다.

일단 두 개의 원자를 가만히 내버려두게 되면 둘은 결국 중간 지점쯤에서 멈추어 있게 된다. 그 상태에서는 위치에너지가, 아니 조금 더 정확히 말해 둘이 형성하고 있는 분자가 가장 작아진다. 그림 5-2의 포물선 가장 아랫부분이 이 상황을 나타내는데, 두 개의 원자로 이루어진 분자의 위치에너지를 나타내고 있다.

두 원자를 밀면 포물선의 왼쪽 선을 따라 위로 올라가며 위치에 너지가 증가한다. 두 원자를 반대 방향으로 당기면 이번에는 오른쪽 선을 따라 올라가며 역시 위치에너지가 증가한다. 조금 더 강하게 밀거나 당길수록 위로 더 높이 올라가게 되며 분자는 더 많은 에너지를 저장하게 된다.

　다른 시각으로 살펴보면, 그림에 등장하는 포물선은 단순한 2차원 형태의 지형도가 되며 너무 단순하기 때문에 협곡도 오직 하나뿐이다. 화학자들은 이것을 보고 이원자분자의 위치에너지 지형도라고 부른다. 협곡으로 둘러싸인 언덕 위에서 돌 하나를 떨어트리면 그 돌은 밑으로 계속 굴러가다가 마침내 협곡 바닥에서 멈추게 될 것이다. 지형도에서 이 돌의 위치는 두 원자 사이의 거리를 의미하며 돌이 굴러가면 서로 가까워지든 멀어지든

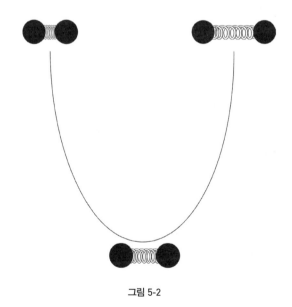

그림 5-2

위치에너지의 가장 낮은 정지 지점에 도달할 때까지 두 원자가 이동을 한다.

서로 연결된 두 원자에 작용하는 물리법칙은 돌에 작용하는 중력의 법칙과 유사하다. 이 원칙은 이른바 '공유결합covalent bond', 즉 버키 볼들을 하나로 묶어주는 일종의 강력한 화학적 결합을 통해 합쳐진 두 탄소 원자에만 적용될 뿐만 아니라 모든 종류의 두 원자와 그 사이에 발생하는 모든 종류의 물리적 이끌림에 적용된다. 그런 물리적 이끌림에는 식용 소금에 들어 있는 나트륨과 염소 같은 양이온과 음이온 사이에 작용하는 힘도 포함된다. 또한 원자들을 서로 결합시킬 수 있는 다양한 종류의 더 약한 힘도 포함되는데, 예컨대 판 데르 발스 힘van der Waals force은 단백질이 3차원 형태를 유지할 수 있도록 돕는다.[7] 이런 모든 힘은 같은 원리가 다양한 형태로 나타난 것으로 각기 다른 강도의 스프링에 의해 연결된 각기 다른 크기의 공들과 비슷하다고 생각할 수 있다.

게다가 두 개 이상의 원자에도 같은 원리가 적용되며 거기서부터 이야기는 더욱더 흥미진진해진다.

그림 5-2의 2차원 지형도 안의 우리의 위치를 설명하기 위해서는 오직 하나의 수치, 즉 두 원자 사이의 거리만 알면 된다. 그 정보만 알면 그 즉시 우리가 지금 있는 높이를 알 수 있다. 다만 원자 두 개가 아니라 세 개가 연결되어 있다면 문제는 더 이상 그렇게 간단하지 않다. 세 개의 공은 세 개의 스프링으로 연결될 수 있으며 일종의 삼각형을 이룬다. 이 스프링들은 각각 밀거나 당겨질 수 있으며 위치에너지를 저장하거나 방출할 수 있다. 다시

말해, 우리는 각 스프링의 길이를 알려주는 세 개의 숫자를 알아야 세 개의 원자가 서로 얼마나 떨어져 있는지를 설명할 수 있다. 그리고 이 원자 배열의 위치에너지를 설명하기 위해서는 네 번째 숫자도 필요하다. 지형도에서 사용하는 용어로 말하자면 처음 세 개의 숫자는 위치를 명시해준다. 다시 말해, 위치에너지 지형도에서의 삼원자분자의 위치를 알려주는 것이다. 네 번째 숫자는 이 위치의 고도, 즉 분자의 위치에너지를 알려주는데 삼원자분자를 설명하기 위해서는 4차원에서의 지형도가 필요하며 이는 우리에게 익숙한 3차원의 공간보다 한 차원이 더 높은 것이다.

원자의 숫자가 늘어나면 스프링의 숫자도 따라서 증가하는데, 다만 그 숫자는 원자의 것보다 많다. 네 개의 원자는 여섯 개의 스프링으로, 다섯 개의 원자는 열 개의 스프링으로, 여섯 개의 원자는 열다섯 개의 스프링으로 연결되는 식이다. 스프링의 숫자가 늘어나는 것은 예컨대 테니스 선수들의 숫자에 따라 가능한 대전의 숫자가 늘어나는 것과 비슷하다. 에너지 지형도의 차원 역시 늘어난다. 원자들은 그림 5-2에서 보는 것과 같은 2차원의 평면에 구애를 받는 경우가 거의 없기 때문에 상황은 더 복잡해진다. 버키 볼의 3차원 세계에서 우리는 각 원자의 위치를 설명하기 위해 세 개의 숫자가 필요하다. 버키 볼에 있는 60개 원자에 대해서는 각각의 원자의 위치를 설명하기 위해 180개의 좌표가 필요하다. 이 180개의 좌표를 버키 볼의 위치에너지와 합쳐서 숫자 하나를 더하게 되면 181차원의 지형도가 만들어진다.

지형도가 3차원이든 아니면 300차원이든 그 지형은 텍사스의 끝이 보이지 않는 대평원처럼 황량할 수도 있고 그림 5-2처럼 움푹 들어간 곳이 한 곳만 있는 단순한 형태일 수도 있다. 실제로 원자 다섯 개까지는 분자의 위치에너지 지형도가 그렇게 단순하게 유지될 수 있다. 원자들이 삼각쌍뿔이라고 불리는 형태로 만들어지면 거기에는 협곡 하나만 있어 안정된 분자가 유일하게 하나만 만들어질 수 있다.[8] 하지만 여섯 개의 원자에서는 두 개의 협곡, 즉 가능한 안정된 분자가 두 개 만들어지고 여덟 개의 원자에서는 열여섯 개의 안정된 분자가, 아홉 개 원자에서는 일흔일곱 개의 안정된 분자가 만들어지며 원자의 숫자가 열 개라면 안정된 분자의 숫자는 393개로 늘어난다. 안정된 각각의 분자는 자신들의 위치에너지를 소모하며 정지해 있는 원자들의 배치를 의미한다.

안정된 분자들의 숫자는 폭발적으로 늘어나서 원자가 열 개를 넘어서면 곧 전체 분자의 개수를 헤아리는 일이 불가능해진다. 단지 몇십 개의 원자만으로 수십억 혹은 조 단위의 협곡이 있는 에너지 지형도가 만들어질 수 있는데 그중 몇 개의 협곡들은 아주 깊어서 가장 안정된 분자들을 나타낸다. 이 경우 원자들은 종종 입방체와 사면체, 그리고 두 개의 피라미드를 아래면 쪽으로 붙여놓은 팔면체나 버키 볼의 정이십면체와 같이 대단히 규칙적으로 배열된다. 하지만 대부분의 협곡들은 깊이가 얕고 최소한의 안정된 분자만 가지고 있을 뿐이며 약한 자극으로도 모든 원자들이 완전히 새로운 배열을 이룰 수 있을 만큼 불규칙적으로 모여 있다.[9]

분자의 위치에너지 지형도는 생물학적 진화가 펼쳐지는 적응 지형도와 마찬가지로 아주 험준해질 수 있다. 그리고 역시 각 지역이나 위치가 각기 다른 DNA 서열이나 유전자형에 해당하는 적응 지형도와 마찬가지로 위치에너지 지형도 역시 우리가 시각화할 수 있는 3차원 세계보다 더 고차원의 추상적 영역 안에 존재한다.

이런 유사점들은 대단히 중요하다고 볼 수 있다. 적합성 지형도가 우리에게 생물학적 진화가 새로운 종류의 생명체를 어떻게 만들어내는지 알려주는 것처럼 에너지 지형도 역시 우리에게 무생물의 세계가 어떻게 새롭고 아름다운 것들을 만들어내는지를 알려줄 수 있기 때문이다. 에너지 지형도는 우리에게 마구잡이로 모여 있는 원자들이 버키 볼 같은 분자로 어떻게 스스로 조립될 수 있는지를 알려준다. 그렇게 해서 만들어진 분자들은 단지 정교하고 아름다울 뿐만 아니라 대단히 안정적이어서 거기서 만들어지는 방사선은 다른 은하계에서 우리에게까지 도달할 수 있을 정도다.

하지만 우리는 이제 이 두 가지 다른 종류의 지형도 사이에서 차이점을 느끼게 된다. 제대로 적응한 유기체들이 점유하고 있는 진화 지형도의 높은 봉우리들은 최적의 장소이지만, 반면에 에너지 지형도의 봉우리들은 최악의 장소라는 차이점 말이다. 이 봉우리들은 가장 불안전한 분자들에 해당하며 그 안의 원자들은 위치에너지를 발산하기 위해 즉시 위치를 바꾸며 협곡에 둘러싸인 안정적인 분자를 차지하게 될 때까지 스스로를 재배열한다.

그 차이는 겉보기에는 그리 대단한 것 같지는 않다. 아카디아나 그랜드캐니언 국립공원 같은 곳에 있는 전시관에서 주변 지형을 입체적으로 만든 지도나 지형도를 바라보고 있다고 생각해 보자. 이 3차원의 축적 모형을 보면 봉우리나 협곡 등이 잘 묘사되어 있으며 모형은 대부분 안쪽이 텅 비어 있기 때문에, 만일 이 입체 모형 지도를 거꾸로 뒤집는다면 원래의 봉우리들은 협곡이 되고 반대로 협곡은 봉우리가 될 것이다. 적응 지형도를 분자의 에너지 지형도로 전환할 때는 이런 단순한 관점의 변화만 있으면 된다. 진화가 적응 지형도 안의 가장 높은 봉우리들을 찾는다면 원자와 분자는 에너지 지형도 안의 가장 깊은 협곡을 찾는다. 그 협곡들은 결국 가장 안정된 분자를 의미하니까 말이다.

이 지형도들은 아름다운 형태의 분자들뿐만 아니라 화학공학자들과 나노 기술자들을 기쁘게 할 만한 반짝이는 물건들을 포함하고 있다. 자동차 배기가스를 처리해주는 촉매 변환기를 생각해보자. 여기에는 백금과 금 같은 대단히 값비싼 금속들이 들어 있다. 이 금속들의 원자 표면 조직이 화학적 반응을 가속화시켜주는데, 이런 반응을 통해 일산화탄소와 같은 유해 분자들이 분해된다. 이것이 바로 촉매 변환기가 자동차 배기가스를 처리하는 원리다.

중요한 것은 촉매제의 표면이기 때문에 촉매 변환기에 금을 덩어리째 집어넣겠다는 것은 전혀 좋은 생각이 아니다. 우리가 필요로 하는 금의 성분은 대부분 그 안에 파묻혀 있으며 금 원자가 10만 개 들어 있는 금 입자라고 해도 그 표면에 붙어 있는 원자는 그중 10퍼센트밖에 되지 않는다. 따라서 금을 화학자들이 말하는 금 집합체인 수많은 작은 입자 형태로 만들어 뿌리는 것이 훨씬 더 낫다. 그렇게 하면 대부분의 원자가 표면 위로 드러나게 된다. 2012년 스페인의 화학자들은 그 차이가 어느 정도인지를 보여주었는데, 금을 원자 열 개 이하가 들어 있는 입자로 만든 결과 촉매제 효율이 10만 배나 늘어났다고 한다.[10]

황이나 탄소 같은 비금속 물질이 첨가된 철, 니켈 혹은 코발트와 같은 비싸지 않은 원자 집합체들은 훨씬 더 중요하다. 이 원자 집합체들은 수많은 화학적 반응들을 촉진시키는데, 그런 반응들 중 일부는 석탄에서 합성 윤활유를 만들어내거나 생물학적 폐기물에서 연료를 뽑아내는 것 같은 화학 산업에서 대단히 중요한 역할을 한다. 또 다른 원자 집합체들은 영양소로부터 필요한 에너지를 뽑아내는 일을 도움으로써 우리 신체가 계속해서 유지될 수 있게 해주기도 한다. 이런 집합체들은 다양한 형태로 스스로 조립될 수 있는데, 그 안의 원자들은 빵 반죽처럼 펼쳐 늘릴 수도 있고 공 모양으로 뭉칠 수도 있고, 어떤 결정체 구조처럼 만들 수도 있다. 그리고 이런 형태가 촉매의 효율성의 차이를 가를 수 있다. 촉매 집합체가 촉매 작용을 위한 완벽한 모양을 스스로 조립해낼 수 있는지 알아보기 위해 화학자들은 에너지 지형도의 가장 깊은 협곡들을 연구하고 이 지형도에서 이런 모양 만들기에 방해가 되는 장애물들이 있는지를 자세히 조사했다.[11] 그리고 연구와 조사 결과, 대단히 심각하지만 이미 익숙하게 알고 있는 문제점이 나타났다. 적응 지형도에서 가장 높은 봉우리를 찾을 때 진화가 맞닥뜨리게 되는 것과 똑같은 문제였다.

자연선택이 오직 위쪽만을 향하는 것처럼, 중력은 오직 아래쪽만을 향한다. 금과 탄소 혹은 철의 원자들이 마구잡이로 합쳐지게 되면 어떤 규칙성도 없이 뒤섞인 원자 집합체가 되는데, 그 모습은 다차원 에너지 지형도에서 아무 곳으로나 굴러가는 돌의 모습에 해당된다. 어쩌면 그 돌은 협곡으로도 갈 수 있고 봉우리로도 갈 수 있겠지만 봉우리와 협곡 사이의 어느 비탈길 쪽으로 굴러갈 확률이 더 높다. 그리고 바로 그 자리에서 시작해 다시 경사면을 따라 가장 가까이 있는 협곡의 바닥 쪽으로 굴러갈 것인데, 그곳은 원자 집합체가 최소한의 재배열만으로 안정적인 원자의 배열 방법을 찾을 수 있는 곳이다. 깊은 협곡 말고도 그보다 얕은 협곡들이 너무나 많기 때문에 원자들이 찾는 이런 장소는 사실 얕은 곳이 될 가능성이 훨씬 더 크다. 다시 말해, 실제로는 원자들이 불규칙적으로 배열되어 그다지 안정적인 형태가 되지 못할 가능성이 더 크다는 뜻이다. 그리고 원자 집합체는 한번 자리 잡은 곳에서 영원히 머물게 된다.

하지만 자연은 버키 볼을 만들어내기 때문에 이 자체만으로는 분명 무엇인가 빠진 것이 있다는 생각이 들 것이다. 그것은 바로 적절한 진동이다.

우리 주변을 둘러싸고 있는 원자와 분자는 '열'로 인해 끊임없이 진동한다. 온도가 올라갈수록 원자와 분자는 더 강하게 진동하며 지나치게 뜨거워졌다 싶으면 이 진동도 결국 폭주하게 되어 분자 혹은 원자 집합체를 이어주는 화학적 구속력이 끊어지고 원자들이 사방으로 흩어진다. 반대로 온도가 떨어질수록 진동은 약해지며 그렇게 약해지다가 온도가 절대 영도에 도달하게 되면 진동은 완전히 멈추게 된다. 절대 영도란 섭씨 영하 273.16도를 의미한다. 그렇게 되기 전까지는 스프링으로 연결된 것에 비유했던 분자 결합이 그대로 유지되지만, 원자들이 이리저리 흔들림에 따라서 쉴 새 없이 밀고 당기기를 되풀이한다. 이런 현상은 단백질의 진동과 비슷한데, 단백질의 경우 진동을 통해 효소들이 더 유용한 활동을 할 수 있도록 해준다.

에너지 지형도를 탐험하는 모습으로 비유된 돌은 이러한 진동을 따라 쉬지 않고 움직이는 것이며, 그것은 마치 적응 지형도가 유전적 부동에 의해 흔들리는 것처럼 지형도 자체가 계속해서 흔들리며 움직이는 것과 같다. 주변의 온도가 올라가면 진동도 더욱 거세진다. 돌이 얕은 협곡에서 움직이기 시작한다면 작은 흔들림만으로도 근처에 있는 또 다른, 어쩌면 더 깊은 협곡으로 이어지는 능선을 따라 올라갈 만한 추진력을 얻을 수 있을 것이다. 돌이 깊은 협곡 안에 있고 이어지는 능선이 조금 더 완만하다면, 대단히 강력한 진동이 있어야만 돌이 그 능선을 따라 가로질러 갈 수 있을 것이다. 원자들이 아직 흩어지지 않은 상태에 있는 최고로 높은 온도에서 그 진동이 대단히 강력하다면 돌은 그야말로 예측불허의 모습으로 튀어 올라 지형도 어디든 갈 수도 있다. 튀어 올라 빠져나가기 가장 어려운 가장 깊은 협곡에서 아주 오랜 시간을 보냈다 하더라도 상관없다.

이런 도약을 통해 돌은 지형도를 이리저리 돌아다닐 수 있게 되었지만, 동시에 새로운 문제에 직면하게 된다. 분자의 원자들이 끊임없이 움직이며 모습을 바꾸기 때문에 돌이 어느 한 협곡에 영원히 머무르지 못하게 되는 것이다. 하지만 자연의 창의적인 힘은 다행히도 원자를 차게 식히는 방식으로 이 문제를 해결할 수 있다. 온도가 떨어지면 돌의 움직임이 약해지고 자리를 잡은 협곡을 벗어날 확률이 줄어든다. 그러면 현재 있는 협곡을 돌아보는 일을 계속하며 수많은 갈라진 부분이나 틈새 들을 확인할 것이다. 그리고 온도가 더 떨어지면 돌은 점점 더 깊이 파고들며 협곡 안에 있는 더 얕은 또 다른 협곡들을 돌아보게 될 것이다. 원자들의 온도가 적당한 속도로 떨어진다면 돌은 결국 가장 깊은 협곡의 제일 밑바닥에 안착하게 된다. 가장 안정된 분자의 상태가 되는 것이다.

  적어도 원자와 같은 엄청난 숫자의 입자들을 다루는 물리학의 한 부분인 이론물리학의 입장에서는 그렇다는 것인데 이 이론은 실제로 어느 정도 맞는 소리다. 전문가가 아니더라도 화학에 대한 지식을 가진 사람에게 집의 주방에서 쉽게 접할 수 있는 설탕이나 소금 혹은 붕사 등을 가지고 더 큰 결정체를 만들어달라고 말하면 느린 속도가 관건이라고 대답해줄 것이다. 온도를 더 천천히 낮출수록 조금 더 크고 다듬어진 모양의 결정체가 만들어진다는 뜻이다.[12] 확실히 많은 결정체들이 버키 볼과는 많이 다르다. 그 안의 원자들은 강력한 공유결합이 아닌 더 약한 결합에 의해 하나로 합쳐져 있기 때문에 조금 더 적당한 온도가 되면 파열되거나 아니면 소금 결정체처럼 물속에서 용해될 것이다.[13] 게다가 결정체의 구성 요소들은 탄소와 같은 원자가 될 필요는 없다. 우리가 일상적으로 먹는 설탕처럼 그 자체로 분자가 될 수 있는 것이다. 하지만 그것이 설탕 결정체든 버키 볼이든 혹은 금 집합체든 원리는 똑같다. 원자와 분자 같은 입자들은 각각의 분자 부분이 자유롭게 진동을 하고 흔들릴 때, 너무 과하지 않고 적당하게 움직인다. 어느 거대한 퍼즐의 수많은 구성과 배치를 자유롭게 확인해볼 때 스스로 조립되어 안정된 구조를 이룰 수 있다. 그런 퍼즐의 한 조각 한 조각이 제자리를 찾을 때마다 돌은 더 깊은 협곡으로 내려가며 입자들은 조금 더 안정적인 배열 방법을 찾아낸다. 그렇게 수없이 내려가기를 반복한 끝에 자연은 어느 누구의 안내도 없이 조 단위의 원자나 분자 들이 완벽한 기하학적 형태로 배열되는 그런 놀라운 장면을 연출해내는 것이다.

드넓은 에너지 지형도를 돌아다니는 분자들의 뒤에는 눈송이 같은 대기의 경이로움에서 화강암 같은 결정질 암석, 다이아몬드나 루비, 에메랄드 같은 보석 원석에 이르기까지 무생물 세계의 수많은 아름다운 모습들이 자리하고 있다. 그 물질의 종류가 다양한 것처럼 그런 것들을 만들어내는 데 필요한 열의 양과 냉각 속도 역시 다양하다. 버키 볼이 스스로 조립되기 위해서는 탄소가 눈송이가 만들어지는 온도보다 훨씬 더 높은 수천 도의 온도로 가열되어야만 하지만 완벽한 구체가 만들어지기 위해서는 불과 1천 분의 몇 초 정도 동안 냉각되면 된다.[14] 반면에 커다란 다이아몬드 하나를 만들어내기 위해 필요한 복잡한 수수께끼를 풀어내는 데 자연에게 필요한 시간은 보통 10억 년 이상이다.[15]

자연에서 발견되는 형태는 가장 낮은 위치에너지와 원자의 배열에 따른 지시를 받아 형성되는데, 대부분의 결정체는 그런 완벽한 형태를 갖추지 못한다.[16] 놀라울 정도로 다양한 형태의 눈송이들이 바로 그 확실한 증거다. 눈송이들은 이따금 이상적인 육각형의 프리즘 형태와는 완전히 다른 모습을 보여주는데, 가장 작은 눈 결정체는 종종 완벽한 육각형을 보여주기도 한다. 하지만 더 큰 결정체는 그렇지 않다. 눈 결정체는 얼음처럼 차가운

수증기의 소용돌이치는 구름 속에서 작은 결정체의 씨앗이라고 할 수 있는 육각형 기둥으로부터 자라나기 시작한다. 그 과정에서 육각기둥의 평평한 표면보다는 돌출된 모서리에 대기 중에 떠돌아다니는 물 분자들이 더 많이 달라붙는 경향이 있다. 다시 말해, 눈송이는 어떤 장소에서는 더 빨리, 또 어떤 장소에는 더 느리게 커져간다. 빠르게 자라는 곳에서는 물리학자들이 분지 불안정branching instability이라고 부르는 현상 속에서 결정체의 가지가 뻗어나간다. 이 가지들은 새로운 가지들의 아버지가 되며 이 과정이 계속 되풀이된다. 이렇게 해서 우리에게 익숙한 다 자란 눈송이들의 나뭇가지 모양이 스스로 완성되는 것이다.[17]

추운 겨울날이 되면, 우리는 우리의 시력이 허락하는 한 수백 수천만의 이 창조물들이 하늘에서 조용히 내리는 광경을 볼 수 있으며 그 순간 자연이 만들어내는 창의력의 지형도가 얼마나 광대한지 어렴풋이 알아차리기 시작한다. 각각의 눈송이들은 물 분자의 불규칙한 모습과는 전혀 다르다. 하지만 눈송이의 모습은 위치에너지를 최소화하는 문제를 해결해줄 수는 있지만 완벽하지는 못하다. 각각의 눈송이는 각기 다른 협곡을 점유하고 있다고는 해도 얼음의 에너지 지형도 안에서 가장 깊은 협곡에는 가닿지 못했다. 그 점이 각각의 눈송이들의 독특한 점이라 해야 할 것이다.

눈송이와 다른 결정체들은 우리에게 불완전함 속에도 위대한 아름다움이 숨어 있을 수 있다는 사실을 가르쳐주었을 뿐만 아니라 버키 볼을 오히려 더 돋보이게 만들어주고 있다. 바로 그런 이유 때문에 버키 볼의 지형도에는 헤아릴 수없이 많은 협곡들이 존재하는 것이다. 어떤 협곡들은 얕지만 탄소 원자들이 다양한 모습으로 뒤엉켜 있으며 또 다른 협곡들은 깊지만 완벽한 탄소 축구공의 가장 깊은 협곡만큼 깊지는 않다. 이런 모습은 완벽한 축구공의 다양한 왜곡 현상과 함께 불완전한 타원형 형태를 보여준다.[18] 하지만 실험 조건만 적절하다면 모든 탄소 원자의 대다수는 버키 볼의 형태를 만들어낼 수 있다. 모든 각각의 원자들이 가장 깊은 협곡을 찾아낸 것이다.[19] 여기서 배울 수 있는 교훈은 적당한 양의 진동은 강력한 위력을 발휘할 수 있으며 가장 복잡한 지형도도 정복할 수 있다는 사실이다.

생명체의 진화라는 반전된 지형도에서 유사한 흔들림을 만나게 되는 것은 우연의 일치가 아니다. 이런 지형도들의 상당수는 오직 위로 향하는 자연선택의 움직임만으로는 정복될 수 없다. 그 지형 자체가 무기물 세계의 에너지 지형도 못지않게 대단히 복잡하기 때문이다. 진화의 적응 지형도에서의 흔들림은 물론 열에 의한 것이 아니라 열의 또 다른 형태라고 할 수 있는 유전적 부동의 진동에 의한 것이며, 이를 통해 작은 개체군들은 얕은 적응 지형도 봉우리를 벗어날 수 있다. 이런 진동이 작은 개체군 안에서 강력하게 일어나면 지형이 얼마나 험준한가에 상관없이 개체군은 지형도를 가로질러 이동할 수 있다. 개체군이 작을수록 유전적 부동은 더 강해지며 이런 진동이 더 심해질수록 개체군의 적응 지형도 이동은 더 빨라진다. 유전적 부동은 열이 분자와 결정체 혹은 원자 집합체가 에너지 지형도의 얕은 협곡을 빠져나가는 것처럼 개체군이 낮은 봉우리에만 머물러 있지 않도록 도와준다.

열이 무기물 세계의 아름다움을 창조하는 데 중요한 역할을 하는 것처럼 유전적 부동은 살아 있는 세계의 아름다움을 만들어내는 데 중요한 역할을 한다. 표면적으로 보면 열과 유전적 부동은 완벽하게 관계없는 개념이지만 조금 더 깊이 파고들어보면 둘은 창조의 지형도 정복이라는 같은 결과를 만들어내는 수단이다. 그리고 둘 다 완벽함을 찾아내기 위해 불완전함을 허락하고 있다.

놀랍게도 다이아몬드와 나비의 아름다움은 서로 대단히 다른 존재임에도 불구하고 그 근원은 같다. 그리고 아마도 이 근원은 자연보다 훨씬 더 중요한 존재가 아닐까. 일부 과학자들과 기술자들은 수십 년 동안 이에 대한 의문을 품어왔다. 그러다 결국 자신들이 마주하고 있는 어려운 문제들에 대한 완벽한 해결책을 찾는 일에 도움을 줄 뿐만 아니라 훨씬 더 중요한 일을 할 수 있도록 해주는 증거를 발견하게 된다. 바로 이런 문제들을 해결하는 임무를 다른 존재, 즉 같은 인간이 아닌 컴퓨터, 그것도 창의적인 컴퓨터에게 일임하는 것이다.

6장

창의적인
기계들

LIFE FINDS A WAY

화물차 운송이 힘든 사업이라고 말할 때 우리는 보통 화물차 운전자들이 도로 위에서 보내는 길고 지루한 시간과 가족과의 단절, 몸을 움직이기조차 힘든 폐쇄된 환경, 고속도로 위 간이식당에서 먹는 건강에 좋지 않은 음식들을 떠올린다. 하지만 그런 운전자들을 고용한 운송회사들 역시 힘든 상황을 겪고 있는 것은 마찬가지다. 치열한 경쟁을 뚫고 아주 적은 수익률에도 신경을 곤두세워야 하는 이 사업의 또 다른 이름은 효율성이 아닐까. 화물차 연료의 효율, 시간의 효율, 그리고 무엇보다도 경로에 따른 효율 말이다.[1] 운송회사의 성공과 실패는 불과 몇 마일의 차이에 의해 나누어질 수도 있다.

화물차가 움직이는 경로를 찾는 일은 일견 아주 쉬워 보인다. 운반해야 할 화물을 적재 창고에서 싣고 지도 위에 찾아가야 할 지점들을 표시한 후 선으로 연결한다. 그리고 출발하는 것이다.

하지만 이 말을 액면 그대로 다 믿는 사람이 있을까? 화물차에 실을 수 있는 화물의 양은 한정되어 있고 반드시 정해진 시간 내에 운송해야 하며 먼저 찾아가야 할 창고가 한 곳 이상일 수 있는데다 화물을 전달해야 할 곳 역시 한 곳이 아니라 여러 곳일 것이다. 이런 목적지들까지 이어지는 가장 짧은 경로를 찾는 일의 어려움은 천재가 아닌 이상 모든 운전자들이 다 함께 겪는 고통일 수밖에 없다. 그냥 숫자로 한번 생각해보자. 세 곳의 목적지를 찾아가는 데 가능한 경로가 여섯 가지가 있다. 이 정도면 일반적인 화물차 운전자라도 어느 정도 계산이 가능하리라. 하지만 네 곳의 목적지를 찾아가는 데 스물네 개의 각기 다른 경로가 있다면? 다섯 곳의 목적지에 경로가 120가지라면? 문제는 아주 심각해진다. 찾아가야 할 고객이 열 명이라면 경로는 300만 개가 되며 고객이 열다섯 명이면 경로는 조 단위로 늘어난다. 그 숫자는 정말 두려울 정도로 빠르게 늘어나서 고객과 목적지의 숫자가 수백이라는 현실적인 규모라 할지라도 경로의 숫자는 우리의 이해 범위를 넘어서게 될 것이다.[2] 게다가 화물차가 한 대일 경우에만 이 정도다. 페덱스 같은 유명 택배 전문 회사들이 보유하고 있는 화물차의 숫자는 4만여 대가 넘을뿐더러 거기에 화물기 600여 대가 200여 개 국가들을 연결하고 있다. 그에 따른 최선의 경로를 계산해내는 일은 이제 천재도 감당하지 못할 일이 될 것 같다.

가능한 한 가장 적은 비용으로 최대한 많은 화물을 운송한다는 것은 결국 수학적 문제다. 이 대단히 복잡한 문제를 회사는 매일같이 처리해야 하므로 결국에는 사람이 아닌 컴퓨터가 맡아야 할 상황으로 보인다. 하지만 매일 끊임없이 이어지는 이런 문제들을 해결할 수 있는 알고리즘을 확보하지 않는 이상 컴퓨터만 있다고 문제가 다 해결되는 것은 아니다. 알고리즘이란 컴퓨터가 할 수 있는 단순한 계산 작업을 일련의 순서화된 절차로 구성한 것이다.

이런 알고리즘을 찾아내는 것은 또 다른 난관이다. 물론 이 일을 맡는 것은 화물차 운전자들이 아니라 컴퓨터 과학자들이다. 가장 짧은 운송 경로를 찾아내는 문제는 워낙 널리 알려진 어려운 과제라서 컴퓨터 과학자들은 아예 이 문제를 따로 부르는 자신들만의 이름을 만들었다. 바로 '차량 이동 경로 문제vehicle routing problem', 줄여서 VRP라고 한다. 그런데 이런 경로 문제의 친척뻘되는 문제는 이미 19세기부터 존재했었고 그 당시에도 아주 널리 알려진 난제였다. 바로 '영업 외판원 문제traveling salesman problem', 줄여서 TSP라고 부르던 문제다. 이 문제가 불거지게 된 것은 외판원들이 여러 지역에 있는 많은 고객들을 찾아다니면서 가능한 짧은 동선을 찾으려고 애쓰면서부터였다. 이 TSP는 19세기 후반에서 20세기 초반에 미국 전역을 돌아다니며 상품을 판매했던 35만 명에 이르는 외판원들만의 문제는 아니었다. 영업 외판원들 말고도 순회 전도사나 역시 각 지역을 순회하던 판사들도 비슷한 어려움을 겪고 있었다. 예를 들어 이 순회 판사들은 자신들이 맡은 해당 지역의 마을이나 도시를 정해진 경로에 따라다니며 일 년 중 정해진 날에 재판을 열었다. 이런 이동은 '순회circuit'라고 불렸다. 이런 관행은 오래전에 사라졌지만 아직도 미국의 지방 법원을 과거의 전통에 따라 '순회 법정circuit courts'이라고 부른다.[3]

수천 명이 넘는 컴퓨터 관련 과학자들이 TSP와 VRP 같은 난해한 문제들과 씨름해온 것은 그들이 화물차 운전기사들이나 영업 사원들에게 큰 관심이 있어서가 아니라 다른 수많은 분야에서도 이와 유사한 문제들이 끊임없이 나타났기 때문이었다. 화학 분야에 대해서 생각해보자. 복잡한 분자구조 안의 원자가 어디에 위치한지를 확인하기 위해 화학자는 분자를 결정화하고 그 결정체에 엑스레이x-ray 광선을 쏘고, 원자가 광선을 어느 정도 굴절시키는지를 측정할 수 있다. 문제는 그런 굴절 방향을 한쪽 각도에서뿐만 아니라 수백 개의 각도에서 측정해야 한다는 것이다. 다시 말해, 이 화학자는 결정체를 수백 가지 다른 위치로 계속 움직여주어야 한다. 이 작업을 빨리 할수록, 그러니까 각 위치 사이의 거리가 짧아질수록 실험도 더 빨리 끝낼 수 있다.

밤하늘의 수많은 별들이나 은하계를 관찰하려는 천문학자도 비슷한 문제에 봉착하게 되었다. 각각의 관찰을 위해 천체망원경은 정확한 위치를 따라 움직여야 하는데, 그 일은 보통 컴퓨터로 연결된 모터가 움직이며 도맡는다. 현대의 천체망원경들은 그 규모가 엄청나며 전 세계 수많은 연구자들이 공동으로 사용하는 경우가 많기 때문에 그 귀중한 사용 기회를 얻기 위해 줄을 서야 하는 형편이다. 따라서 망원경을 원하는 위치로 더 빨리 움직일 수 있다면 별들을 관찰할 수 있는 시간은 더 늘어나고 망원경을 조금 더 효율적으로 사용할 수 있는 것이다.

이와 마찬가지로, 컴퓨터 칩 설계자들은 새로 개발한 칩 위에 수백만 개의 트랜지스터를 펼쳐 놓을 때 각 트랜지스터들 사이의 배선을 짧게 유지할 필요가 있다. 그렇게 하지 않으면 컴퓨터

칩이라는 대지 위의 정말 귀중한 몇 밀리미터의 공간을 낭비하게 되는 것이다. 게다가 칩 안의 전자가 트랜지스터 사이를 오갈 때 사용하는 에너지의 양도 절대 무시할 수 없다.

결정체를 움직이는 가장 짧은 경로, 천체망원경을 가장 경제적으로 이동시키는 방법, 트랜지스터들을 가장 짧은 배선으로 연결하는 작업 등은 그 작업의 종류는 각각 다 다르지만 모두 똑같은 수학적 문제를 바탕으로 하고 있다.[4]

하지만 이런 경로 찾기 문제를 적용하는 것보다 더 중요한 것은 이것이 사방에서 발견되는 또 다른 어려운 문제들의 진짜 본질에 대한 심오한 교훈을 가지고 있다는 사실이다. 이런 문제들이 요구하는 것은 결국 가장 창의적인 해결책이 무엇인가 하는 점이다. 가장 창의적인 해결책은 창의성 자체를 이해하는 또 다른 징검다리가 된다. 어려운 문제들을 해결하기 위해서는 자연이 버키 볼을 만들거나 미나리아재비꽃을 만들어낼 때 사용하는 것과 같은 기술이 필요하기 때문이다. 우리의 상상력을 뛰어넘는 광대한 지형도를 가로지르기 위해서도 이런 기술은 반드시 필요하다.

그림 6-1을 살펴보자. 어느 화물차가 창고에서 화물을 싣고 열 곳의 고객들을 각각 찾아가는 모습이다. 그 고객들은 숫자 1에서 10으로 표시가 된다. 그림 밑의 숫자들은 화살표와 함께 화물차 기사가 고객들을 찾아가는 순서를 나타내는데 결국 화물차의 실제 이동 경로를 간단하게 표시한 것이다.

고객의 숫자가 불과 10명 정도만 되어도 만들어질 수 있는 경로의 경우의 수는 300만 가지가 넘으며 각각의 경로는 그림 상

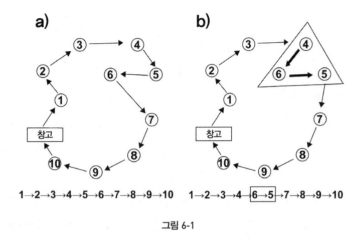

그림 6-1

으로 하나의 화살표로 표시할 수 있다. 이 각각의 경로에는 물론 모두 별도의 비용이 들어가며 여기서 비용이라고 하면 이동 거리, 걸린 시간, 들어가는 연료 등이 모두 포함된다. 또한 환경문제도 간과할 수 없는데, 엔진의 배기가스를 통해 나오는 이산화탄소도 비용에 포함시켜야 한다.[5] 우리가 상상할 수 있는 유전자의 모든 DNA 끈이 좋든 나쁘든 생명체들이 갖고 있는 수많은 문제 중 하나에 대한 해결책을 제시할 수 있는 것처럼, 찾아가야 할 고객들과 이어지는 모든 선은 이 경로 문제에 대한 해결책을 제시하고 있다. 대부분의 해결책은 길고 비용이 많이 드는 경로밖에 제시하지 못하는 듯하지만, 그중에서도 분명 짧고 효율적인 좋은 경로를 찾아낼 수 있을 것이다. 그리고 DNA 서열, 즉 유전자형이 적응 지형도 안의 위치를 나타내는 것처럼, 각각의 경로는 이 또 다른 지형도의 위치에 해당하며 이 경로 문제에 대한 모든 해결책을 담고 있다. 이 지형도에서 높이는 경로의 길이에 해당하며 해결책이 어느 정도 우수한지를 보여주는데, 말하자면 유기체의 적합성과 같은 의미다.

이 비용 지형도는 실제 화물차가 화물을 운반하는 3차원의 지형이 아닌 또 다른 추상적이고 고차원적인 지형도다. 이 비용 지형도에 등장하는 물결치듯 이어지는 모래언덕과 험준한 산맥, 깊고 얕은 여러 협곡의 모습은 각기 다른 경로들에 대한 비용을 뜻한다. 비용 지형도는 원자와 분자의 에너지 지형도가 그랬던 것과 똑같은 방식으로 진화의 지형도와 차이를 보인다. 비용 지형도의 봉우리들은 가장 긴 경로로 이어지는 곳이기 때문에 최악의 장소가 된다.

화물차와 영업 사원의 경로에 대한 모든 알고리즘은 비용 지형도에서 가장 깊은 협곡을 찾기 위한 방법이다. 이 협곡들은 최선의 경로이자 최단 경로에 해당한다. 알고리즘은 에너지 지형도에서 깊은 협곡을 뜻하는 특별히 안정적인 원자의 배열을 찾는 분자와 비슷한 점이 있다. 알고리즘은 진동하는 분자들이 에너지 지형도를 탐색하는 것처럼, 그리고 진화하는 유기체가 적응 지형도를 탐색하는 것처럼 경로 문제에 대한 비용 지형도를 탐색한다.

진화의 지형도에서 가장 짧은 걸음은 점點 돌연변이에 해당하며 그러한 DNA 돌연변이들은 단문자 변화를 일으킨다. 불행하게도 이런 똑같은 종류의 발걸음은 경로 문제의 비용 지형도에는 영향을 미치지 못한다. 그림 6-1a에서 예를 들어 숫자 5에 해당하는 고객을 10번으로 바꾼다고 상상해보자. 점 돌연변이가 DNA를 바꾸는 모습은 이와 유사하다. 하지만 여기에서는 두 가지 문제점이 발생한다. 먼저, 어찌 되었든 5번 고객은 사라졌고 진행되는 경로에서 이 5번 고객을 방문할 일은 전혀 없다. 두 번째, 그렇다면 대신 10번 고객을 두 번 찾아가게 된다는 것인데, 다시 말해 10번을 두 개 만들어낸 점 돌연변이는 화물차 경로 결정의 두 가지 기본적인 규칙을 위반하게 된다. 바로 모든 고객을 다 찾아가야 하며 각 고객은 한 번씩만 찾아갈 수 있다는 규칙이다. 인접한 다른 경로들이라고 해서 한 고객만 다르게 취급할 수는 없다. 우리에게는 다른 종류의 '돌연변이'가 필요하다.

우리에게 필요한 것은 그림 6-1b에 나오는 5번과 6번 고객의 경우처럼 두 고객을 찾아가는 순서를 바꾸는 것이다. 순서를 바꾼다 해도 각 고객은 분명하게 한 번에 한 번만 찾아가야 한다. 거기에 더해서 모든 고객을 연결하는 모든 경로가 이런 바뀐 순서의 적절한 배열에 의해 만들어질 수 있다. 다시 말해, 이 지형도 어느 부분에서 출발해도 우리는 고객 방문 순서를 바꿈으로써 어디든 찾아갈 수 있으며 이 지형도에서 이렇게 순서를 바꾸는 일은 가능한 한 가장 작은 발걸음이 된다.[6]

이런 이동의 궁극적인 목표는 한 가지다. 바로 가장 깊은 협곡을 찾아내는 것이다. 컴퓨터 과학자들은 때로는 효과적이고 때로는 그렇지 못한 숱한 알고리즘들을 개발하며 이 목표에 도달하려고 했다. 그중에서도 특별히 간단한 알고리즘 하나를 살펴보도록 하자.

그 길이나 효율성에 전혀 상관없이 임의로 경로 하나를 선택하고 두 고객을 찾아가는 순서를 무작위로 바꿈으로써 경로를 변경해보자. 이를 통해 전체 경로의 길이가 줄어든다면 계속 그 경로를 유지하고 그렇지 않다면 원래의 지점으로 돌아간다. 이 과정을 계속 되풀이한다. 임의로 선택한 또 다른 두 고객을 찾아가는 순서를 바꾸고 그렇게 만들어진 새로운 경로가 더 짧고 효율적이라면 새로운 경로를 유지한다. 이 과정을 계속 되풀이한다. 각각의 성공적인 순서 변경은 해결책 지형도에서 우리의 위치를 바꾼다. 한 번에 하나씩, 성공적인 순서 변경을 통해 우리는 결국 이런 변경으로는 더 이상 줄어들 수 없는 경로에 도달하게 된다.

이 알고리즘은 가장 낮은 지점을 찾는 것을 목표로 하여 지형도 안에서 언제나 아래쪽으로 내려가게 되며, 그 모습은 자연선택이 적합성 지형도에서 오직 위쪽으로만 올라가려 하는 것과 비슷하다. 자연선택이 오직 적합성을 '증가시키는' 발걸음만을 허락하는 반면 알고리즘은 경로의 길이를 '줄여주는' 발걸음만 허락한다. 시작 해결책이 지형도 위를 굴러다니는 돌이라면 알고리즘은 그 돌에 작용하는 중력과 같은 역할을 하며 가장 가까이에 있는 정지 지점을 향해 돌을 아래쪽으로 계속 끌어당기게 된다.

이와 같은 알고리즘이 중요한 것은 원리가 대단히 단순하기 때문이다. 컴퓨터 과학자들은 또한 이런 알고리즘을 '욕심쟁이 greedy'라고 부른다. 그리고 그 욕심이 꼭 나쁜 것만은 아니다. 비용 지형도가 운석이 충돌한 구멍처럼 흐르는 세월에 따라 이리저리 깎여나가 평탄해졌다면, 아래쪽으로 이어지는 길은 어디를 가든 결국 제일 밑바닥에 도착할 수 있을 것이다.[7]

하지만 언제나 '예상하지 못한 상황'이 존재하는 법이다.

운송 경로의 문제는 컴퓨터 과학자들이 '조합 최적화 문제 combinatorial optimization problems'라고 부르는 더 거대한 범주의 문제들에 속해 있다. 각각의 해결책은 이 경우 고객이라는 다양한 구성 요소로 이루어져 있으며, 최선 혹은 최적의 해결책을 찾기 위해서는 이런 구성 요소들을 각기 다른 방식으로 조합해야 한다. 화물차의 운송 경로를 결정할 때 우리는 가장 짧은 경로를 찾기 위해 똑같은 고객들을 각기 다른 순서로 조합해본다. 전력망을 설계할 때 우리는 다양한 지역에 위치한 여러 발전소를 조합해 고객들이 충분한 전력을 확보할 수 있도록 한다. 병원에서 간호사들의 일정을 조정할 때는 간호사들이 다른 교대조에 들어갈 수 있도록 각기 다른 조합을 궁리할 것이다. 지금 전투가 벌어지고 있다면 현재 보유하고 있는 무기들을 각기 다른 방식으로 조합해 각기 다른 공격 목표를 공격함으로써 적군의 피해를 최대화하는 일에 집중할 것이다. 모든 일이 이런 식으로 진행된다.

조합 최적화 문제가 전부 까다로운 것은 아니다. 하지만 모두 다 각자의 해결 지형도를 갖고 있으며, 이런 지형도를 반세기 이상 탐색하고 확인하고 연구해온 컴퓨터 과학자들은 모든 종류의 문제를 더 까다롭게 만드는 원인에 대한 중요한 교훈을 배우게 되었다.[8]

어떤 문제는 많은 해결책이 존재한다는 이유로 어렵게 느껴지지 않는 경우가 있다. 하지만 모든 조합 최적화 문제는 다들 수많은 해결책을 가지고 있다. 그런데도 해결이 어렵게 느껴지는 이유는 자체적으로 조립되는 분자와 적응 지형도를 찾아보는 것처럼 이미 익숙한 내용들 때문이다. 그리고 그에 대한 해결책들은 수많은 얇은 운석 충돌 흔적들과 반대로 몇 군데의 깊은 충돌 흔적들, 그리고 정말 몇 군데 되지 않는 가장 깊이 파인 흔적들이 만들어낸 달 표면 같은 험준한 지형을 형성한다. 이런 모습은 다른 곳에서는 거의 찾아보기가 불가능할 정도다.

화물차 경로 재설정에 대한 비용 지형도도 이와 같아서 크고 작은 수많은 구덩이들이 가로막고 있다. 내려가는 것밖에 모르는 알고리즘이 수없이 널려 있는 작은 구덩이 쪽으로 내려가 도저히 탈출할 길이 없는 좋지 않은 해결책 안에 빠르게 갇히게 될 가능성이 있다. 심지어 우연한 행운에 의해 커다란 구덩이 안으로 내려가게 된다 하더라도 그리 멀리 가지 못할지도 모른다. 커다란 구덩이 안에는 많은 작은 구덩이들이 이리저리 흩어져 있기 때문이며, 그 안에는 심지어 더 작은 구덩이들도 있다. 알고리즘은 커다란 구덩이 가장자리에 막힌 작은 구덩이 안에서 빠져나갈 곳은 전혀 없는 생각보다 훨씬 더 긴 경로와 함께 끝날 수도 있다.

어려운 문제들에는 또 다른 좋지 않은 속성이 있다. 바로 문제의 규모가 커질수록 훨씬 더 해결하기가 어려워진다는 속성이다. 고객들과 발전소, 간호사 혹은 무기들의 숫자가 늘어나게 되면 구덩이 숫자, 즉 기술적 용어로 '국소 최소 지점local minima'도 폭발적으로 늘어난다. 그리고 분자 에너지 지형도 안의 최저치와 마찬가지로 그 숫자는 심지어 가장 강력한 컴퓨터를 압도할 정도로 빠르게 늘어난다. 열 명의 고객이 있는 화물차 경로 지형도에는 약 100개의 국소 최소 지점들이 있으며 열다섯 명의 고객이 있는 같은 지형도에는 1천 개의 국소 최소 지점들이 있을 수 있다. 실제 상황에 가깝게 100명 이상의 고객들이 있다면 국소 최소 지점의 숫자는 너무 많아서 제대로 계산조차 할 수 없을 것이다.[9] 그리고 그중 하나만이 최선의 경로 혹은 '대역 최소 지점 global minimum'이며 더 큰 문제들을 위해 이 최소 지점을 찾는 일은 마치 짚더미에서 바늘 하나를 찾는 것과 같다. 실제로 우리가 생각할 수 있는 최선은 합리적인 선에서 좋은 해결책이며 깊지만 대역 최소 지점처럼 깊지 않은 여러 국소 최소 지점 중 하나다. 그 해결책들은 어려운 문제 해결에서 눈송이와도 같다.

좋은 해결책을 찾아내기 위해 지형도를 철저히 돌아보는 이 같은 행위도 결국은 이미 잘 알려진 문제와 마주하는 것으로 결론난다. 얕은 협곡을 벗어나 더 깊은 곳을 탐색하기 위해서는 중력에 의해 무자비하게 아래쪽으로 끌어당겨지는 상황을 극복할 필요가 있는데, 진화 역시 자연선택이라는 자체의 욕심쟁이 알고리즘과 함께 이와 똑같은 문제에 봉착해 있는 것이다.

다행히도 욕심쟁이 알고리즘이 잘 작동하지 않아도 다른 알고리즘이 제 역할을 할 수 있다. 그런 알고리즘 중 하나가 '모의 담금질 simulated annealing'이다.

'담금질 annealing'은 금속 처리 기술에서 나온 단어로, 철과 기타 금속들을 조금 더 단단하게 만들어 제구실할 수 있도록 해주는 기술이다. 예를 들어 칼을 만드는 기술자는 단조 작업으로 칼을 만들 때 담금질 기술을 사용한다. 강철 조각을 담금질할 때는 먼저 뜨겁게 달구는데, 그러면 철 원자가 강하게 진동해 원래 있던 자리를 떠나 움직이게 된다. 그런 다음 달구어진 강철 조각을 아주 천천히 식히면 원자가 작은 결정체를 이루게 되고 강철 조각을 조금 더 길게 늘일 수 있게 된다. 이 과정에서 중요한 요소는 당연히 열인데, 분자가 에너지 지형도를 탐험하고 버키 볼과 금 집합체, 다이아몬드를 찾아낼 때도 역시 열이 중요한 역할을 했으며 이건 결코 우연이 아니다. 우리는 이를 통해 각기 다른 창조의 영역 사이에 존재하는 깊은 연관성을 알 수 있다.

'모의 담금질'이란 말 그대로 컴퓨터 알고리즘을 이용해서 담금질 과정을 모의로 실행한다는 뜻이다. 이 알고리즘은 문제의 해결책 지형도를 탐험하고 이 지형도를 한 걸음씩 돌아본다. 문제가 화물차 경로를 찾아내는 것이라면 각각의 걸음은 아마도 고객들을 방문하는 순서를 바꾸는 것이 될 것이다. 이렇게 한 걸음씩 돌아본 후에 알고리즘은 어디로 움직여야 더 나은 해결책으로 이어질 수 있을지 계산한다. 더 짧은 경로라는 해결책을 찾아냈으면 그대로 적용한다. 이런 모습은 욕심쟁이 알고리즘과 비슷한 점이 많아 보이지만 중요한 차이점이 있다. 더 나쁜 해결책으로 이어지는 걸음이라도 알고리즘은 어느 정도의 가능성을 기대하며 그 방향을 받아들이는 것이다. 알고리즘이 지형도를 막 돌아보기 시작했을 때는 이런 가능성이 높아서 알고리즘은 오르막길로 이어지는 발걸음도 내리막길로 이어지는 발걸음과 마찬가지로 그대로 따를지도 모른다. 하지만 시간이 지남에 따라 알고리즘이 지형도를 탐색하는 과정에서 '식히는' 작업이 시작된다. 알고리즘이 오르막길로 이어지는 길을 따라갈 가능성은 점점 더 줄어들기 시작하는 것이다. 1천 걸음을 돌아본 뒤에 알고리즘은 오르막길로 이어지는 길의 절반만을 따르려 하고 1만 걸음을 돌아본 뒤라면 오르막길 열 개 중 하나만을 따르게 될 것이다. 10만 걸음을 돌아본 뒤에는 100개 중 하나만을 따를 텐데, 이런 식으로 마침내 알고리즘은 오직 아래로 이어지는 길만 따르게 된다.

이런 과정이 물질을 식히는 과정과 어떻게 닮아 있는지 확인하기 위해 5장에서 소개했던 버키 볼이나 눈송이의 에너지 지형도를 문제 해결 지형도와 비교해보기로 하자. 욕심쟁이 알고리즘이 탄소 원자의 배열이나 경로 문제의 해결책처럼 '돌'을 끌어내리는 중력과 같다면 '모의 가열'은 돌이 그런 중력의 영향에서 벗어날 수 있도록 도와주는 진동의 역할을 한다고 볼 수 있다. 에너지 지형도에서 뜨겁게 가열된 물질 안의 입자가 강력한 진동으로 인해 위쪽으로 이동할 수 있는 것처럼 모의 담금질의 초기 단계에서도 훨씬 더 좋지 않은 해결책, 즉 훨씬 더 먼 경로를 따라 이동할 수 있다. 돌이 초기에 협곡 안에 멈추어 설 때마다 협곡이 아무리 깊어도, 즉 분자가 아무리 안정되어 있고 해결책이 아무리 좋아도 진동을 통해 빠르게 협곡에서 빠져나올 수 있다. 이 초기 단계에서 돌은 지형이 얼마나 거친가에 상관없이 지형도의 넓은 부분을 돌아볼 수 있다. 가열 단계가 끝나고 식히는 과정이 시작되면 지형도 안의 진동이 약해진다. 돌은 아래쪽, 즉 조금 더 안정적인 분자나 짧은 경로로 이동해서 현재의 협곡 안에 멈추어 있게 될 확률이 커진다. 협곡이 깊다면 탈출은 특히 더 어려울 것이다. 협곡을 탈출하려면 지속적으로 위로 향하는 발걸음이 필요하기 때문이다. 하지만 험준한 지형도에서도 가장 깊은 협곡 안에는 종종 또 다른 얕은 협곡들이 있을 수 있다. 그래서 심지어 지형도의 진동이 약해지더라도 돌은 여전히 얕은 협곡을 빠져나와 그다음 협곡 안으로 굴러갈 수 있다. 그러다가 마침내 제일 끝에 가서야 돌은 협곡 안에서 멈추어 서게 될 것인데, 그렇게 해서 닿게 되는 협곡 제일 밑바닥의 최종 정지 지점은 자연이 발견할 수 있는 가장 안정적인 분자 혹은 알고리즘이 찾아낼 수 있는 최선의 해결책에 해당한다.

모의 담금질의 장점은 그 간단한 수학적 사실에 있다. 식어가는 속도가 적당히 느리면 가장 깊은 협곡, 즉 대역 최소 지점이나 가장 짧은 운송 경로를 확실히 찾아낼 수 있다는 사실을 누구나 증명할 수 있다. 다시 말해, 진동의 강도가 적당히 느리게 줄어든다는 뜻이다.[10] 이런 진동은 적응 지형도에서 진화하는 개체군에 유전적 부동이 큰 변화를 불러일으키는 것과 같다. 규모가 작은 개체군, 그러니까 유전적 부동이 강한 개체군에서의 진화란 모의 담금질의 초기 단계와 비슷하다. 그리고 모의 담금질 자체는 작은 규모로 시작해 점점 성장하는 개체군에서 진화와 비슷하며 그런 경우 유전적 부동은 시간이 갈수록 점점 더 약해진다.[11]

하지만 모의 담금질은 생물학적 진화와 비교해 한 가지 장점이 더 있다. 결국 모의 담금질이란 컴퓨터 알고리즘이기 때문에 우리는 그와 관련된 모든 상황을 제어할 수 있다는 점이다. 그에 반해 얻을 수 있는 이득을 극대화하기 위해 진화하는 개체군에 개입하는 생물학적 진화의 주체는 존재하지 않는다. 예를 들어, 개체군의 규모는 기후와 음식, 경쟁자 등 다양한 환경적 요인의 영향을 받지만 성공적인 모의 담금질에서 중요한 역할을 하는 온도는 컴퓨터 알고리즘을 통해 대단히 정확하게 제어될 수 있는 것이다. 이런 이유 때문에 모의 담금질과 또 다른 인간의 알고리즘은 어려운 문제들을 해결할 수 있을 뿐만 아니라 심지어 자연이 할 수 있는 것보다 더 잘 해결할 수 있다.

하지만 진화에 대해서도 같은 개념을 적용해볼 수 있지 않을까? 진화를 컴퓨터 안에서 모의실험을 통해 조금 더 제어해볼 수는 없는 것일까? 이것은 불가능한 이야기가 아니다. 다윈 진화는 그 자체로 돌연변이, 선택, 반복과 같은 더 간단한 과정이 연속적으로 이어지는 일종의 알고리즘이기 때문이다. 다윈 진화의 알고리즘은 컴퓨터 안의 정보가 아닌 살아 있는 생명체를 변화시키기 때문에 모의 DNA, 모의 표현형, 모의 유기체 등에 적용될 수 있다. 그리고 이런 일종의 모의실험에서 우리는 돌연변이가 얼마나 자주 발생하는지, 얼마나 엄격하게 최선의 변이체를 선택해야 하는지, 그리고 성적 결합과 재조립을 허용해야 할 것인지 등 모든 세부 사항을 통제할 수 있다. 이 정도 수준의 통제는 우리가 알고리즘의 문제 해결 능력을 향상시키는 데 다시 도움을 줄 수 있다. 게다가 공학자들은 단지 알고리즘에 변화를 줄 수 있을 뿐만 아니라 자연의 입장에서는 낯설지도 모를, 화물차의 경로를 해결하는 것 같은 또 다른 중요한 문제들을 해결하기 위해 새롭게 다시 개발할 수 있다.

우리의 유익을 위해 진화의 알고리즘을 통제하겠다는 꿈은 새로운 개념은 아니다. 그 역사는 컴퓨터 과학의 선구자라고 할 수 있는 앨런 튜링Alan Turing의 시대까지 거슬러 올라간다. 1950년 〈계산 기계와 지성Computing Machinery and Intelligence〉이라는 독창적인 논문을 통해 튜링은 생각할 수 있을 뿐만 아니라 심지어 자체적으로 학습 가능한 기계에 대한 가능성을 제시했으며 DNA 돌연변이와 유사한 '임의의 요소random element'가 그런 작업에 도움을 줄 수 있다고 주장했다.[12]

튜링의 꿈은 1960년대에서야 실현될 수 있었다. 그때가 되어서야 마침내 진화에 대한 모의실험을 할 수 있을 정도로 컴퓨터 성능이 향상된 것이다. 그리고 진화 연산이라고 불리는 새로운 연구 영역이 탄생했다. 이와 관련된 선구자들 중에 미시건대학교의 공학자이자 컴퓨터 과학 교수인 존 홀랜드John Holland가 있다. 뛰어난 재능은 물론 인간적인 매력과 활력이 넘쳐흘렀던 홀랜드는 과학에 대한 즐거움을 자신의 온몸으로 발산해 보여주는 사람이었다. 새로운 사상에 대한 그의 열정에 주변 사람들은 쉽게 매료되었다. 대신 그는 이미 자리를 잡아버린 기존의 개념들에 대한 혐오감이 매우 깊었다. 이런 성향들 때문인지 홀랜드는 1970년대 진화 연산의 선구자로 자리 잡았다. 그는 진화의 과정을 흉내 낸 일종의 컴퓨터 알고리즘을 개발했고 거기에 유전적 알고리즘이라는 이름을 붙였다. 그의 연구 성과는 진화 연산에서 가장 중요한 업적으로 남아 있다.[13] 홀랜드를 포함한 다른 여러 과학자들의 작업을 통해 진화 연산은 오늘날 수천 명의 연구자들이 참여하고 있는 새로운 과학 분야로 성장할 수 있었다. 이 연구자들의 목표는 자연의 알고리즘의 결과물을 개선시키고 아울러 자신들이 갖고 있는 것도 개선시키는 것이다.

모의 담금질은 돌 하나가 문제 해결 지형도 전체를 가로지르도록 만들지만 이와는 달리 유전적 알고리즘은 전체 개체군에 해당하는 여러 개의 돌을 사용한다. 컴퓨터 내부에서는 이런 개체군의 모든 개별 개체들이 그림 6-1a에 나오는 것과 같은 선 혹은 끈으로 상징되는 '염색체'를 갖고 있으며 DNA가 잘 적응된 혹은 그렇지 못한 유기체들을 암호화하는 것과 아주 흡사하게 좋든 나쁘든 해결책을 자체적으로 암호화 혹은 부호화한다. 각각의 끈은 새로운 형태로 '돌연변이'를 일으킬 수 있다. 예를 들어 차량의 경로에 대한 해결책을 암호화하는 염색체 안에서 임의의 두 고객의 순서를 바꾸는 식이다. 그런 다음 컴퓨터는 새롭게 개선된 개체군을 선택하기 위해 지금 개체군에서 최선의 해결책을 선택한다. 돌연변이, 선택, 반복이라는 생물학적 진화와 비슷한 과정이 이루어지는 것이다.

유전적 알고리즘은 생물학적 진화의 전통적인 원칙들을 따르기 때문에 역시 마찬가지로 어려운 문제들을 해결할 때 발생하는 똑같은 어려움에 직면한다. 바로 선택과 관련된 까다로운 본질이다. 보르네오섬 열대 밀림 안에서 벌어지는 자연선택과 아주 유사하게 컴퓨터의 실리콘 칩 안에서 일어나는 선택은 거친 지형도 안에서 최고로 잘 적응된 봉우리나 가장 비용이 저렴한 협곡 등을 찾아내는 데 크게 도움되지 못한다. 자연선택은 너무 근시안적이고 따라서 해결책이 불완전하다 싶으면 일찌감치 다 제거해버린다. 설상가상으로 최종적으로 이루어낼 수 있는 성공에 꼭 필요한 일부 실패의 사례들도 사전에 다 막아버린다.

다행히도 유전적 부동은 생물학적 진화에서도 그랬던 것처럼 유전적 알고리즘을 도와 이 함정을 빠져나갈 수 있도록 해준다. 대부분의 유전적 알고리즘은 열에서 몇천 개 범위 안의 개별 개체들이 있는 개체군이라면 어떤 개체군이든 진화시킨다. 그보다 훨씬 더 큰 개체군에 대한 모의실험을 하려면 당연히 대단히 방대한 컴퓨터 메모리와 시간이 필요하다.[14] 물론 이 개체군들은 미생물과 같은 수십억 단위의 개체군보다는 규모가 훨씬 더 작으며 유전적 부동이 아래로 향하는 길을 막아서는 자연선택을 압도할 수 있는 규모의 동물이나 식물 등의 개체군에 더 가깝다. 다시 말해, 유전적 알고리즘은 적당한 규모의 개체군과 그 자체가 제한된 연산 능력의 결과인 덕분으로 자연선택이라는 가차 없는 속박을 극복할 수 있다.

유전적 알고리즘은 또한 성性 문제 역시 모의로 실험할 수 있다. 유전적 알고리즘이 다루는 개체군에서 일부 개체들은 새로운 해결책의 일환으로 마치 재조립을 통해 유기체 내부의 진짜 DNA 염색체 덩어리가 바뀌는 것처럼 모의 염색체의 덩어리를 교환함으로써 '짝짓기'를 하고 '자녀'를 생산할 수 있다.[15] 이런 인공적인 재조립은 개별 개체들을 해결책 지형도 안에서 순간 이동시켜 새로운 해결책을 찾을 수 있게 하지만, 더 작은 단계로 나아가는 데에 그 작은 발걸음으로는 영원에 가까운 시간이 걸릴 수 있다. 그뿐만 아니라 생물학적 진화에서 놀라운 결과들을 만들어내는 성관계를 그대로 반영하는 과정에서 재조립은 유전적 알고리즘에서 대단히 중요한 역할을 한다는 사실이 밝혀졌다. 일부 과학자들은 알고리즘이 모든 염색체 변화의 90퍼센트를 책임지고 남은 10퍼센트만 돌연변이를 허용하도록 프로그래밍하기도 한다.[16]

유전적 알고리즘과 모의 담금질은 문제 해결 알고리즘이라는 거대한 동물원 안에 있는 단 두 마리 동물에 불과하다. 그 동물원에는 분기와 한정, 선형 계획 기법, 터부taboo 탐색법 같은 이국적인 이름을 가진 다른 수많은 생물들도 함께 있다. 이 생물들의 창조주는 영업 사원 문제 같은 오래되고 어려운 문제들을 예의 주시하고 그와 관련된 수학적 구조에 대한 심오한 지식을 축적해온 과학자들이다. 이 지식을 통해 과학자들은 해결책 지형도를 관통하는 각기 다른 지름길들을 조사하고 이 지름길들을 더 잘 찾아낼 수 있는 알고리즘을 설계할 수 있었다. 이런 알고리즘들은 최단 경로를 찾아내는 것 같은 어려운 문제들을 훌륭하게 처리할 수 있다.[17]

예를 들어, 전 세계 유명 관광지 666개를 연결하는 가장 짧은 경로가 1987년에 발견되어 알려졌다. 알고리즘이 10^{1500}개의 가능한 경로들 중에서 가장 짧은 경로를 찾아내는 데 성공했기 때문이다. 다시 알고리즘 설계와 연산력의 증가와 관련된 시간이 10년이 흐른 1998년에는 라이스대학교의 연구진이 미국의 1만 3,509개의 도시와 중심지를 연결하는 가장 짧은 경로를 찾아내기도 했다.

크리스마스가 올 때마다 정신없이 바빠지는 산타클로스라면 지구상에서 인간이 거주하는 190만여 곳을 연결하는 가장 짧은 경로를 알고 싶어 하지 않을까? 이 문제는 아직도 완전히 해결되지 못했지만 알고리즘을 통해 우선 750만 킬로미터에 이르는 경로를 찾아내는 대단한 성과를 거두었다. 750만 킬로미터라면 아직 밝혀지지 않은 최단 경로보다 기껏해야 0.5퍼센트 정도 더 길 뿐이라는 사실은 수학적으로 충분히 증명 가능하다. 산타클로스가 화물 운송 회사를 경영하고 있고 이윤을 염려하고 있다면 이제는 좀 안심해도 되지 않을까?[18]

엄청난 연산 능력을 자랑하는 컴퓨터로 무장한 컴퓨터 과학자들이 최첨단 알고리즘을 활용하면 바로 이런 일들을 해낼 수 있다. 이 과학자들은 때때로 심지어 엄청나게 복잡한 문제들에 대한 최선의 해결책들을 찾아낼 수도 있다. 해결책을 찾아낼 수 없을 때는 해결책 지형도가 너무 복잡한 탓이다. 예를 들어, 모의 담금질이 어떤 지형도에서도 가장 깊은 협곡을 찾아낼 수 있다는 보장이 있다 하더라도 결국 어떤 문제들은 가장 깊은 협곡을 찾아내는 데 수천 년이 걸릴 정도로 느린 냉각 시간이 필요할 수 있다.

대부분의 최첨단 알고리즘은 이미 사전 연구가 충분히 진행되어 그 해결책 지형도의 윤곽이 어느 정도 그려질 수 있는 단계다. 하지만 내연기관의 배기가스를 줄이고 태양광 패널의 효율을 높이며 또 의약품의 부작용을 줄이는 등 기술자들이 매일 마주하게 되는 상당수의 문제들은 다 지형도의 지형이 제대로 파악되지 않는 독특하고 특이한 문제들이다. 이런 상황이라면 우리는 눈뜬장님이나 다름없으며 우리의 알고리즘도 앞이 보이지 않는 상태에서 해결책 지형도를 파악해나갈 수밖에 없다. 그럴 때 필요한 것이 바로 유전적 알고리즘이다. 유전적 알고리즘은 이런 지형도를 마치 생물학적 진화가 적응 지형도를 탐색하듯 맹목적인 돌연변이와 자연선택을 통해 찾아보게 된다. 그런 앞이 보이지 않는 환경이 치명적인 약점으로 작용하는 것처럼 보일 때는 생물학적 진화가 만들어낸 경이로움에 대해 생각해보자.

오늘날의 알고리즘은 놀라운 성과들을 만들어내지만 대부분의 사람들은 최단 운송 경로나 병원 직원들의 최적화된 배치 혹은 효율적인 전력망 구축 등의 결과물들을 창의성의 결과라고 보지는 않는다. 그런 생각을 바꾸기 위해서는 유전적 알고리즘을 다시 한번 살펴보는 일이 도움될 것이다. 유전적 알고리즘은 삼나무나 긴수염고래와 같은 놀라운 생명체들을 창조하기 위해 진화가 걸어왔던 똑같은 길을 따르고 있기 때문이다. 우리는 이런 생명체들이 창의적 과정의 결과물이라는 사실을 너무도 자연스럽게 받아들이면서 왜 다른 것은 그렇게 받아들이지 못하는가? 알고리즘이 어떻게 무언가 새로운 것을 만들어내는지는 그다지 중요한 문제가 아니다. 그 방법은 생물학적 진화와 모의실험 진화 사이 어딘가에 있을 것이기 때문이다. 정말 중요한 것은 알고리즘이 그 염색체 안에서 무엇을 만들어내고 무엇을 암호화하는가 하는 문제다.

대부분의 유전적 알고리즘의 염색체는 고객들을 방문해야 하는 순서와 같은 추상적 개념을 나타내는 일련의 숫자들이라고 볼 수 있다. 반면에 실제 염색체의 DNA는 아주 작은 단백질에서 거대한 공룡에 이르기까지 실제 세계의 객체들을 암호화하는 분자들의 끈이다. 진화가 새로운 음식물을 소화하고 새로운 냄새를 맡으며 또 새로운 항생제를 무력화시키기 위한 단백질을 만들어낼 때마다, 그리고 조금 더 빨리 달릴 수 있는 아프리카 영양과 조금 더 높이 솟구쳐오를 수 있는 새와 또 조금 더 깊이 헤엄칠 수 있는 물고기 등을 창조할 때마다 사실은 엄청난 조합 최적화 문제를 해결하고 있는 것이다. 이 문제를 구성하고 있는 것은 똑같은 오래된 네 개의 DNA 문자다. 진화는 매번 새로운 방식으로 이 문자들을 조합하며 가장 높은 봉우리를 찾기 위해 적응 지형도를 자세하게 살펴본다.

여기서 알 수 있는 사실은 분명하다. 진정한 창조를 위해서는 제대로 된 구성 요소를 선택해야 한다는 것이다.[19]

이런 원리를 처음 이해하고 적용한 사람 중에 유전적 알고리즘의 선구자 존 홀랜드 밑에서 박사과정을 공부했던 존 코자John Koza가 있다. 1990년대가 시작되자 코자와 동료 연구자들은 저항기와 축전기 같은 전기회로의 구성 요소들과 그들의 연결을 암호화하는 염색체가 있는 유전적 알고리즘을 설계했다.[20] 이런 알고리즘을 이용해 새로운 종류의 회로망뿐만 아니라 창의성에 대한 엄격한 법적 기준을 충족시키는 회로망을 진화시켰다. 이 기준은 심리학자들이 정의하는 창의성, 즉 문제에 대한 고유의 해결책과 다르지 않다. 다만 여기에서는 '고유의'라는 의미를 따로 분명하게 정의하고 있는데, 이는 바로 특허 받을 만한 가치가 있다는 뜻이다. 모든 발명품은 어떤 문제를 해결한다. 하지만 가장 처음 나온 고유의 발명품만이 특허를 받을 수 있다. 미국의 특허 관련 법률에 따르면 발명품은 해당 분야에서 보통의 일반적인 기술을 갖고 있는 사람이 분명히 이해할 수 없을 때 비로소 특허 받을 가치가 있다고 한다. 코자의 유전적 알고리즘은 이런 기준을 충족시킬 수 있는 전자회로를 만들어내는 데 도움을 주었다.

그리고 몇 년의 세월이 흐르면서 이러한 알고리즘은 음향 장치의 서브우퍼 스피커에 묵직한 저주파의 소리를 보내는 저주파 통과 필터 같은 열 가지 이상의 작동 회로를 위한 배선도를 만들어냈다. 이런 배선도들 중 일부는 코자의 연구가 등장하기 몇 년 전에 인간 기술자들이 발명하고 AT&T와 '벨 전화 연구소Bell Labs'

같은 회사들이 특허 받았다. 하지만 그들의 재발명은 한 가지 분명한 사실을 알려주고 있다. 알고리즘은 창의적일 수 있으며 그에 따른 결과물들은 인간 창조자들이 만들어낸 결과물에 결코 뒤지지 않는다.

또 다른 사례를 들어보자. 2005년 코자 연구진의 알고리즘은 새로운 종류의 제어장치를 발견했다. 자동차의 정속 주행 장치를 켜면 자동차의 속도를 일정하게 유지시켜주는 장치였다. 이 제어장치는 충분히 혁신적이었기 때문에 연구진은 관련 특허를 획득할 수 있었다.

그리고 이 특허는 인간이 아닌 기계가 만들어낸 발명품에 주어진 최초의 특허였다.[21]

진화 알고리즘의 창의적 잠재력은 거기에서 그치지 않는다. 태양광 전지의 표면 구조를 암호화하는 염색체와 함께 유전적 알고리즘은 빛을 흡수하고 그 효율을 높이는 데 탁월하도록 표면을 진화시켰다. 이렇게 빛을 모으는 문제에서는 얕은 협곡에 해당하는, 최적이라고 할 수 없는 많은 표면들이 존재한다. 이 해결책을 뛰어넘기 위해서는 재조립과 같은 구조와 원리가 필요한 것이다.[22]

유전적 알고리즘은 망원경이나 쌍안경과 같은 복잡한 렌즈 구성을 암호화하는 염색체와 함께 인간 렌즈 설계자가 받은 특허를 뛰어넘는 광각 접안렌즈를 진화시킬 수 있다.[23] 그리고 안테나의 부품들을 조정하는 염색체와 함께 우주 공간에서 작동할 수 있는 새로운 종류의 안테나를 만들어 미국 항공우주국NASA의 우주 임무에 함께 내보낼 수도 있다. 이런 안테나는 실제로

2006년 미국 항공우주국의 우주 기술 임무 중 하나와 관련된 위성에 장착되었고, 인간의 설계가 아닌 알고리즘에 의해 진화된 최초의 우주 장비라는 기록을 세웠다.[24]

공학이나 과학 분야도 마찬가지다. 우리는 뉴턴이나 갈릴레이처럼 행성이나 시계 진자와 같은 물리적 체계를 관찰하며 자연의 수학적 법칙을 이끌어낼 수 있었던 과학자들의 능력에 탄복하곤 한다. 그리고 이제 알려진 바와 같이 진화 과정을 흉내 낼수 있는 알고리즘은 똑같은 일을 할 수 있다. 2009년 어느 연구에서는 코넬대학교의 과학자들이 하나의 축에 무게추가 매달려있는 단순한 진자 혹은 두 개의 축에 두 개의 무게추가 매달린 조금 더 복잡한 구조의 이중 진자의 움직임에 대한 방정식을 발견할 수 있는 알고리즘을 소개했다. 알고리즘에게 필요했던 것은 진자의 움직임에 관한 자료와 해결책의 구성 요소들이었다. 여기서 말하는 구성 요소들은 변수와 수학 함수다. 다시 말해, 이런 알고리즘은 트랜지스터나 렌즈 혹은 전선 등을 조정하지는 않지만 이런 함수들이 주어진 자료를 완벽하게 설명할 수 있는 조합을 발견할 때까지 수학 함수들을 변화시키고 재조합했다.[25]

이런 능력들을 고려해보면 우리는 유전적 알고리즘이 '상자 속의 토머스 에디슨'이라고 불린 것에 놀라지 말아야 한다.[26] 아니, '상자 속의 갈릴레이'라고 말해야 할까? 창의적 기계장치의 시대가 분명히 찾아온 것이다.

많은 사람이 이런 사실 앞에서 잠시 주춤거린다. 지구는 우주의 중심이 아니며, 인류는 침팬지의 후손이고, 또 인간만이 거울을 보고 스스로의 모습을 알아차리는 동물은 아니라는 사실을 깨달았을 때 느꼈던 것과 똑같은 그런 불편한 기분이 아닐까. 이런 발견은 이른바 '코페르니쿠스적 전환' 이후 수 세기에 걸쳐 우리의 자만심을 조금씩 수그러들게 했다. 하지만 좋든 싫든 간에 우리 인간이 창의성에 대한 독점적인 권리 같은 것이 전혀 없다는 사실과 마찬가지로 그런 발견 역시 계속 남아 있게 될 것이다.

여기에 그런 충격을 완화시킬 만한 생각이 있다. 많은 사람이 '기계장치machine'라는 단어를 듣고 여전히 스프링과 굴대, 베어링, 체인, 톱니바퀴로 이루어진 증기기관이나 방적기 혹은 크로노미터와 같은 이미 지나가버린 18세기의 산물들을 떠올린다. 하지만 창의적 기계장치란 그런 것이 아니다. 전혀 상관없을뿐더러 그렇다고 그들이 실행하는 알고리즘도 아니다. 알고리즘은 종종 요리사, 그러니까 기계가 맹목적으로 따르기만 하는 요리 설명서 등과 비교되지만 그런 알고리즘 중에서 무엇인가 새로운 것을 만들어낼 수 있는 알고리즘은 존재하지 않는다. 우리가 이런 알고리즘을 실행할 때마다 똑같은 결과물을 얻게 될 뿐이다. 유전적 알고리즘, 모의 담금질 같은 알고리즘은 일반적인 설명서와는 다르다. 추측에 따른 확률을 따르기 때문이다. 다시 말해, 생물학적 진화에서와 마찬가지로 무작위성은 가장 필수적인 요소다. 생물학적 진화에서는 DNA 돌연변이와 재조립이 유전체 안의 임의의 장소에서 발생하며 무작위로 일어나는 이런 모든 변화가 진화의 경로를 뒤바꾼다. 따라서 창의적 기계장치가 만들어내는 결과물들은 생물학적 진화의 결과물이나 인간의 예술 작품과 마찬가지로 예측 불가능하며 독창적이고 특별하다.[27]

컴퓨터가 만들어내는 예술 작품이라는 개념은 어쩌면 컴퓨터가 만들어내는 기술보다 더 불편한 느낌으로 다가올지도 모른다. 위대한 예술 작품만의 독창성이 주는 느낌은 알고리즘이 지형도를 통해 무엇을 찾는다는 개념과는 대단히 상충되기 때문이다. 그런 불편한 불협화음을 해결하기 위해서는 다시 한 번 우리가 마주하게 되는 지형도가 눈송이처럼 독특한 창조물들이 엄청나게 많이 받아들일 수 있을 만큼 충분히 광대하다는 사실을 떠올려야 한다. 이런 지형도를 지나가는 알고리즘의 여정은 예측 불가능하기 때문에 각각의 이런 창조물들을 오직 한 번씩만 발견하게 될 수도 있다.

일본 교토에 있는 절인 료안지龍安寺 안의 놀라운 예술 작품은 예술적 알고리즘이 풀어나가야 할지도 모를 종류의 문제를 조명하고 있다. 이 절에는 단순하게 구성된 유명한 바위 정원이 있는데, 열다섯 개의 바위들을 자갈밭 위에 주의 깊게 배치해놓았다. 이 바위 정원은 기묘한 조화와 평온한 분위기를 풍긴다. 유네스코 세계문화유산 보호 지역에 선정된 이 정원에는 매년 수많은 관광객이 찾아온다. 아쉬운 일이지만 우리는 어떤 예술가가 이런 강력한 효과를 어떻게 만들어낼 수 있었는지 전혀 알 수 없다. 바위 정원이 만들어진 것은 500년도 더 옛날의 일이며 이와 관련해 어떠한 기록도 남아 있지 않다. 하지만 인지과학자 거트 판 톤더Gert van Tonder와 그의 두 동료 연구자는 수학적 도구를 사용해 그 구성을 분석했고 정원이 놀랍도록 단순한 형태로 구성되어 있다는 사실을 알게 되었다. 바위 정원이 가장 잘 보이는 절의 툇마루에서는 바위들의 대칭형 배치가 가지를 뻗은 나무의 기하학적 형태를 연상시킨다. 이런 형태를 본 사람들은 매력을 느끼는

데 아마도 그것은 우리의 진화적 뿌리가 아프리카의 대초원에서 비롯되었기 때문일지도 모르겠다. 다시 말해, 바위 정원이 보여주는 매력의 일부분은 자연의 어디에서나 찾아볼 수 있는 주제로부터 뽑아낸 추상적 형상에서 나온다. 그것을 알고 일부러 했는지는 정확히 알 수 없지만 정원의 설계자는 이런 형상을 바위들의 배치 방식에 적용함으로써 평온한 분위기를 만들어내야 하는 문제를 해결할 수 있었다.[28]

예술 작품의 힘을 이해하는 방법은 한 가지다. 바로 또 다른 예술 작품을 만들어내는 것이다. 하지만 알고리즘은 심지어 거기에서도 놀라운 진보를 이루어내고 있다. 그리고 그런 가장 놀라운 성취가 특히 음악 작곡 분야에서 이루어지고 있는 것은 절대로 우연히 벌어지는 일이 아니다. 음악이야말로 창의적 알고리즘에 이상적인 구성 요소들을 제공하고 있다.

작곡의 기본적인 구성 요소인 곡조는 지난 수 세기 동안 작곡가나 즉흥 연주자 들이 배우고 분류해온 방식에 따라 다양하게 표현될 수 있다. 작곡자들은 곡조를 길게 늘이기도 하고 때로는 짧게 줄이거나 순서를 거꾸로 뒤집고, 또 음조를 새롭게 바꾸거나 반대로 연주하는 등의 변형을 가한다. 이런 '돌연변이' 곡조들이 무작위로 결합되어 새로운 음악으로 탄생할 수 있다는 사실은 이미 18세기부터 널리 알려진 사실이었다. 주로 독일어권에서 '무지칼리쉬 버펠스필Musikalische Würfelspiel', 즉 '음악 주사위 놀이'라고 알려졌던 음악 만들기 놀이는 곧 유럽에서 큰 인기를 끌게 되었다. 이런 종류의 놀이를 널리 알린 것은 다름 아닌 천재 음악가 모차르트로, 그는 주사위를 굴려서 나오는 숫자에 맞추어 곡조를 골라낸 후 그렇게 골라낸 곡조들을 하나로 연결해 왈츠며 여러 박자의 춤곡 등을 작곡했다.

컴퓨터 시대가 시작되면서 이런 전통은 새로운 전기를 맞이했다.[29] 알고리즘을 이용해 음악적 구성을 만들어내는 인공지능 연구의 또 다른 분야가 시작되었던 것이다. 이 분야의 선구자 중 한 사람인 데이비드 코프David Cope는 저명한 미국의 작곡가로, 이미 1980년대에 자신의 작품을 카네기홀에서 선보이며 많은 찬사를 받았던 인물이었다. 이 시기 그는 의뢰를 받은 오페라를 작곡하다가 몇 개월 동안 아무것도 쓰지 못하는 심각한 정신적 부진을 겪었다. 하지만 생계를 위해 음악 작곡을 계속해야 한다는 필사적인 심정으로 컴퓨터를 이용해 작곡에 도움을 받을 수 있을지를 고민했다. 그런 그의 노력은 마침내 음악 지능 실험 Experiments in Musical Intelligence이라는 이름의 컴퓨터 프로그램 개발을 통해 결실을 맺었고, 이 프로그램은 훗날 '에미Emmy'라는 애칭으로 불리게 되었다.[30]

코프는 컴퓨터 프로그램에 불과한 에미를 진짜 사람처럼 대했다. '그녀'에게 작곡가의 작품을 입력하자 그녀는 작품을 분석해 작곡가를 대표할 만한 중요한 표현 방법을 골라냈고 이 구성 요소들을 '돌연변이'화하듯 다양하게 변형해 새로운 조합을 이끌어냈다. 그 결과는 바흐와 말러 혹은 비발디의 음악을 연상시키는 참신한 조합의 작품들이었다. 게다가 음악이 만들어지는 속도 역시 상상을 초월했다. 코프 자신의 표현을 빌리자면 "그야말로 단추 하나만 누르면 수백 수천 곡이 쏟아져 나오는" 상황이었다.[31]

우리가 어떤 작곡가의 작품을 가치 있게 여기는 것은 그 작품들의 양이 무한하지 않기 때문이다. 결국 작곡가에게는 정해진 수명이 있다. 코프는 에미가 가진 무한한 창의성이 결국 에미가 만들어내는 작품의 가치를 떨어트리게 된다는 사실을 깨달았다. 그래서 에미의 생명을 끊었다. 그 후 몇 년 동안 남아 있는 에미의 디지털 두뇌를 쓰지 않고 내버려두었지만 1천여 곡이 넘는 작품들은 이미 세상에 전부 공개되었다.[32] 일부는 CD로 판매가 되었으며 또 일부는 현재 유튜브와 같은 인터넷 플랫폼을 통해 들어볼 수 있다. 어떤 사람들은 에미의 작품에 영혼이 없다고 폄하하는 반면 또 어떤 사람은 깊은 감동을 받는다. 하지만 대부분의 사람들은 진실을 전해 듣기 전까지는 그 음악들을 기계가 만들었다는 사실을 알아차리지 못했다. 에미의 모든 작품들은 그야말로 앨런 튜링이 했던 그 유명한 인간의 지능과 인공지능 구분 실험을 음악을 통해 다시 재현한 것이나 다름없었다. 1950년대 튜링이 처음 생각했던 이 실험에서는 최소한 세 참가자가 필요했다. 바로 사람 한 명, 인공지능 장치, 그리고 실험의 주체가 되는 인간 심판이었다. 인간 심판은 아무것도 모르는 상황에서 각각 인간과 인공지능 장치에게 질문을 던진다. 그리고 질문에 대해서 오직 글로 쓰인 답변만 받는다. 그러면 심판은 어떤 답변을 인간이 했는지 혹은 인공지능 장치가 했는지를 판단한다. 심판의 판단이 빗나간다면 결국 인공지능 장치는 이 실험을 통과하는 것이다.

튜링의 실험과 유사한 실험이 에미가 작곡한 바흐 풍의 음악으로 실시되었다. 오리건대학교에 모인 청중, 그러니까 인간 심판들은 먼저 에미의 음악을 듣고, 그다음 진짜 바흐의 음악을 들은 다음 마지막으로 어느 현역 작곡가가 만든 바흐 풍의 음악을 들었다. 세 곡 모두 전문 피아노 연주자가 연주했다. 연주가 끝난 후 청중은 각각 누구의 음악인지 자신들의 생각을 말했지만 모두 빗나가고 말했다. 모두 다 에미의 음악이 진짜 바흐가 작곡한 음악이라고 확신했고 현역 작곡가가 만든 음악을 컴퓨터가 만들었다고 생각했다.[33] 에미는 튜링 음악 실험을 통과한 것이다.

그런데도 일부 비판하는 사람들은 에미의 음악을 비하해 '짝퉁'이라고 말한다. 그런 사람들에게 코프는 "모든 작곡가들이 다 자기 자신의 작품을 포함해 다른 음악들을 어느 정도 인용하거나 포함시킨다"라고 말하고 "나는 모차르트의 교향곡에서 하이든의 곡을 인용하고 따라한 흔적이나 부분들을 얼마든지 찾아낼 수 있다. 하지만 우리는 여전히 두 작곡가를 모두 다 존경하고 있지 않은가"라고 일갈한다.[34] 코프는 음악 작곡을 일종의 '영감을 받은 표절'로 보고 있으며 에미의 음악에 대해서는 기존의 음악들의 독창성을 훼손시키지 않은 범위 내에서 '재조합된 음악'이라고 말한다.[35] 오히려 기존의 작곡가들도 처음부터 완전히 새로 작품을 만드는 경우는 거의 없으며 기존의 음악들을 재사용하고 변경해 재조합한다는 사실을 인정해야 한다는 것이다. 자연이 바로 그렇게 하는 것처럼 말이다.

비록 돌연변이와 재조합이 에미의 창작 활동에서 중요한 역할을 했다고는 하지만 그녀는 유전적 알고리즘을 실행한 것은 아니다. 지속적인 돌연변이와 수 세대에 걸친 자연선택을 통해 음악을 진화시키지는 않았기 때문이다. 하지만 다른 알고리즘은 에미의 그런 부족한 부분을 뛰어넘었다. 그중 하나가 바로 곡조를 뜻하는 '멜로디'와 유전체학을 뜻하는 '지노믹스'를 합친 멜로믹스Melomics다. 2012년, 멜로믹스가 작곡한 음악이 런던 심포니 오케스트라와 정상급 연주자들의 협연으로 연주되고 녹음되었다. 녹음된 음악을 들은 사람들 중 일부는 음악이 대단히 예술적이고 아름다우며 또 표현력이 풍부하다고 평가했다. 하지만 대부분의 현대 음악이 그런 것처럼 평가는 엇갈렸다.[36]

알고리즘은 다른 음악 분야, 예컨대 재즈 음악에서도 그 창의적 역량을 발휘할 수 있다. 컨티뉴에이터Continuator라는 이름의 알고리즘은 프랑스 파리의 프랑수아 파셰Francois Pachet와 소니 컴퓨터 과학 연구소Sony Computer Science Laboratory의 작품으로, 인간 연주자의 즉흥 연주를 듣고 같은 풍의 음악으로 역시 똑같은 즉흥 연주를 하는 법을 학습한다. 파셰는 이렇게 만들어진 음악으로 튜링 실험을 해보았고 전문 재즈 피아노 연주자인 알버트 판 비넨달Albert van Veenendaal이 먼저 피아노로 즉흥 연주를 선보였다. 파셰는 음악 비평을 직업으로 하는 두 명의 심판을 내세웠고 이들은 자신들이 들은 즉흥 연주가 판 비넨달의 것인지 아니면 컨티뉴에이터의 것인지 판단을 내려야 했다. 두 사람은 결국 기계가 만든 음악을 가려내지 못했다.[37]

튜링 실험에 대한 또 다른 사례를 들어보자.

지난 월요일 경기에서 프리오나 팀은 5회까지 안타 7개에 7득점을 하고도 보이스 랜치 팀에게 5회까지 10 대 8로 뒤지고 있었다. 그날 프리오나의 경기를 이끈 것은 흠잡을 곳 없는 실력을 펼치고 있던 헌터 선드레였는데, 선드레는 보이스 랜치 팀에 투수로서는 2승 2패를 기록 중이었고 그날 경기에서는 타자로도 나와 3회에 1루타를 치고 4회에는 3루타를 쳤다. 프리오나 팀은 도루에서도 모두 합쳐 8개의 도루를 성공시켰다.[38]

앞의 이야기는 어느 어린이 야구 경기에 대한 기사다. 우선 어린이 야구 경기는 언론의 관심을 그다지 많이 받지 않기 때문에 저런 기사가 나왔다는 사실 자체가 신기하기도 하거니와, 더 놀라운 것은 저 기사를 컴퓨터가 썼다는 사실이었다. 바로 시카고에 있는 '내러티브 사이언스Narrative Science'라는 회사의 작품이었다. 내러티브 사이언스와 다른 회사에서 사용하는 관련 알고리즘은 운동 경기와 기업 실적 혹은 부동산 거래와 관련된 기사를 작성한다. 언론사 고객이 신청하면 주어진 자료를 활용해 그 자리에서 저런 기사를 만들어내는 것이다. 언론사 고객들 상당수는 자사 기자들의 실업에 대한 염려를 의식한 듯 익명을 요구하고 있지만 포브스Forbes나 AP 통신Associated Press 같은 유수의 언론사들이 이런 알고리즘에 의지해 분기당 3천여 건이 넘는 경제 관련 기사를 작성하고 있다는 사실은 이미 공공연한 비밀이나 다름없다.[39] 알려지지는 않았지만 온라인과 오프라인을 모두 포함해서 우리가 읽고 있는 잡지나 신문의 기사들에 저런 식으로 작성된 기사들이 포함되어 있을 확률은 대단히 높다.[40] 게다가 2014년 발표된 어느 연구 결과에 따르면 기사를 읽는 사람들조차 어떤 기사를 인간이 쓰고 또 어떤 기사를 컴퓨터가 썼는지 제대로 구분하지 못한다고 한다.[41]

컴퓨터는 이미 인간의 창의성과 관련된 여러 영역을 침범하기 시작했다. 물론 아직까지 베토벤이나 베케트 혹은 피카소와 견줄 만한 작품들을 만들어내지는 못했지만 단순히 신기한 구경거리 이상을 넘어선 것이다. 컴퓨터는 사람들의 관심을 끄는 데 성공했고 사업적으로도 수익을 거두고 있다. 앞서 언급했던 내러티브 사이언스 외에도 영국의 신규 업체인 주크데크Jukedeck는 동영상용 배경음악을 주문에 따라 만들어낼 수 있는 알고리즘을 판매하고 있다.[42] 그뿐만 아니라 인공지능과 관련된 다른 분야에서도 제대로 된 방향만 제시된다면 우리가 생각하는 것보다 더 빠른 개선이 이루어질 것이 분명하다. 인간을 대신해 체스를 두는 컴퓨터의 성능이 얼마나 폭발적으로 늘어났는지 떠올려보자. 개발이 시작된 지 불과 50년이 채 지나지 않아 컴퓨터는 개리 카스파로프Gary Kasparov 같은 체스의 인간 최고수를 이길 수 있을 만큼 성장했다.

창의적 알고리즘이 어떤 분야에서 인간의 역량을 뛰어넘는 데 얼마나 시간이 걸릴지에 상관없이 우리는 이미 이런 현상들을 통해 두 가지 중요한 교훈을 배웠다. 첫 번째 교훈은 창의적 작품을 만들어내기 위해서는 제대로 된 구성 요소들이 꼭 필요하다는 것이다. 이 구성 요소들은 전자나 음악 같은 분야에서는 정확히 드러나지만 시각예술과 같은 분야에서는 아직 확실하게 드러나 있지 못하다. 두 번째 교훈은 이런 창의성이 펼쳐지려면 진화의 적응 지형도, 화물차 경로의 비용 지형도, 버키 볼의 에너지 지형도와 같은 복잡한 지형도들에 대한 완전한 이해와 파악이 필요하다는 사실이다. 이런 지형도들 안에서 창의성은 평범하고 쉬운 내용들을 뜻하는 근처의 언덕이나 얕은 협곡으로 가고 싶은 강력한 유혹을 뿌리쳐야만 한다. 그렇게 해야 진정한 창의성의 결과물 사이에 놓인 치명적인 함정들을 빠져나갈 수 있는 것이다.

우주는 생명체가 생겨나기 전부터 이런 함정들을 피해왔다. 태양 아래에서 만들어지는 버키 볼과 하늘에서 떨어지는 눈송이만큼이나 서로 다른 창조물이 만들어질 수 있었던 것은 모두 다 이른바 열에 의한 진동의 힘 덕분이었다면 생명체는 거기에 유전적 부동과 재조립이라는 자신만의 기술을 더 얹었고, 과학자들은 거기에 또다시 다른 기술들을 섞어 창조의 지형도에서 가장 높은 봉우리나 가장 낮은 협곡을 찾는 데 이용했다.

자연에 관한 책들은 여전히 우리 두뇌에 대한 책들보다 읽기가 쉽다. 그런 이유 때문에 우리는 여전히 우리의 정신이 탐험하고 있는 지형도의 지형을 제대로 그려내지 못하고 있다. 하지만 일단 확실하게 말할 수 있는 것이 있다면 다른 모든 곳에서와 마찬가지로 인간 창의성의 중심에는 반드시 그런 지형도들이 있다는 사실이다. 창의성이 어려운 문제들을 풀어낸다는 개념은 20세기 컴퓨터 과학의 핵심적인 통찰력이며 문제의 난이도는 그 해결책 지형도 안에 요약되어 있다. 문제가 진화하는 유기체나 컴퓨터 혹은 인간의 정신 등 어느 것에 의해 해결되는지에 상관없이 우선 해결책 지형도에 대한 완전한 파악이 이루어져야할 필요가 있다. 게다가 우리 정신의 지형도에는 평범한 이야기에서 시시한 시, 그리고 질 떨어지는 음악을 포함한 수많은 봉우리와 협곡들이 존재할 수밖에 없다. 그렇지 않다면 누구나 톨스토

이처럼 소설을 쓰고 모차르트처럼 음악을 작곡할 수 있지 않을까. 하지만 평범함이라는 함정을 인간의 정신이 어떻게 피해갈 수 있을지 탐구해보기 전에 먼저 다윈 진화와 인간 정신의 창의적 과정이 서로 상상 이상으로 닮아 있다는 사실에 대해 알아보는 것이 더 중요할지 모른다.

7장

인간의 정신과
다윈 진화

LIFE FINDS A WAY

LIFE FINDS A WAY

1937년 4월 26일, 스페인 북부 바스크 지방의 작은 마을 게르니카Guernica는 월요일 열린 장날을 맞아 사람들로 북적이고 있었다. 그리고 바로 그때 독일 폭격기와 전투기 편대가 마을을 급습해서는 세 시간 동안 사십여 톤의 폭탄과 수천 발의 기관포탄을 퍼부었다. 수백 명이 넘는 무고한 마을 주민이 이 공격으로 사망했다.

게르니카에서 벌어졌던 이 참극을 필설은 제대로 표현하지 못했지만 예술은 할 수 있었다. 그림이 인간의 고뇌를 담아낼 수 있다면, 파블로 피카소가 1937년 파리 만국박람회에 출품한 〈게르니카〉라는 그림도 그중 하나일 것이다. 이미 숨이 끊어진 자신의 아이를 보고 울부짖고 있는 여인, 손발이 잘려나간 채 부러진 칼을 들고 있는 군인, 화마가 삼켜버린 공포에 질린 어떤 사람, 시체더미 가운데서 옆구리에 상처를 입고 단말마의 비명을 지르

고 있는 말. 한마디로, 〈게르니카〉는 고통과 비탄에 대한 증언 그 자체였다.[1]

〈게르니카〉는 전쟁의 공포만 드러낸 것이 아니라 창의적 정신에 대해서도 많은 부분을 이야기하고 있다. 피카소가 이 그림을 위해 날짜와 번호를 적어가며 준비한 마흔다섯 장의 또 다른 밑그림을 보면 그런 사실들을 알 수 있는데, 밑그림들 중 일부에는 사람과 동물들, 신체 부분들, 죽은 군인의 머리나 아이를 보고 울부짖는 여인의 모습, 고통스러워하는 말의 모습 등이 각기 다른 형태와 다른 순서로 묘사되어 있다. 어떤 밑그림은 〈게르니카〉와 바로 연결되기도 하지만 또 어떤 경우는 완전히 다른 그림으로 보이기도 한다. 피카소가 아예 전혀 관련이 없는 듯 한쪽으로 치워버린 밑그림들도 있다. 또한 당시 피카소의 연인이었던 도라 마르Dora Maar가 완성되는 과정을 각 단계별로 상세하게 사진을 찍어두기도 했다.[2]

이 밑그림들과 사진들은 창의성을 공부하는 학생들에게는 훌륭한 교재가 되어주었다. 그중 한 사람이었던 심리학자 딘 사이먼튼Dean Simonton은 〈게르니카〉의 밑그림들을 활용해 인간 창의성의 본질을 연구했다. 조금 더 정확히 말하자면 인간 창의성은 인간 정신 내부에서 이루어지고 있는 다윈 진화의 축소판이라는 것이었다.[3]

이런 개념은 새로운 것은 아니었다. 사실은 피카소의 그림보다도 훨씬 더 오래되고 심지어 다윈의 《종의 기원》이 발표되기 전에 이미 사람들이 고민하고 있던 내용이었는지도 몰랐다. 1855년, 다윈이 《종의 기원》을 발표하기 4년 전에 스코틀랜드의 심리학자이자 철학자였던 알렉산더 베인Alexander Bain은 시행 착오가 창의성에 얼마나 중요한지 지적하며 이와 비슷한 내용을 지지하고 나섰다.[4] 그로부터 25년이 지난 후 이번에는 역시 같은 심리학자이자 철학자인 윌리엄 제임스William James가 창작 과정을 이렇게 설명하고 나섰다. "모든 것이 이리저리 널뛰듯 혼란스럽 게 움직이고 있으며 즉석에서 연합과 분리가 이루어지고 규칙이 라고는 찾아볼 수 없는 뜨겁게 끓어오르는 발상의 가마솥. 그곳 에서는 예상하지 못한 상황이야말로 유일한 법칙이다." 윌리엄 제임스에게 "발견의 천재는 모두 연구자의 정신세계를 찾아오 는 이런 무작위의 개념과 추측이 얼마나 되는지에 달려" 있었다.[5]

하지만 창의성이 다윈 진화와 닮은 부분이 있다는 주장이 진 지하게 논의되기 시작한 것은 1960년부터다. 이 무렵 심리학 자 도널드 캠벨Donald Campbell이 한 논문을 통해 이른바 '맹목적 변 이blind variation'와 '선택적 기억selective retention'이라는 용어를 소개한 다. 보통 줄여서 'BVSR'이라고도 하는 이 두 용어는 관련 내용을 설명하는 데 있어 지금까지도 광범위하게 사용되고 있다.[6] 캠벨 이 이야기하는 내용의 핵심은 돌연변이가 유전적 변이를 무작위 로 만들어내는 것처럼 우리 인간들 역시 형상과 글과 개념과 사 상의 다양한 변이들을 맹목적으로 만들어낸다는 것이다. 그리고 자연선택이 어떤 유기체는 취하고 또 어떤 유기체는 버리는 것 처럼 우리도 피카소가 전쟁의 공포를 그려내기 위해 먼저 준비 한 밑그림들 중에서 마음에 드는 그림들을 택한 것처럼 적용하 기 쉽고 유용하며 마음에 드는 사상은 취하게 된다. 반면에 다윈 창의성의 한 가지 중요한 결과가 있다면 다윈 진화가 마주했던 것과 똑같은 어려움을 겪게 된다는 것인데, 바로 성공적인 창작은 근시안적인 자연선택이 제공할 수 있는 것보다 훨씬 더 많은 것들을 요구할 수 있다는 사실이다.

　　　　다윈 창의성과 관련해서 자연선택에 대한 내용들을 그대로 받아들이기는 그리 어렵지 않다. 우리는 실제로 어떤 발상들은 수용하고 또 어떤 것들은 그대로 버리기 때문이다. 반면에 맹목적 변이와 관련해서는 이해하기가 조금 더 어렵다. 우리는 새로운 사상과 개념, 발상 등이 그 유용성 자체를 떠나 어떻게 비롯되었는지 정확하게 알지 못하며 그것은 다윈이 변이가 어떻게 시작되는지 알지 못했던 것과 닮아 있다. 이런 식의 비교는 유용하기는 하지만 동시에 오해를 불러일으킬 수도 있다. DNA에 대해서는 아무것도 몰랐던 다윈과는 다르게 우리는 이미 새로운 사상 궁극적인 기질基質에 대해 알고 있다. 바로 우리 두뇌 안에 있는 신경세포의 발화다. 신경세포의 발화율은 통제를 받지 않는 상태에서 무작위로 달라진다. 신경세포가 때때로 신경전달물질을 무작위로 배출하면서 근처에 있는 다른 신경세포들을 자극해 함께 발화하도록 만들기 때문이다. 궁극적으로 보면 이런 무작위의 발화는 열 진동에 의해 일어난다고 볼 수 있다. 우리는 똑같은 열 진동을 단백질 접힘의 원인이 되는 분자와 원자의 열, 화학적 반응의 촉매 현상, 결정체의 자기 조립 현상 등에서 이미 확인한 바 있다.

이제 세계에서도 손꼽히는 프랑스의 신경과학자 스타니슬라스 데하네Stanislas Dehaene가 이런 과정을 어떻게 설명하고 있는지 살펴보자.

자발적 활동이라는 개념의 뒤에는 어떠한 마법 같은 것도 존재하지 않는다. 이른바 흥분성興奮性은 신경세포의 타고난 물리적 특성인 것이다. 신경 활동 안에서 일어나는 변동은 대부분 신경전달물질의 소포小胞가 무작위로 방출되는 것에 기인한다. 이런 무작위성은 열잡음으로부터 나온다. 국지성 소음으로 시작된 것이 결국 우리의 은밀한 생각과 목적에 해당하는 자발적 활동의 구조화된 눈사태로 귀결된다. 의식의 흐름, 그러니까 우리의 정신 속에서 끊임없이 튀어나와 우리 정신생활의 본질을 만들어내는 말과 형상이 자신의 궁극적인 기원을 평생에 걸친 숙성과 교육의 기간 동안 펼쳐진 조 단위의 신경세포 접합부에 의해 무작위로 만들어진 돌기들spikes 안에서 찾아낸다고 생각하면 저절로 겸손해지지 않을 수 없다.[7]

따라서 새로운 사상의 근원과 임의의 원인들에 대해서 우리는 이미 잘 알고 있다. 우리가 아직 모르고 있는 것은 하나 혹은 조 단위의 신경세포들의 발화가 정확히 어떻게 새로운 사상으로 번역되는가 하는 것이다. 어쩌면 DNA 돌연변이를 연구하는 생물학자들 역시 신경과학자들과 비슷한 문제로 여전히 씨름하고 있다는 사실이 조금 위로가 될 수 있지 않을까. DNA 돌연변이 하나가 새로운 털 색깔을 지닌 쥐나 날개에 문제가 있는 파리 혹은 더 큰 이파리를 가진 식물을 만들어낼 때마다 DNA 변화가 어떻게 새로운 표현형을 만들어내는지 유전학자들이 알아내기 위해서는 몇 년의 세월이 걸릴 수도 있다. 어떤 한 유전자가 수백 혹은 수천의 다른 유전자와 결합하고 표현형 안에서 자신의 역할을 정확히 밝히는 것은 여전히 어려운 문제일 것이다. 신경세포들이 어떻게 의식적인 사고를 만들어내는지 밝히는 일 역시 그와 마찬가지일 것이다.

사람들이 창의성을 다윈의 학설과 비슷한 개념으로 받아들이는 데 저항감을 느끼는 또 다른 이유는 공통의 오해에서 비롯된다. 맹목적 혹은 무작위 변이는 종종 창조가 아무 준비 없이 시작된다는 뜻으로 받아들여지고 있는 것이다. 하지만 그 실제 의미는 그렇지 않으며 심지어 DNA 돌연변이가 이미 존재하고 있는 DNA를 바꾸는 일이 일어나는 생물학적 진화에서도 그렇지 않다. 물고기의 DNA를 바꾸면 또 다른 종류의 물고기가 만들어지는 것이지 새나 파충류나 공룡이 탄생하는 것이 아니다.[8] 다윈은 DNA의 존재에 대해서는 전혀 몰랐지만 이러한 원리의 본질에 대해서 알고 있었으며 '변화를 동반한 계승descent with modification'이라는 표현을 쓰기도 했다.

진화에서와 마찬가지로 우리는 맹목적 변이를 아무것도 없는 상태에서 창조가 시작되는 것으로 받아들이지는 않는다. 창의적 정신은 표현하고자 하는 것과 상관없는, 아무 의미 없는 형상들을 만들어내지 않는다. 〈게르니카〉를 준비할 때 피카소의 정신은 놀고 있는 아이나 피어나는 꽃 혹은 떠오르는 태양 등 말로 형용할 수 없는 참상을 시각화하는 데 도움되지 않을 것 같은 모습들은 돌아보지 않았다. 반면에 또 피카소가 준비했던 밑그림들이 이전의 다른 작품들과는 전혀 아무런 상관이 없다고도 말할 수는 없다. 예를 들어, 말의 경우 〈게르니카〉뿐만 아니라 피카소의 다른 그림들에도 자주 등장하는 주제이며 죽은 아이를 안고 있는 여인은 프란시스코 데 고야Francisco de Goya의 동판화 〈전쟁의 참상Los desastres de la guerra〉 연작 중 하나와 유사하다. 다시 말해, 중요한 미술 작품이나 소설 혹은 이론을 만들어내는 역량을 갖추려면 훈련과 경험이 필요하며, 그렇게 해야 올바른 종류의 변이를 만들어낼 수 있다. 피카소의 정신에는 〈게르니카〉를 그리기 전에 이미 엄청나게 많은 형상이 쌓여 있었다. 또 그러했기 때문에 〈게르니카〉와 같은 강렬한 걸작이 탄생할 수 있었던 것이다. 이와 마찬가지로 영국의 이론물리학자 폴 디락Paul Dirac이 물리학과 수학에 깊이 빠져 있지 않았다면 반물질의 존재를 예측할 수 없었을 것이다. 도스토예프스키는 복잡한 이야기를 만들어내는 데 완전히 몰두해 있었기 때문에 《카라마조프가의 형제들The Brothers Karamazov》이라는 명작을 써낼 수 있었다. 베토벤의 경우 자신의 교향곡들을 작곡할 수 있게 되기까지 헤아릴 수 없이 많은 음악을 먼저 접하는 과정이 있었다.

같은 맥락에서 보면 맹목적 변이는 과거의 경험에 바탕을 두고 있기 때문에 폴 디락은 베토벤의 제9번 교향곡을 생각해낼 수 없었으며 도스토예프스키는 예방 접종 방법을 개발할 수 없었다. 루이 파스퇴르Louis Pasteur는 "준비된 사람만이 기회를 잡을 수 있다"라는 유명한 말을 남겼고 이 말은 사실 과학적 발견에 훨씬 더 적절하게 적용될 수 있다. 무엇인가를 준비하려면 결국 평생에 걸친 배움과 경험이 필요하며 이러한 경험들은 새로운 사상과 형상 혹은 곡조가 자연스럽게 나타날 수 있도록 길을 이끌어주는 신경의 배선을 깔아준다. 그것은 마치 유전체가 갖고 있는 기존의 DNA가 새로운 돌연변이가 만들어낼 수 있는 것들을 한정하는 것과 비슷하다.

따라서 창작자도 그들의 생각과 과거를 무시하지는 않는다. 다만 진화하는 유기체처럼 무언가 다른 것, 바로 미래를 잘 알아보지 못할 뿐이다. 자연이 돌연변이 유기체가 어떤 식으로 만들어질지 예측할 수 없는 것처럼 피카소는 자신이 그린 밑그림들 중 어떤 것이 완성될 그림의 바탕이 될지는 미리 알 수 없었다.[9] 피카소에게 모든 것을 꿰뚫어보는 통찰력이 있었다면 굳이 그렇게 많은 밑그림을 준비할 필요 없이 한 번에 〈게르니카〉를 완성할 수 있었을 것이다. 〈게르니카〉를 본격적으로 그리기 시작했을 때 군인이 주먹을 치켜드는 모습을 그릴 필요가 있었을까? 그 모습은 처음에는 있었지만 결국은 나중에 지워버리게 되지 않았는가. 황소 뿔 위에 사람의 머리가 올라가 있는 밑그림 19번이나 그냥 황소와 사람의 머리가 함께 있는 밑그림 22번도 그릴 필요가 없었을 것이다. 어차피 둘 다 〈게르니카〉가 최종적으로 완성될 때 빠지게 되었을 테니까 말이다.[10]

다른 창작자들 역시 피카소와 크게 다를 바가 없다. 뉴멕시코 대학교의 심리학자 베라 스테이너존스Vera Steiner-Johns는 화가인 디에고 리베라Diego Rivera와 화학자 마리 퀴리Marie Curie, 작곡가 아론 코플랜드Aaron Copland 등을 포함해 100명이 넘는 저명한 창작자들의 일생을 조사한 결과 맹목성에 대한 분명한 증거들을 발견할 수 있었다. 이 창작자들의 정신은 계속해나갈 가치가 있는 작업을 선택하기 전에 우선 여러 다양하고 기발한 생각들을 먼저

쏟아냈다.[11]

많은 창작자들은 일단 맹목적으로 혹은 마구잡이로 쏟아낸 자신들의 생각들이 더러는 맞기도 하고 또 더러는 빗나가기도 한다는 것을 잘 알고 있다. 프랑스의 시인이자 수필가인 폴 발레리 Paul Valery는 이렇게 말했다. "무엇인가를 고안하기 위해서는 두 가지 단계가 필요하다. 먼저 이것저것 다 뒤섞어보고 그런 다음 거기에서 괜찮은 것들을 골라낸다." 영국의 시인이자 극작가 존 드라이든John Dryden은 아직 완성되지 않은 희곡에 대해 조금 더 적나라하게 이렇게 표현했다. "암흑 속에서 이리저리 뒤엉킨 복잡한 생각의 덩어리들 속에 숨어 있는 아름다운 것들을 하나씩 밖으로 끄집어내 분류한 뒤 신중한 판단으로 버릴 것은 버리고 취할 것은 취한다." 물리학자 마이클 패러데이가 자신의 여러 발상들에 대해 한 이야기를 들어보자. "나 자신의 혹독한 비판에 의해 침묵과 비밀 속에서 우선 이리저리 깨지고 짓눌리는 과정을 거친다. 가장 성공적인 경우에도 처음 생각했던 희망이나 제안 등이 최종적으로 결실을 맺는 것은 십 분의 일도 채 되지 않는다." 화학자 라이너스 폴링Linus Pauling의 표현은 조금 더 간결하다. 그는 성공한 과학자는 "먼저 많은 생각들을 한 후 마뜩치 않은 것들을 버려야만 한다"라고 했다.[12] 광학 스캐너에서 다루기 쉬운 자물쇠까지 다양한 물건을 발명해온 발명가이자 미국 발명가 명예의 전당에 헌정된 제이콥 레비노Jacob Rabinow는 이런 말을 남겼다. "우선 자신이 생각한 것들 중에서 쓰레기들을 골라 내버릴 수 있는 능력부터 갖추어야 한다. 사람이란 도움이 되는 생각만 할 수는 없다……. 그리고 정말 재능이 있다면 심지어 두 번 생각할 것도 없이 좋지 않은 것들을 내던질 수 있어야만 하는 것이다. 다시 말해, 수많은 기발한 생각들은 그렇게 나타났다가 버려지는 법이다." 미국의 컴퓨터 과학자 존 배커스John Backus는 과학적 계산을 위한 유명한 프로그램 언어 '포트란FORTRAN'을 개발하는 데 중요한 역할을 했는데, 맡은 바 임무를 성공적으로 수행하기 위한 조건에 대해 이렇게 말했다. "언제든 실패를 기꺼이 받아들일 수 있는 의지가 필요하다. 수많은 생각들을 쏟아내야 하고 그런 다음 치열하게 노력해 그런 생각들이 다 신통하지 않다는 사실을 밝혀내야만 한다. 그 과정을 끝없이 되풀이하다가 결국 한 가지 제대로 된 사례를 건지는 것이다."[13]

이런 증언들은 다윈이 이야기하는 창의성의 본질에 대한 증거의 일부에 불과하다. 또 다른 증거들은 수많은 과학적 발견의 우연성이라는 본질에서 찾아볼 수 있다. '듀퐁DuPont'에서 일했던 화학자 로이 플렁켓Roy Plunckett은 새로운 냉매를 개발하려고 애쓰던 중에 우연히 테프론Teflon 섬유를 만들어냈다. 18세기 영국의 발명가 토마스 뉴커먼Thomas Newcomen은 증기 엔진 외부 덮개의 깨진 틈을 통해 우연히 차가운 물이 증기 실린더 안으로 들어가는 것을 보고 이른바 대기압 증기 엔진을 만들어냈다. 루이 파스퇴르가 예방 접종의 중요한 원리를 발견하게 된 것은 그가 닭 콜레라의 상한 배양균이 닭에게 면역성을 길러줄 수 있다는 사실을 깨닫게 된 후였다.[14] 이런 창의적 우연은 또한 우리가 인간의 우수성을 과대평가하는 경향이 있다는 것을 깨닫게 해준다.

이런 눈부신 성공들은 역사를 만들지만 그 뒤에는 수많은 실패들이 있다는 사실을 잊으면 안 된다. 우리는 글로 쓰인 출판물들을 통해 영원히 남겨진 창작자들의 성과 속에서 이런 실패의 흔적들을 찾아볼 수 있다. 그런 기록들, 그리고 다른 사람들이 그런 기록들을 얼마나 언급하고 인용하는지는 다원 창의성에 대한 또 다른 증거들이 된다. 기록에 대한 모든 언급은 성과나 결과에 대한 지적 부채를 갖는 것이나 마찬가지다. 이 부채가 클수록 언급하거나 인용하는 횟수는 더 많아지고 그 성과의 영향력도 더 커진다. 이런 이유 때문에 언급이나 인용의 횟수를 통해 단지 그 출판물이나 기록의 영향력만 가늠할 수 있는 것이 아니라 창작자 본인과 그의 성과 전체를 가늠할 수 있는 것이다. 또한 그렇기 때문에 학계나 정부에서 창작자에게 상을 주거나 일종의 보상을 해줄 때는 그런 언급이나 인용을 대중에 대한 영향력의 기준으로 삼기도 한다.[15]

예를 들어, 수천 명이 언급하고 인용한 기록이나 출판물이 있다면 노벨상 같은 특별한 상에 대한 최고의 기준이 될 수 있을 것이다.[16] 반대로 단 한 번도 언급되지 않는 그런 극단적인 경우도 있는데 그것은 마치 아무도 보지 않는 사이에 숲속의 좋은 나무가 그냥 쓰러져 썩어버리는 경우와도 비슷하다. 그렇게 얼마나 많은 나무가 쓰러져 썩어버리는지, 창작자들의 엄청난 노력들이 그저 수포로 돌아가게 되는지 알면 모두들 깜짝 놀랄 것이다. 매년 수많은 기록이나 출판물이 쏟아져 나오지만 철저하게 사람들의 외면을 받는 경우가 많으며, 이것은 그야말로 시행착오에 의해 이루어지는 창작에 딱 들어맞는 사례라고 볼 수 있다. 물론 여기서는 착오의 경우가 훨씬 더 많은 것이다. 특히 인문학의 경우 발표된 논문의 80퍼센트 이상이 발표 후 5년 동안 심지어 단 한 번도 인용되는 적이 없다고 하니 그 '착오'의 규모는 이루 말할 수 없을 정도다.[17] 이런 수치는 역량이 떨어지는 작품이나 연구 결과에만 국한되는 것 같지만 심지어 자신의 분야에서 혁명을 이끌어낸 저명한 창작자들조차도 도움되지 않는 비중요 작업들을 수행한 경우가 대단히 많다.

예를 들어, 열 명의 영향력 있는 심리학자들이 펴낸 출판물들을 살펴보자. 여기에는 인간과 동물의 행동을 어떻게 조정할 수 있을지 알려주었던 행동주의 심리학의 창시자 B. F. 스키너Burrhus Frederic Skinner, 그리고 침팬지가 창의적으로 문제를 해결할 수 있다는 사실을 증명해 보인 볼프강 쾰러Wolfgang Koehler 등이 포함되어 있다. 이런 심리학자들이 발표한 모든 출판물들 중 44퍼센트는 출판 후 5년 동안 심지어 단 한 번도 정식으로 인용된 적이 없다고 한다.[18] 44퍼센트라면 해당 분야 최고의 과학자들이 내놓은 결과물의 거의 절반에 가까울 정도로 사람들에게 무시당했다는 뜻이기도 하다. 그리고 저명한 예술가들 역시 처지가 별로 다르지 않다. 그들의 작품 대부분도 영원히 보존되지는 못하고 있는 것 같기 때문이다. 예컨대 모차르트와 바흐, 베토벤을 포함한 열 명의 유명한 작곡가들의 작품들 중 지금까지 공연되거나 음반으로 출시되는 것은 그중 35퍼센트에 불과하다.[19]

위대한 위인들은 이처럼 훗날 철저히 무시 받게 되는 사상이나 작품들을 내놓기도 했지만 동시에 1세기가 지난 지금까지도 인구에 회자되는 깜짝 놀랄 만한 실수를 저지르기도 한다. 예를 들어, 19세기 물리학의 거성이자 자기 이름을 딴 과학 측정 단위까지 남긴 로드 캘빈Lord Kelvin은 지구의 나이를 백 배나 적게 계산했다. 그런 그의 추측은 찰스 다윈을 대단히 난감하게 만들었다. 로드 캘빈의 주장을 따르게 되면 진화는 생명의 다양성을 만들어낼 만큼의 충분한 시간을 확보할 수 없기 때문이었다. 로드 캘빈의 추측이 틀렸다는 것은 20세기 초 영국의 물리학자 어니스트 러더퍼드Ernest Rutherford에 의해 비로소 증명되었다. 아이작 뉴턴Isaac Newton 같은 천재도 렌즈의 색수차를 보정해 초점이 깨끗하게 잡히는 이른바 색지움 렌즈를 만드는 것은 불가능하다고 공언했었다. 하지만 그의 시대 이후 몇 세기가 지나 색지움 렌즈는 현미경 등에서 아주 흔하게 쓰이게 되었다. 알버트 아인슈타인Albert Einstein은 "신은 도박을 하지 않는다"라고 말하며 양자역학의 확률적 해석을 끝끝내 거부했고 바로 그런 이유로 도무지 말도 되지 않는 물리학의 통합이론을 만들어나가려고 했다.[20]

이렇게 뛰어난 창의성이라도 그 성패를 장담할 수 없을 때 또 다른 정형화된 역사적 유형이 뒤따를 수밖에 없다. 딘 사이먼튼은 이 유형을 일컬어 '실패의 지속 가능성constant probability of failure'이라고 했다. 우리가 더 많은 진흙을 파내도 더 많은 쓸모없는 자갈만 찾아내게 될 가능성이 있다는 뜻이다.[21] 미국의 시인 W. H. 오든Wystan Hugh Auden은 이렇게 표현했다. "평생에 걸쳐 본다면 저명한 시인들이 무명 시인들보다 나쁜 시를 써낼 확률이 더 많다." 이유는 간단하다. 저명한 시인들이 훨씬 더 많은 시를 써내기 때문이다. 그런데 '실패의 지속 가능성'을 뒤집으면 그때는 '성공의 지속 가능성'이 된다. 더 많은 진흙을 파내면 그러다 금덩이를 발견할 확률은 더 높아진다는 것이다. 다시 말해, 쉬지 않고 창의적인 작품들을 쏟아내면 그중에서 분명 성공을 거두는 작품이 나올 것인데, 과학자들의 연구 결과물에 대한 인용이나 언급의 횟수와 유형을 연구하면 이런 사실을 어느 정도 증명할 수 있다. 우선, 과학자의 결과물이 언급되는 횟수는 결과가 실린 전체 출판물의 숫자가 늘어날수록 함께 늘어나는 것은 사실이다. 여기까지는 확실히 증명된다. 다만 전체 출판물의 숫자가 늘어난다고 해서 해당 과학자의 상위 세 개 출판물이 얼마나 인용되거나 언급될지 예측하는 것은 어려운 일이다. 또한 가장 저명한 미국 과학자들의 경우, 예컨대 노벨상을 받은 과학자들은 그렇지 못한 무명의 동료들에 비해 평균적으로 두 배는 더 많은 출판물을 선보였다. 그리고 주목할 만한 사실은 이런 양상이 최근에만 발견되는 것이 아니라 19세기에서부터 줄곧 그래왔다는 것이며, 어느 과학자의 전체 경력을 살펴보면 그의 이름이 오늘날까지 전해질 가능성을 어느 정도 예측할 수 있다.[22] 물론 예외는 있다. 오스트리아의 성직자 그레고어 멘델은 자신의 연구 결과를 거의 발표하지 않았고 반세기 이상 묻혀 있었지만 그의 완두콩 재배 실험은 결국 20세기 유전적 진화 연구의 출발점이 되었다. 하지만 이런 일부 예외적인 사례가 있다고 해도 관련 법칙의 변화는 없다.

그렇다면 연령과의 연관성은 어떨까. 인용이나 언급에 대한 기록은 창의성이 개인의 연령과 상관이 없다는 사실을 증명함으로써 인간 창의성의 맹목성에 대한 또 다른 증거들을 제공해준다. 디랙 같은 경우는 예컨대 물리학자들을 보고 "일단 나이서른을 넘기면 살아 있는 것보다 죽는 것이 더 낫다"라며 말하며 창의성과 연령의 관계에 대해 냉혹한 평가를 내리기도 했다.[23]

다른 분야에서도 창의성의 고갈과 관련된 또 다른 일화들이 존재하지만 결국 이야기는 이야기에 불과하다는 사실이 밝혀졌다. 정신적 활동에 있어서 성공할 수 있는 확률은 더 오래 산다고 해서 크게 늘어나지는 않는다. 사이먼튼과 다른 연구자들은 역사학과 지질학, 물리학, 수학 등 각기 다른 분야에서 설문 조사를 실시해 이와 같은 사실을 밝혀냈는데, 예를 들어 400명이 넘는 수학자들을 대상으로 한 설문 조사 결과를 보면 나이가 어린 수학자와 나이가 많은 수학자 모두 비슷한 인지도를 갖고 있었다.[24] 더 젊은 창작자라고 해서 나이 든 사람보다 장차 더 많은 성취를 이루게 되는 것은 아니며, 나이 든 창작자라고 해서 과거의 많은 경험으로 더 유리한 위치에 서게 되는 것은 아니다.

따라서 20만 편이 넘는 물리학 관련 출판물들과 50만 편이 넘는 생물학과 경제학 관련 논문들에 대한 최근 분석에 따르면 디락의 냉혹한 평가와는 조금 다른 결과를 찾아볼 수 있다. 물리학자들과 또 다른 과학자들은 어떤 뚜렷한 경향 없이 어느 연령대에서든 중요한 연구 실적을 올리고 있었다. 결국 가장 중요한 사실은 창작자의 최고의 성과는 가능한 한 가장 많이 작품을 쏟아낼 때 탄생하는 경향이 있다는 것이다. 결국 앞서 언급했던 성공의 지속 가능성을 다시 한 번 확인하게 되는 셈이다.[25]

선견지명의 부족, 우연한 발견, 수많은 실수, 위대한 사람들의 실패, 성공의 지속 가능성. 인간 창의성의 이런 모든 유형은 모두 같은 사실을 강조하고 있다. 생각과 형상과 개념의 새로운 변이들은 DNA의 새로운 변이들이 만들어지는 것과 같은 맥락에서 맹목적으로 만들어지고 있다. 생물학적 진화와 마찬가지로 우리는 우리의 창조가 장차 성공을 거두게 될지 전혀 알 수 없다.

　　　　자연선택의 역할이 맹목적 변이보다는 인간의 창의성에서 더 분명하게 드러나는 것 같지만, 이것은 어떤 오해의 소지를 낳을 수 있다. 분명 우리의 정신이 더 나은 작품과 개선 혹은 출판물을 위해 유용한 생각과 형상, 개념을 선택하지 않는다면 그런 생각들은 쓰이지 않고 있다가 결국 사라져버릴 것이다. 이러한 정신의 선택은 생물학적 진화에서 자연선택만큼이나 필수적이다. 하지만 그렇다고 해서 선택이 창의성을 이끌어내는 유일한 힘은 아니며 가장 중요한 요소라고도 할 수 없다. 그것은 무조건 위로만 향하는 자연선택만으로는 생물학적 진화에 충분한 역할을 하지 못하는 것과 똑같은 이유다. 더 나은 방향으로 나가는 데 도움될 수 있는 열등한 해결책을 결코 수용하지 않는 자연선택으로는 창조의 복잡한 지형도를 헤쳐나갈 수 없는 것이다.

　우리는 우리의 두뇌가 어떤 식으로 생각들을 암호화하는지 거의 알지 못한다. 따라서 우리의 정신이 탐험하는 지형도들을 완전히 파악하게 될 때까지 아주 오랜 시간이 걸릴지도 모른다. 하지만 우리는 우리의 두뇌가 바깥세상과, 심지어 추상적인 개념들에 대한 수많은 정보를 어떤 공간적 형태 안에서 조직적으로 관리하고 있다는 사실을 비로소 깨달아가기 시작했다. 우선 우리의 감각이 제공하는 가장 직접적인 정보에 대해서 알게 된 것은 1세기가 조금 넘는다.[26] 색상에 대해서는 우리의 정신이 세 가지 중요한 측면, 즉 색조와 채도와 휘도輝度를 인지하는 영역에서 대상물의 색을 받아들이게 되고 그러면 그 색은 색을 담당하는 공간 안에 자신의 위치를 차지하게 된다.[27] 이런 정보를 암호화하는 과정에서 유리한 점이 있다면 각각의 위치 사이에 거리가 떨어져 있어 우리의 정신이 즉시 어떤 두 색상의 차이점을 식별할 수 있다는 것이다. 예컨대 밝은 주황색과 밝은 노란색 혹은 아예 차이가 나는 밝은 주황색과 어두운 자주색을 우리는 구별할 수 있다. 또 다른 사례는 소리의 높낮이다. 이 높낮이는 주파수에 따라 달라지며, 따라서 한 가지 측면에 따라 인지할 수 있다. 이렇게 해서 소리의 높낮이는 우리 내이內耳의 달팽이관에 길이라는 측면으로 기억되고 또 우리 두뇌의 청각피질 안에 더 깊이 암호화되어 새겨진다.[28]

이 정도 사전 지식이 있으면 우리의 두뇌가 조금 더 복잡하거나 추상적인 개념, 그러니까 입 밖으로 내서 말하는 문자의 소리의 차이, 개나 고양이 같은 동물들의 구분 혹은 색이나 질감, 그리고 맛과 같은 과일들의 특성 등을 비슷한 공간적 방식으로 암호화한다는 개념을 받아들이는 데 대단한 발상의 전환 같은 것은 전혀 필요하지 않다. 이런 관점을 적극 지지한 사람은 스웨덴의 인지과학자 피터 가든포스Peter Gärdenfors로, 그는 이런 암호화 과정을 '개념적 공간conceptual spaces'이라고 불렀으며, "생각에도 기하학적 구조Geometry가 있다는 사실을 이해할 필요가 있다"라고 주장했다.[29] 가든포스는 이러한 공간들이 우리가 어떻게 개념들을 비교하고 어떻게 새로운 개념들을 배우는지, 또 개념들의 새로운 조합을 어떻게 만들어내는지 설명하는 데 도움된다는 사실을 보여준다.

최근에 실시된 실험들은 가든포스가 중요한 사실을 밝혀냈다는 것을 증명하고 있다. 이 실험에서 실험 참가자들은 컴퓨터 모니터를 통해 새의 그림 한 장을 보고 컴퓨터 프로그램을 사용해 새의 몸통의 모양에서 두 가지 부분을 바꾸는 방법을 배운다. 목 길이와 다리 길이를 조절할 수 있는 것이다. 연구자들은 참가자들이 이 프로그램을 자유롭게 사용할 수 있도록 훈련시켜 각자 다양한 형태를 만들어내도록 하고 또 그렇게 만들어낸 형태를 다른 형태로 바꾸도록 했다. 연구자들은 이런 형태들이 실제로 어떻게 참가자들의 두뇌 속에 암호화되어 저장되는지 알고 싶었다. 그들은 일단 그 형태들이 공간적으로 암호화'될 수' 있다는 사실은 알고 있었다. 예를 들어, 목과 다리의 길이가 다양한 2차원의 개념적 공간 안에서 그렇게 될 수 있는 것이다. 훈련받은 참가자들은 이런 사실들에 대해서는 알지 못했지만 그들의 두뇌는 분명히 알고 있었다. 참가자들이 새들이 다른 형태로 변하는 모습을 볼 때 사람들이 물리적 공간을 탐색할 때 사용하는 두뇌의 부분과 똑같은 부분이 활성화되었는데, 그런 탐색 과정을 대단히 특징적으로 드러내는 유형의 활성화였다. 다시 말해, 우리의 두뇌는 새의 모양을 공간적으로 암호화할 뿐만 아니라 그 과정에서 우리가 물리적 세상을 탐색할 때 사용하는 것과 똑같은 신경 회로를 그대로 사용하는 것이다.

　새의 형태 같은 것은 사실 우리가 복잡한 문제들을 해결할 때 우리의 정신을 사용하는 정교한 방법들과 비교하면 애처로울 정도로 단순한 개념이다. 우리의 두뇌에서 그런 생각들이 어떻게 구성되며 두뇌가 생각들이 존재하는 정신적 공간을 어떻게 탐색하는지, 그리고 이 공간들은 얼마나 많은 차원을 갖고 있는지 알게 되기까지는 오랜 세월이 걸릴지도 모르겠다. 다행히도 이런 문제들은 이 책의 이전 부분에서 다루었던 가장 근본적인 원리나 원칙 들과 비교하면 모두 덜 중요한 세부적인 사항들이라고 할 수 있다. 해결하기 어려운 문제들은 그 해결책이 대단히 험준한 지형도를 형성한다는 근본적인 특성을 공유하고 있다. 우리의 두뇌가 이런 해결책들을 어떻게 암호화하는지, 그리고 우리가 최선의 해결책을 찾기 위해 탐색해야만 하는 공간이 무엇인지 상관없이 우리는 이런 험준한 지형을 극복해야 할 필요가 있다. 다시 말해, 우리는 우리의 정신이 해결할 수 있는 경우를 포함해 모든 어려운 문제에 대한 창의적 해결책은 어느 정신적 공간 안에 있는 험준한 지형의 높은 봉우리들을 찾을 필요가 있다고 확신한다.

그리고 바로 그 지점에서 자연선택의 착실한 개선과 언덕 오르기는 익숙한 문제에 봉착하게 된다. 자연선택은 상황이 더 나아지기 전에 악화되는 것을 절대 허락하지 않으며 건너가야 할 필요가 있는 협곡을 아예 봉쇄해버린다. 이런 협곡을 건너가기 위해서 자연은 자연선택의 영향력을 막아서야 한다. 그리고 우리의 정신도 그와 유사한 일을 할 수 있다는 사실이 밝혀졌다. 피카소의 〈게르니카〉는 그런 사실을 확인하는 데 도움을 준다.

피카소의 〈게르니카〉를 향한 여정을 되짚어보는 연구에서 딘 사이먼튼은 피카소의 마흔다섯 장의 밑그림 모두를 네 명의 각기 다른 판정단에게 보여주었다. 보여주기 전에 밑그림을 그린 순서를 알려주지 않기 위해 그림들을 임의로 섞었는데 판정단에게 맡겨진 임무는 완성된 〈게르니카〉와 가장 유사점이 없어 보이는 첫 번째 밑그림부터 가장 비슷하게 보이는 마지막 밑그림까지 그 순서를 정해보는 것이었다. 사이먼튼은 그런 다음 실제 피카소가 그렸던 밑그림들의 순서와 판정단이 판단한 순서들을 비교해보았다. 피카소의 밑그림들이 〈게르니카〉에 이르기까지 천천히 조금씩 발전해갔다면 실제 순서와 판정단이 정한 순서가 서로 같아야 했다.

하지만 실제로는 그렇지 않았다. 최종 결과물인 〈게르니카〉와 더 많이 닮은 순서대로 밑그림들을 늘어놓았지만 그 순서는 실제 밑그림들이 그려진 순서와는 일치하지 않았다. 피카소의 정신은 마지막 결과물을 향해 있는 하나의 능선을 따라 밑에서부터 차근차근 올라가지 않았던 것이다. 그의 길은 위로 올라갔다가 다시 아래로 이어졌고 그러면서 마지막 목적지까지 여러 차례 방향을 바꾸는 일을 반복했다. 그의 밑그림들 중 일부는 〈게르니카〉와 비교해 등장인물 하나만 비슷할 뿐 나머지는 거의 닮은 구석이 없다. 밑그림들의 일부 장면들을 보면 언뜻 천천히 완성된 〈게르니카〉를 향해 조금씩 나아가는 것 같다가도 전혀 닮지 않은 협곡 안으로 떨어지기도 했다. 게다가 피카소가 나아간 길은 역시 밑그림들 안에서도 죽은 아이를 안고 있는 여인과 죽어가는 군인 혹은 울부짖는 말 등의 똑같은 소재들이 실험적으로 사용되면서 이리저리 방향을 바꾸며 진행되었다.[30] 주먹을 앞으로 쭉 뻗은 군인처럼 〈게르니카〉에는 나오지 않는 모습들도 있는데, 처음에는 있었고 마지막 밑그림쯤 가서는 모습이 많이 바뀌었다가 결국 최종적으로 그냥 사라져버린 것이다.[31]

사이먼튼의 체계적 연구는 창의적인 사람들이 지금까지 계속해서 알고 있던 것들을 정리해서 보여주었다. 창의적 결과물로 이어지는 길은 계속 오르막길도 아니고 직선으로 이어지는 길도 아니다. 어쩌면 시인 라이너 마리아 릴케Rainer Maria Rilke가 어두운 심상 속에서 시인이란 "그늘 속에 있어야 하며…… 죽은 자들과 함께 앉아 먹고 마셔야만 한다"라고 묘사했을 때 이 길을 염두에 두고 있었는지도 모른다.[32] 그의 시는 사실 오르페우스와 베르길리우스, 단테와 마찬가지로 지옥으로 이르는 신화적 여정을 묘사하고 있는 것이지만 그 자체로 창조의 시도에 대한 강력한 은유가 된다. 캐나다의 소설가 마가렛 애트우드Margaret Atwood는 이렇게 말했다. "시인은 어둠의 길을 따라 여행하며 영감은 아래쪽으로 이어지는 구멍이다."

19세기의 수학자이자 잡학박사이며 혼돈 이론의 창시자이기도 한 앙리 푸앵카레Henri Poincare는 자신의 창의적 여정을 또 다른 익숙한 여정과 연결시켰다. 그 여정은 자연이 버키 볼과 같은 분자를 만들어낼 때 따르는 여정으로, 에너지 지형도에서 가장 깊은 협곡들을 찾아내지만 그전에 먼저 수많은 얕은 협곡을 지나고 불안정한 분자 상태를 견디어내야 한다. 예를 들어, 푸앵카레는 잠 못 이루는 어느 날 저녁에 "많은 생각들이 연달아 떠오르고 그 생각들이 서로 맞물리게 될 때까지, 그러니까 말하자면 안정적인 조합을 이룰 때까지 이리저리 충돌하는 것을 느꼈다"라고 말하기도 했다.[33] 그리고 프랑스의 철학자 폴 수리오Paul Souriau는, 우연히 창작자의 정신 속에서 정리된 생각들은 "다시 심하게 흔들리고 뒤섞이다가…… 수많은 불안정한 집합체들을 형성하며 결국 스스로를 파괴하고 가장 단순하고 단단한 조합이 되면서 마무리된다"라고 말했다.[34] 놀랍게도 푸앵카레와 수리오 두 사람의 이야기는 모두 오래전에 이미 에너지 지형도의 개념을 언급한 것이나 다름없다.[35]

19세기 물리학자 헤르만 폰 헬름홀츠의 말을 다시 한 번 떠올려보자. 그는 문제 해결의 여정을 높은 산을 오르는 등산가와 비교하면서 다음과 같이 말했다. "등산가는 더 이상 앞으로 나아갈 수 없게 되면 종종 지금까지 걸어온 길을 다시 되새겨본다. 그리고 새로운 길을 발견하게 되고 그로 인해 한 걸음 더 앞으로 나아간다."[36]

이러한 자기 성찰은 이미 익숙한 질문을 다시 떠올리게 만들어준다. 창의적 정신은 그다음 높은 봉우리에 도달하기 위해 이런 협곡들을 어떻게 극복하고 건너갈 수 있을 것인가?

8장

/

헤매이는 이
모두 길을 잃은
것은 아니니

LIFE FINDS A WAY

LIFE FINDS A WAY

생각하는 정신은 진화하는 유기체와 자체적으로 조립되는 분자와는 다르기 때문에 우리는 유전적 부동과 열진동 같은 똑같은 방식을 사용해 지금 탐색하고 있는 지형도의 깊은 협곡들을 지나갈 수 있을 것이라는 기대는 할 수 없다. 하지만 같은 목표를 달성하기 위한 또 다른 방법을 분명 갖고 있을 것이다. 밝혀진 바와 같이 그 방법은 하나가 아닌 여러 개다.

그러면 먼저 놀이를 해보자.

나는 지금 보드 게임 같은 규칙이 있는 놀이나 아니면 축구처럼 서로 점수를 내기 위해 경쟁하는 놀이가 아니라 규칙도 형식도 없는, 아이들이 레고 블록을 쌓아올리거나 장난감 삽과 양동이로 모래성을 쌓는 것 같은 그런 놀이를 말하고 있는 것이다. 당장의 어떤 목표나 점수내기 같은 것이 없는, 심지어 실패의 확률조차 존재하지 않는 그야말로 자유로운 행위다.

놀이란 대단히 중요한 의미를 지니고 있기에 자연은 우리를 만들어내기 이전에 이미 놀이를 만들어냈다. 앵무새와 까마귀 같은 새들에게서 볼 수 있듯 거의 모든 어린 짐승들은 놀이를 하고 있다.[1] 이런 놀이는 어류와 파충류, 심지어 거미들 사이에서도 찾아볼 수 있는데, 주로 성적인 면에서 미숙한 동물들이 놀이를 통해 교미하는 연습을 하곤 한다. 하지만 동물 놀이의 최고 고수는 아마도 큰돌고래bottlenose dolphin가 아닐까. 큰돌고래는 서른일곱 가지의 서로 다른 유형의 놀이를 한다는 보고가 있다.[2] 인간에게 포획된 돌고래라도 인간이 던져준 공이나 다른 장난감을 가지고 지치지도 않고 놀이를 즐기며 야생 돌고래들은 깃털이나 해면을 가지고 놀기도 하고 때로는 숨구멍을 통해 고리 모양의 공기 방울을 만들어내며 놀기도 한다.

이렇게 널리 알려진 놀이들은 단지 자연의 중요하지 않은 변덕 그 이상의 의미가 있음에 분명하다. 그렇게 생각하는 이유는 거기에 필요한 대가 때문이다. 어린 동물들은 예컨대 하루 동안 사용할 수 있는 에너지의 20퍼센트를 저녁거리를 찾는 것이 아니라 놀면서 빈둥거리는 데 써버릴 수도 있다. 그리고 그런 동물들의 놀이는 심각한 문제들을 만들어낼 수도 있다. 치타 새끼들이 서로를 쫓아가거나 주변을 돌아다니는 엄마 몸 위로 올라타는 놀이를 하면 종종 사냥감들이 치타가 다가오는 것을 눈치 채고 도망갈 때가 있다.[3] 코끼리들은 놀다가 진흙 구덩이 안에 갇히기도 하며 큰뿔야생양은 선인장 가시에 찔리기도 한다. 어떤 동물들은 지나치게 놀이에 열중하다 죽임 당하기도 한다.[4] 1991년 실시된 한 연구에서 케임브리지대학교의 연구원 로버트 하코트

Robert Harcourt는 남아메리카 물개들의 한 군체를 관찰했다. 그리고 불과 한 계절 동안 102마리의 새끼 물개들이 바다사자들에게 공격당했고 그중 26마리가 죽었는데 죽은 물개 새끼의 80퍼센트는 놀이에 열중하다 그렇게 된 것이다.[5]

이렇게 동물들의 놀이에는 크나큰 대가가 뒤따르지만 그로 인해 얻는 유익도 많다. 그리고 실제로 놀이의 유익을 가늠할 수 있는 곳에서는 삶과 죽음의 차이가 벌어지기도 하는 것이다. 예를 들어, 뉴질랜드에서는 이리저리 활발하게 돌아다니는 말일수록 태어난 첫 해에 생존할 확률이 더 높다고 한다.[6] 이와 마찬가지로 알래스카 불곰 새끼들은 첫 여름 동안 활기차게 놀고 나면 그해 겨울을 잘 넘길 수 있을뿐더러 그다음에 이어지는 겨울에도 죽지 않고 살아날 확률이 더 높아진다.[7]

이런 놀이의 목적은 정신적인 문제 해결의 과정과 아무 상관 없는 경우가 많다. 말들이 뛰어놀면 근육이 단련되고 따라서 그 힘으로 살아가는 데 도움을 얻는다. 사자 새끼들은 놀이를 통해 실제 싸움을 연습하고 무리를 장악하는 데 이때의 경험을 이용한다. 공기 방울을 만들어 노는 돌고래들은 이 기술을 조금 더 연마해 사냥할 때 사냥감들을 혼란스럽게 만들기도 한다. 그리고 거미 수컷들은 교미하는 놀이를 하면서 다른 수컷들이 공격해오기 전에 암컷으로부터 떨어져 달아날 수 있도록 조금 더 빠르게 교미하는 법을 연습한다고 한다.[8]

하지만 적어도 포유류에게 놀이는 평범한 다른 행동들을 그저 반복하는 것 이상의 의미를 지닌다. 인간 피아노 연주자가 같은 연주회 전에 같은 곡을 연습하고 또 연습하는 것과는 다르게 포유류는 돌아다니고 사냥하고 도망칠 때 자신들이 완전히 새로운 상황과 환경에 처해 있다는 사실을 깨닫게 되었다. 콜로라도대학교의 연구원인 마크 베코프Marc Bekoff는 동물들의 행동을 평생 동안 연구해왔다. 그는 이런 놀이가 동물들의 행동의 종류와 반경을 넓혀주며 아울러 변화하는 환경에 적응할 수 있는 유연성을 가져다준다고 주장한다. 동물들의 놀이는 당장 어떤 유익이 없더라도 어찌 되었든 행동의 유형을 다양하게 넓히는 데 도움을 준다는 것이다. 동물들은 놀이를 통해 예측 불가능한 세계에서 일어나는 예상하지 못한 일들을 맞이할 준비를 할 수 있다.[9]

또 가장 영리한 축에 속하는 동물이라면 놀이를 통해 얻은 유연성을 통해 어려운 문제들을 해결할 수 있다. 1978년에 실시된 한 실험에서는 어린 쥐들에게 놀이가 어떤 가치가 있는지를 보여주었다. 이 실험에서 철망으로 칸막이를 해서 우리 안에 있는 쥐들 중 몇 마리의 쥐들을 20일 동안 따로 격리했다. 다른 쥐들과 함께 어울려 노는 것을 막기 위해서였다. 이렇게 쥐들을 고립시켰다가 다시 합친 후 연구자들은 모든 쥐에게 고무공을 굴려내면 상으로 먹을 것을 주는 식으로 훈련을 시켰다. 그리고 다시 반대로 고무공을 끌어당기면 상을 주는 새로운 훈련도 시켰다. 그렇게 하고 보니 함께 어울려 자유롭게 놀던 쥐들에 비해 격리되어 있던 쥐들은 주어진 문제를 풀어내고 먹이를 얻는 새로운 방식에 익숙해지기까지 훨씬 더 많은 시간이 걸렸다.[10]

케임브리지대학교의 동물행동학자 패트릭 베이트슨Patrick Bateson은 이런 관찰의 결과를 조금 더 직접적으로 창조의 지형도와 연결시켰다. 그는 놀이는 "개별 개체가 잘못된 목적지나 일시적인 최선책을 벗어날 수 있도록 미리 살피는 역할을 수행한다"
라고 주장했으며 "낮은 봉우리에 갇혔을 때 놀이의 경험을 통해
그곳을 벗어나 더 높은 봉우리로 움직일 수 있는 행동의 원리를
배울 수 있다"라고도 말했다.[11] 이런 관점에서 보면 놀이는 유전
적 부동이 진화에, 그리고 열이 자체적으로 구성되는 분자에 미
치는 것과 같은 영향력을 창의성에 미치고 있는 셈이다.

　상황이 그렇다면 창의적인 사람들이 종종 자신들의 작품을 농
담이나 장난으로 묘사하는 것도 그리 놀랄 일은 아닐 것이다. 페
니실린을 발견한 알렉산더 플레밍Alexander Fleming은 상사로부터
장난기 많은 태도에 대해 주의를 듣게 된 후 이렇게 말했다고 한
다. "나는 미생물들과 놀고 있다. 무엇인가 규칙을 깨트리고 누
구도 생각해보지 못한 것을 발견하는 일은 얼마나 즐거운가."[12]
2010년 노벨물리학상 수상자이기도 한 러시아 출신 물리학자
안드레 가임Andre Geim은 이렇게 선언했다. "장난기 넘치는 태도는
언제나 내가 하는 연구에서 중요한 역할을 해왔다. 적절한 시간
과 장소를 찾을 수 없거나 아무도 갖지 못한 나만의 장점이 없다
면 상황을 극복할 수 있는 유일한 방법은 조금 더 모험적으로 나
가는 것이다."[13] 제임스 왓슨과 프란시스 크릭이 이중나선 구조
를 발견했을 때, 두 사람은 마치 레고 블록을 가지고 놀듯 색색의
공을 이어붙이는 식으로 모형을 만들며 영감을 받았다. 왓슨에
따르면 두 사람은 그저 '놀이를 시작했을' 뿐이라고 한다. 또한
정신분석학의 창시자 중 한 사람인 카를 구스타프 융Carl Gustav Jung
의 말은 이런 상황을 가장 잘 표현해준다. "상상력이라는 놀이에
대해 우리는 감당할 수 없을 만큼 엄청난 빚을 지고 있다."[14]

놀이의 또 다른 특징은 판단을 잠시 유보하게 만들어주어서 좋은 생각을 취하고 나쁜 생각을 버리는 일에만 더 이상 집중하지 않아도 되도록 해준다는 것이다. 그러면 우리는 잠시 불완전한 협곡 아래로 내려갔다가 나중에 완벽의 봉우리 위로 올라갈 수 있다. 하지만 물론 놀이가 봉우리로 올라갈 수 있는 유일한 방법은 아니다.

놀이만큼 의도한 것은 아니지만 그 정도로 강력한 영향력을 미치는 것이 바로 우리가 잠을 자며 경험하는 꿈이다. 스위스의 심리학자로 어린아이들의 발달 상황에 관한 선구적 연구를 실시했던 장 피아제Jean Piaget가 꿈꾸기를 놀이에 비교한 것은 우연의 일치가 아니었다.[15] 꿈속에서 우리의 정신은 가장 유별나고 기괴한 생각의 파편과 형상 들을 새롭고 기발한 인물과 이야기로써 마음껏 조합해낼 수 있다. 유명한 일화지만 비틀즈의 폴 매카트니Paul McCartney는 노래 〈예스터데이Yesterday〉를 만들기 전에 꿈속에서 그 곡조를 처음 들었고 누군가 다른 사람의 노래인 것 같아 몇 주 동안 음악계 사람들에게 물어보고 다녔다고 한다. 물론 아무도 그런 곡조를 들어본 적이 없었다. 그렇게 해서 탄생한 노래 〈예스터데이〉는 줄잡아 700만 회 이상 공연되었고 2천여 개의 서로 다른 리메이크곡이 있을 만큼 20세기에 가장 성공한 대중가요 중 한 곡이 되었다. 독일 출신의 생리학자 오토 뢰비Otto Loewi도 중요한 실험에 대한 실마리를 꿈속의 속삭임을 통해 들었다. 그의 실험은 결국 우리가 현재 신경전달물질이라고 부르는 화학물질을 통해 신경이 서로 소통한다는 사실을 증명해내게 되었고 뢰비는 1936년 노벨생리의학상까지 수상했다.

심지어 심리학자들의 '하이프나고기아hypnagogia', 즉 혼몽昏懵이나 선잠으로 부르는 비몽사몽 상태에서도 우리의 정신은 그런 낮은 언덕에서 내려올 수 있을 만큼 충분히 유연해져 있다. 이런 상태에서 독일의 유기화학자 아우구스트 케쿨레August Kekule는 벤젠의 화학적 구조를 보았고, 영국의 작가 메리 셸리Mary Shelley는 그녀의 대표작인 《프랑켄슈타인Frankenstein》에 대한 영감을 얻었으며, 드미트리 멘델레예프Dmitri Mendeleev는 화학원소에 대한 주기율표를 구상하기도 했다.[16]

이런 놀이나 꿈꾸기와 또 비슷한 것이 바로 우리 정신의 방랑이다. 미국 성인의 96퍼센트는 자신들에게 그런 일이 매일 일어난다고 고백했고 나머지 4퍼센트 역시 비슷한 일을 겪지만 아마도 건성으로 넘기고 있을 것이다. 누군가의 정신이 하루 일과 중에 얼마나 자주 다른 생각을 하며 방황하는지 정확하게 측정하는 것은 그리 어렵지 않다. 그냥 물어보면 된다. 일에 열중하고 있는 사람에게 찾아가 갑자기 지금 머릿속으로 무슨 생각을 하고 있는지 물어보라. 아니면 휴대전화를 이용해도 좋다. 연구 참여자들에게 하루 중 아무 때나 지금 무슨 생각을 하고 있느냐고 묻는 문자를 보내는 것이다.[17] 심리학자들은 이 실험을 실시한 후 정신의 방랑 혹은 딴생각을 하는 일이 대단히 자주 일어나는 일이라는 사실을 알게 되었다. 일반적으로 우리의 정신은 삼 분의 일에서 절반 정도는 다른 곳에 가 있다고 볼 수 있는 것이다.[18]

정신의 방랑은 종종 정신 산란한 교수라는 틀에 박힌 표현처럼 해가 되지 않는 변덕 정도로 치부된다. 하지만 분명히 그에 따른 결과들이 있다. 나쁜 결과들부터 살펴보자. 정신이 다른 곳에

팔려 있는 사람들은 읽고 답하기 같은 주의 집중을 요구하는 시험 등에서 좋은 점수를 올리지 못할 것이다. 더 우려스러운 상황은 장래 진로와 관련되어 있어서 나쁜 점수가 나오면 곤란한 시험에서 더 나쁜 결과가 나올 수도 있다는 것이다. 그런 시험 중에는 미국의 많은 대학에서 입학 자격으로 요구하는 대학 입학 자격시험Scholastic Aptitude Test, SAT이 있다.[19]

하지만 최소한 잘 단련된 정신이라면 정신의 방랑도 장점이 있을 수 있다. 실제로 아인슈타인이나 뉴턴, 푸앵카레와 같은 창작자들과 관련된 많은 일화를 살펴보면 이런 과학자들이 본격적으로 연구에 몰두하지 않는 시간에 중요한 문제들을 해결했다는 내용이 나온다. 정말 좋은 생각은 목욕할 때 떠오른다는 흔한 속담은 이미 물체의 부피를 측정하는 방법을 찾아낸 아르키메데스의 일화로 증명되지 않았는가. 하지만 아르키메데스의 발견은 그가 목욕탕 안에 들어갔을 때 물이 넘치는 것을 보는 순간 시작되었지만 다른 획기적인 발상들은 그야말로 난데없이 떠오른 경우도 많다. 저명한 수학자 앙리 푸앵카레의 잘 알려진 일화를 살펴보자. 그는 그의 일생에서 어느 수학적 문제를 두고 아무 성과도 거두지 못했던 시절을 이렇게 묘사했다.

계속 이어지는 실패에 진력이 난 나는 바닷가로 가서 며칠 시간을 보내며 일과는 무관한 다른 것들을 생각하기로 했다. 그러던 어느 날 아침 절벽 위를 걷고 있는데 문득 어떤 생각이 떠올랐다. 느닷없이 즉각적인 확신과 함께 떠오른 그 간단한 생각은 부정 3진 2차형식의 산술적 변환은 비유클리드기하학의 변환과 동일

하다는 것이었다.[20]

이런 통찰력이 떠오르기 전 일견 한가해 보이는 시기를 일컬어 휴식기나 잠복기라고 부를 수 있다. 난해한 문제와 아무 성과 없는 씨름을 하다가 걷거나 목욕 혹은 요리처럼 애써서 집중할 필요가 없는 덜 중요한 활동으로 시선을 돌리게 되면 우리의 정신은 자유롭게 방랑할 수 있다. 그런 정신의 휴식기 동안 문제를 내버려두면 이렇게 갑자기 해결책이 떠오를 수도 있다.

정신의 휴식은 실제로는 무의식적으로 이루어지며 그 기간 동안 창의성이 강화된다. 어떤 실험에서 대학생 135명을 대상으로 창의성에 대한 일종의 심리검사를 실시한 적이 있다. 학생들은 벽돌이나 연필 같은 흔히 볼 수 있는 물건의 일상적이지 않은 사용법을 찾아내야 했다. 검사가 시작된 지 몇 분쯤 지나자 실험을 주관하는 심리학자들이 갑자기 끼어들어 몇몇 학생에게 아무 상관 없는 다른 일을 시켰다. 새로운 일은 상대적으로 아주 손쉬운 것이었다. 예컨대 숫자들을 보여주고 짝수와 홀수를 구분하는 정도의 수준이었다. 하지만 학생들은 어찌 되었든 잠시 앞서 하던 검사를 잊을 수 있었고 두 번째로 주어진 일을 마무리한 뒤 다시 원래 하던 창의성 검사로 돌아갔다. 그러자 놀랍게도 아무 방해 없이 처음부터 물건의 다른 사용 방법을 고민해오던 학생들보다 조금 더 창의적인 해답을 내놓을 수 있었다.

한편 역시 중간에 다른 일을 하게 된 또 다른 무리의 학생들이 있었는데, 이들에게는 앞서의 경우와 다르게 조금 더 집중력이 필요한 어려운 문제가 주어졌다. 이 학생들은 쉬운 문제를 해결하느라 잠시 원래 검사를 멈추었던 학생들에 비해 창의성이 떨어지는 대답을 내놓았다. 결론은 다음과 같다. 잠시 앞서 하던 일을 잊을 수 있을 정도의 문제이지만 조금만 주의를 기울이면 쉽게 해결할 수 있는 일들은 정신을 자유롭게 풀어주어서 앞서 풀지 못했던 문제들을 더 창의적으로 해결할 수 있다는 것이다.[21]

정신의 방랑이 창의성에 영향을 미친다면 그 반대도 가능하지 않을까. 정신을 가다듬는 명상을 통해 주의력을 통제하는 연습을 하면 좋든 나쁘든 예상하지 못한 결과를 만들어낼 수 있지 않을까 하는 가설은 정말로 증명되었다. 2012년 실시된 한 연구에 따르면 정신적인 방랑을 줄여주는 명상 활동은 일반적인 학교 시험 성적을 올리는 데 도움을 주었다.[22] 반면에, 조금 더 집중력이 떨어지는 것 같은 학생들은 앞서 언급했던 것과 비슷한 창의성 관련 시험에서 더 나은 모습을 보여주었다.[23]

이런 연구가 결과가 알려주는 바는 분명하다. 생물학적 진화가 위로 올라가기만 하는 자연선택과 그렇지 않은 유전적 부동 사이의 균형을 필요로 하는 것처럼, 창의성 역시 정신을 집중함으로써 해결할 수 있는 유용한 생각들의 선택과 잠시 그런 선택을 유보하고 놀고 꿈꾸거나 정신을 풀어주는 상황 사이에서 균형 잡을 필요가 있는 것이다.[24]

때때로 선택을 잠시 유보하고자 하는 심리 상태에 도달하기 위해 갖은 애를 쓰는 사람이 많다. 그들이 선택하는 많은 방법은 이 일의 중요성을 더 확실하게 드러내준다.

이런 상태에 도달하기 위한 방법들은 놀 수 있는 즐거운 환경을 만들어내는 것만큼이나 간단하다.[25] 창의성을 가치 있게 생각하는 기업들은 기발한 작업 환경을 제공하는데, 그 대표적 기업이라고 할 수 있는 '구글'의 사옥 안에는 미끄럼틀이나 소방서에서나 볼 수 있는 사람이 타고 내려오는 기둥, 그물침대, 당구대 등이 갖추어져 있다. 이런 기업들이 목표로 하는 것은 작업 환경을 어린 시절 놀이터처럼 만드는 것이다.

확실히 그럴듯한 발상이기는 하지만 아쉽게도 장난감만 가져다놓는다고 해서 지루한 사무실 풍경이 혁신의 요람으로 바뀌지는 않는다. 또 한 가지 문제점이 있다면 우리는 타인의 시선에 대단히 잘 순응하는 경향이 있다는 것이다. 이런 시선이나 판단은 우리가 스스로의 생각에 내리는 판단처럼 일종의 선택하는 형태가 되어 실패를 꾸짖는다. 그리고 이런 평가에 대한 공포는 우리가 성인으로 접어드는 어느 순간에 우리의 정신 속으로 스며들게 된다. 스탠포드대학교의 연구원 로버트 맥킴Robert McKim은 그런 공포심이 얼마나 깊이 스며들 수 있는지를 보여주었다. 어느 간단한 실험에서 맥킴은 교실의 학생들에게 30초 안에 옆 사람의 얼굴을 그려보라고 시킨 후 그림을 서로 확인하게 했다. 대부분의 학생들은 대단히 당황해하며 옆자리의 '피해자'들에게 자신이 그린 그림에 대해 사과했다고 한다.[26] 자신이 그린 그림을 누구에게나 자랑스럽게 보여주는 아이들의 순진함을 더 이상 갖고 있지 못했던 학생들은 모두 옆 사람이 자신을 비판할 것으로 예상하고 있었던 것이다.

성인의 정신 속에 있는 아이들을 다시 부활시키려면 특별한 방법이 필요할 수 있다. 그런 방법들 중에는 회의 시간에 "다른 사람들을 비판하지 말라"와 "다른 사람들의 생각과 비교하지 말라" 등의 기본 원칙을 지키도록 하는 방법이 있다. 다른 사람들을 평가하는 습관을 몰아내기 위해 일부 기업에서는 이런 회의에서 다른 사람의 시선에 아랑곳하지 않고 가장 기발한 생각을 말하는 사람에게 특별 포상을 하기도 한다.[27]

하지만 이런 별로 특별하지 않은 생각들의 협곡을 건너가려는 차량에는 속도 제한이 걸려 있다. 따라서 더 빠르고 멀리 가기 위해서 몇몇 창작자들은 마약성 약물과 같은 조금 더 강력한 수단에 의지하기도 한다. 아편을 피우는 사람들이 겪는 강렬한 몽상은 유명한 창작품들로 이어졌고 거기에는 영국의 시인 새뮤얼 테일러 콜리지Samuel Taylor Coleridge의 〈쿠블라 칸Kubla Khan〉 같은 유명한 작품도 끼어 있다. 노벨상 수상자이기도 캐리 멀리스Kary Mullis는 DNA 분자를 복제하는 기술을 발명하게 된 것은 환각제 LSD 덕분이라고 말했고, 애플을 세운 스티브 잡스는 LSD를 복용했던 경험을 "내 인생에 있어 세 손가락 안에 꼽을 만한 중요한 전기"였다고 말하기도 했다. 그러면서 창의력과 야망이 넘치는 전문가들을 만나면 LSD를 경험한 적이 있는지 즐겨 물어보곤 했다고 한다. 사실 이런 향정신성 약품의 위력에 매료되었던 것은 스티브 잡스의 세대가 처음은 아니었다. 잡스가 매킨토시 컴퓨터를 만들어내기 이미 수천 년 전부터 예술 작품들은 환각 물질의 사용과 깊은 관련이 있었고, 그런 증거들은 유럽과 아프리카, 남아메리카의 선사시대 문명에서 쉽게 찾아볼 수 있다.[28]

환각 물질이 인간의 사고에 미치는 영향을 심리학자들이 연구하기 시작한 것은 1960년대부터다. 그중 한 연구는 공학, 설계, 물리학, 건축, 미술 같은 창의적 전문 분야 종사자 27명을 대상으로 진행되었다. 이들은 각자 일정량의 흥분제를 복용하기 전과 후로 나뉘어 창의성 검사를 받았다. 그리고 흥분제를 복용한 상태에서 상업용 건물 설계와 테이프 녹음기 성능 개선 혹은 가구 만들기 같은 자신의 전문 분야에서 발생하는 문제들을 해결하려고도 했다. 실험 참가자들은 흥분제를 복용했을 때 창의성 검사에서 더 나은 결과를 보여주었을 뿐만 아니라 일상생활에서 2주 동안 약을 복용하면서 창의적 문제 해결에서 많은 도움을 받는 것 같다고 느꼈다. 그중 어떤 참가자는 창의성을 증진시키는 편안한 분위기에 대해 정확하게 묘사했다. "걱정도 없고 두려움도 없었다. 평판이나 경쟁에 대한 의식도, 질투심도 느껴지지 않았다." 또 다른 참가자는 이렇게 말했다. "나는 그림을 그리기 시작했다……. 그런데 내 감각이 내가 생각하는 형상을 따라가지 못했다……. 내 손이 그렇게 빨리 움직이지 못했던 것이다……. 나는 한 번도 상상해보지 못했던 속도로 일을 진행했다." 자신의 정신이 어떤 상태였는지를 설명하는 증언도 있었다. "훨씬 더 자유롭게 문제들을 살펴볼 수 있게 된 것 같았다. 그리고 별로 신경 쓰지 않고 그냥 문제를 살펴보는 바로 그 시간 동안 해결책이 만들어졌다."[29]

아쉬운 일이지만 이 연구를 포함해 다른 여러 연구들도 오늘날의 심리학이 요구하는 조금 더 엄격한 기준을 충족시키지는 못하고 있다. 예를 들어, 이런 연구들은 약물을 복용한 실험 참가자들의 창의성을 약물을 복용하지 않은 참가자들과 비교하지 않았기 때문에 실험 결과에 대한 판단은 아직 유보적이다.

하지만 다행스럽게도 LSD의 효능이 확실히 밝혀지지 않았더라도 다른 약물은 창의성을 증진시키는 데 효과가 있는지도 모른다. 고대 로마 사람들은 이미 그런 사실을 깨닫고 "물만 마시는 사람은 절대 시를 쓸 수 없다"라고 말하기도 했다.[30] 물론 사교적인 수준에서 음주를 즐기는 스무 명의 사람들이 금주를 하는 사람들 스무 명에 비해 창의성 측면에서 더 나은 면을 보인다는 점을 밝혀낸 연구도 있지만 과학은 아직까지 정확한 입장을 유보하고 있다.[31]

하지만 어떤 약물이 창의성을 가장 크게 증진시키는가 하는 것보다 더 중요한 문제가 있다. 생각의 선택과 판단이 잠시 중단되는 마음의 상태와 그것을 찾아내는 방법이 모두 다 한 가지 이상이라는 사실이다. 좋은 일이다. 서투르게 그린 밑그림이나 마뜩치 않은 초고 혹은 불완전한 곡조의 깊은 곳으로 내려가는 능력은 더 높은 곳에 있는 위대한 작품으로 가기 위해 꼭 필요하기 때문이다. 놀이와 꿈과 여전히 정확히 밝혀지지 않은 휴식 방법 등이 적응 지형도의 유전적 부동과 에너지 지형도의 열 진동과 결합해 이런 지형도들의 장애물을 극복하는 수단이 된다.

그리고 이런 것들은 생물학적 진화의 성공을 도왔던 요소들과 비슷한 창의적 사람들의 또 다른 재능에 대해 넌지시 알려주고 있다. 이들의 정신은 정신의 지형도를 지나가는 여정을 잘해왔을 뿐만 아니라 순간 이동이라고 할 만큼 빠르게 움직일 수 있다.

대부분의 창조나 창작은 추상적이고 고차원적인 영역을 지나가는 여정과 같은 것이지만 창작의 결과물들은 조금 더 친숙한 세계의 여정을 바탕으로도 이루어질 수 있다. 이 것은 특히 탁월한 재능을 지닌 선구자 역할을 하는 사람들에게 서 찾아볼 수 있는 모습이다. 나는 그 사례로 프랑스의 화가 폴 고갱Paul Gauguin 같은 사람들을 들고 싶다.

프랑스 파리에서 태어난 고갱은 어린 시절 대부분을 남아메리카 페루에서 보냈다. 그의 어머니는 유럽 사람들이 도착하기 이전의 원주민들의 도자기 기술에 관심이 많았고 이런 환경은 일찌감치 그에게 예술적으로 영향을 미쳤다. 하지만 실제로 화가가 될 때까지 고갱은 먼 길을 돌아가야 했다. 그의 가족은 1855년 고갱이 일곱 살 때 다시 프랑스로 돌아왔고 그는 몇 년 뒤 해군 사관 예비 학교에 입학했다. 고갱은 상선의 선원이 되어 약 3년여 동안 오대양을 누볐고 그 후 다시 프랑스 해군에서 2년을 복무했다. 스물세 살에 프랑스로 돌아온 후 이번에는 다시 주식 중개인으로 11년을 일했지만 1882년 주식 시장이 붕괴되면서 그의 인생은 새로운 전기를 맞게 되었다. 덴마크 출신인 아내와 함께 덴마크로 건너간 고갱은 선원들을 위한 방수 외투 판매 사업을 시작했지만 덴마크 사람들은 프랑스제 외투에 관심이 없었다. 생계는 그의 아내가 프랑스어 과외를 하며 책임졌다.[32] 고갱은 주식 중개인 시절부터 그림을 그리기 시작했는데 생업이 무엇 하나 제대로 되지 않자 아예 본격적으로 화가의 길로 나서게 되었다. 화가로서 성공하기 위해 고갱은 덴마크의 가족들을 떠나 홀로 파리로 돌아갔다. 새로 택한 길은 고달팠다. 그의 그림들은 비평가에게 칭찬받지도 못했거니와 아예 팔리지도 않았다. 결국 고갱은 먹고살기 위해 아무 일이나 닥치는 대로 해야만 했다. 프랑스 화단의 현실에 실망한 그는 결국 프랑스를 떠나 우선 파나마와 카리브해의 프랑스 영토 마르티니크Martinique섬을 거쳐 남태평양에 있는 타히티섬으로 향했다. 그리고 최종적으로 마키저스Marquesas제도에 정착했다. 그는 잠시 동안 대나무로 지은 오두막에 살면서 나중에 크게 빛을 보게 되는 그림들을 그려냈다. 훗날 크게 그 가치를 인정받고 비싼 가격에 팔리기 되는 〈언제나와 결혼해주겠소?Quand te maries-tu〉나 〈마리아를 경배하며Ia Orana Maria〉 등의 그림은 이국적인 열대의 풍광을 배경으로 대담한 색채로 폴리네시아 원주민들의 모습을 묘사한 것이다.

르네상스 시대의 화가 라파엘로Raphael의 인생 여정은 그리 널리 알려져 있지는 않다. 그는 아버지의 공방에서 처음 그림 그리는 법을 배웠고, 후에는 피에트로 페루지노Pietro Perugino의 공방으로 옮겨 스승의 물감 칠하는 방법과 양식을 모두 자기 것으로 흡수했다. 피렌체로 가서는 레오나르도 다 빈치의 색깔 경계 구분하는 법과 피라미드식 구조를 만드는 법 등을 배웠다. 이를 통해 자신이 '합일union'이라고 부르는 새로운 기법을 창조해냈고 최후의 걸작 〈예수 그리스도의 성스러운 변모Transfiguration of Christ〉에 이 기법을 고스란히 구현해냈다.

다른 많은 창작자들이 걸어온 창의성의 여정들은 완전히 새로운 예술적 양식이 탄생하는 데 일조했는데도 시간이 흐르면서 사라져버렸다. 그중에는 르네상스 시대 베네치아에서 인기 있었던 그림 그리는 양식도 있었다. 이 양식은 석조 모자이크며 나무판에 그리는 방식 등 당시 동로마 제국의 양식을 서유럽의 직선 원근법에 의한 3차원 묘사와 합친 것이다.[33] 남아메리카의 경우

볼리비아의 포토시Potosi에 있는 산 로렌초San Lorenzo 같은 유명한 바로크양식 교회들의 정면을 보면 천사와 같은 기독교의 상징들을 태양이나 달 같은 잉카 원주민 종교의 상징들과 합쳐놓았다는 사실을 알 수 있다. 미술사학자들은 이런 양식을 일컬어 안데스 바로크 혼합양식Andean Hybrid Baroque이라고 부른다.[34] 서유럽의 건축 양식에서는 끝이 뾰족한 아치 형태가 도입되면서 높이가 낮고 폭이 넓은 로마네스크 양식의 교회들이 실내로 빛이 쏟아져 들어오는 지붕이 높이 솟은 고딕 양식의 성당으로 바뀌게 되었다.[35] 이런 아치 형태는 근동의 이슬람 문화권 건축물에서는 수 세기 동안 사용되었는데, 떠돌아다니는 기술자나 석공 들에 의해 언제인가 우연히 서유럽으로 전파되었을 확률이 높다.

이런 새로운 예술 양식들은 유명, 그리고 무명의 창작자들이 전 세계를 여행하는 동안 만들어져 세상에 널리 알려지게 된 것들이다. 하지만 이런 편력의 인생이 내가 이야기하고자 하는 내용의 핵심은 아니다. 문제의 핵심은 이런 인생을 통해 지식이라는 또 다른 영역을 통과하는 내면의 여정이 가능할 수 있다는 사실이다. 이런 내면의 여정에 대한 가장 대표적인 사례가 바로 벨기에의 화학자 일리아 프리고진Ilya Prigogine이 겪었던 복잡하고 험난한 길이라고 할 수 있다. 1977년 노벨화학상까지 받았던 프리고진은 과학에 대한 열망으로 자신의 인생을 시작하지 않았고 오히려 그의 첫사랑은 인문학, 그중에서도 철학이었다. 어쩌면 세상에는 아들이 철학자가 된다고 하면 오히려 기뻐할 부모도 있을 수 있겠지만 애석하게도 프리고진의 부모는 그렇지 못했다. 그의 부모는 아들이 조금 더 유망한 진로를 선택해야 한다고 주장했고 그래서 프리고진은 법학을 공부했다. 하지만 불행하게도 법학에 크게 흥미를 느끼지 못했고 대신 범죄자들의 심리에 관심을 갖게 되었다. 프리고진은 정신 속에 숨겨져 있는 행동의 근원을 파악하기 위해서는 먼저 뇌 화학을 이해해야 할 필요가 있다고 생각했다. 하지만 그가 살았던 당시는 그런 노력이 결실을 이루기에는 시기상조였다. 그래서 프리고진은 조금 더 단순한 화학 체계 쪽으로 관심을 돌렸다. 열대성 저기압이나 바이러스 같은 전혀 다른 체계가 스스로 완성되어가는 과정인 자율 형성의 과정을 보여주는 화학 체계였다. 그리고 그는 자율 형성을 그저 가능하기만 할 뿐만 아니라 불가피한 과정으로 만드는 자연법칙을 발견함으로써 과학계에서 자신의 이름을 떨치게 되었다. 그러다 마침내 프리고진의 과학적 업적은 다시 그를 철학으로 이끌었고 그는 이 세상이 결정론에 지배를 받는 것인지, 그리고 선택과 책임, 자유가 단지 허상에 불과한지에 대해 의문을 갖게 되었다. 프리고진은 결정론에 반대하는 입장이었고 그런 그의 주장은 자신의 화학 연구를 바탕으로 하고 있었다. 그는 화학을 연구하며 확실하게 앞날을 예측할 수 없는 화학적 체계가 있다는 사실을 밝혀낸 것이다. 프리고진이 평생 천착하며 일구어낸 인문학과 과학 사이의 교차점에 있는 탁월한 창의성의 사례 찾기는 그가 각기 다른 지식의 영역을 넘나들었기 때문에 가능할 수 있었다.[36]

프리고진 못지않게 널리 알려진 내면의 여정에 관한 사례는 아마 미국의 물리학자 로잘린 얄로우Rosalyn Yalow일 것이다. 얄로우는 프리고진과 같은 해인 1977년에 노벨생리의학상을 받았다. 그녀의 일생을 이끈 것은 두 개의 서로 다른 지적 영향력이었다.[37] 그녀가 성장했던 1930년대는 양자역학의 눈부신 성공에 세상이 환호하던 시대였다. 얠로우는 물리학에 이끌렸고 그 중에서도 특히 또 다른 저명한 여류 과학자 마리 퀴리가 수십 년 전 터를 닦아놓았던 방사능에 관심이 갔다. 얠로우는 일리노이 주립대학교 대학원 물리학과에 입학하면서 자신의 인생에서 처음으로 결정적인 기회를 잡았다. 그녀가 입학을 할 수 있었던 것은 많은 젊은 남학생들이 제2차 세계대전에 참전하면서 상대적으로 정원에 여유가 생겼기 때문이었다. 얠로우는 400명이 넘는 학생들 중 유일한 여성이었다. 1945년 그녀는 물리학 박사 학위를 받자마자 뉴욕 재향군인 병원의 방사선 치료과에 채용되었고 거기에서 새로운 분야에 뛰어들게 되었다. 얠로우는 의학과 생물학 분야에 대해서는 그야말로 아무것도 몰랐지만 방사선 물리학이 의학 분야에 어떤 도움을 줄 수 있는지 깨닫고 그런 사실을 빠르게 증명해 보였다. 그녀는 동료였던 솔로몬 A. 버슨Solomon A. Berson과 함께 '핵의학nuclear medicine'이라는 완전히 새로운 과학 분야를 다루는 부서를 처음 만들었다. 그녀에게 노벨상을 안겨준 최대의 업적은 방사면역측정법의 개발이었다. 방사면역측정법이란 환자의 혈액에서 인슐린 같은 극소량의 분자를 측정하는 데 방사선 동위원소를 사용하는 고도로 정교한 측정 기술이다. 얠로우가 전통적인 물리학 교육의 천편일률적인 과정을 그대로만 따라갔다면 결코 이런 업적을 이루지는 못했을 것이다.

오스트리아의 내과의사 카를 란트슈타이너Karl Landsteiner의 사례는 또 어떤가. 그는 자신이 갖고 있던 화학적 지식을 바탕으로 사람의 주요 혈액군血液群을 발견했고 이 발견을 통해 지금의 수혈법을 확립할 수 있었다. 헤르만 폰 헬름홀츠는 아버지의 강요로 첫사랑이던 물리학과 헤어지고 의학과 결혼할 수밖에 없었지만, 그 덕분에 오늘날까지 가장 널리 알려진 의료기기중 하나로 눈의 내부를 확인할 수 있는 검안경檢眼鏡을 발명할 수 있었다.[38] 그리고 벤젠의 화학 구조를 발견한 것으로 유명한 아우구스트 케쿨레는 건축을 공부하다 화학으로 전공을 바꾸었지만 원래는 기하학에 뜻이 있었고 결국 분자의 공간 조직까지 연구했다. 그는 이런 내면의 여정을 통해 '유기화학의 건축가'라는 칭호까지 듣게 되었다.[39]

이런 삶들은 정신이 경험과 전문 지식이라는 특이한 조합을 쌓아가는 데 도움을 준다. 또한 이런 것들을 통해 철학자 아서 쾨슬러Arthur Koestler가 자신의 책《창조의 행위The Act of Creation》에서 말했던 지식의 융합, 상호 교류가 가능해지는데 이 상호 교류는 우리가 생물학적 진화에서 찾아낸 재조립의 과정과 닮아 있다.[40]

이런 상호 교류 덕분에 일부 저명한 창작자들은 자신의 전문 분야와 전혀 상관없는 분야를 연구하기도 하는데, 아무런 지식이 없는 것이 오히려 중요한 발견으로 이어지는 경우도 있다. 루이 파스퇴르는 전에는 한 번도 누에를 다루어본 적이 없었지만 연구를 거듭한 끝에 치명적인 기생충을 막아내 프랑스의 비단 제조 산업을 살릴 수 있었다. 헨리 베서머Henry Bessemer는 저렴한 철강 제조 과정을 개발한 영국의 발명가이지만, 그에 관한 지식이 전혀 없는 상태에서 실험을 계속하다 성공을 얻을 수 있었다고 말하기도 했다. 미국의 핵물리학자 루이스 앨버레즈Luis Alvarez

는 거대한 소행성이 공룡 멸망이 원인이 될 수도 있다는 사실을 발견했다. 당시만 해도 자신들의 분야밖에 모르는 고생물학자들은 핵물리학자의 의견을 달가워하지 않았지만 그의 이론은 결국 고생물학에 중요한 영향을 미쳤다.[41]

쾨슬러가 말하는 지식의 상호 교류는 특히 과학과 예술 같은 전혀 다른 분야 사이에서 더 큰 영향력을 발휘할 수 있다. 그에 대해 잘 알려진 사례가 바로 스티브 잡스다. 그가 세웠던 애플과 픽사는 디지털 기술과 디자인을 서로 구분할 수 없는 하나의 덩어리로 합쳤다. 잡스는 디지털 전자 기술을 바우하우스 건축의 단순한 절제미, 선불교의 극소주의, 서예 기술 등에서 오는 서로 다른 영향력들과 합쳐 매킨토시 컴퓨터와 같은 혁신적인 디자인을 안팎으로 사용하는 전자 제품을 만들어냈다. 예를 들어, 매킨토시의 우아한 비율의 서체는 그 이전의 컴퓨터들이 사용하던 투박하고 천편일률적인 서체를 과감하게 포기한 것이며, 지금은 누구나 당연하게 생각하는 컴퓨터를 사용한 전자 출판의 혁신적 기틀을 닦았다. 그리고 거기에는 잡스의 서예 사랑이 큰 역할을 했다고 해도 과언이 아니다.[42] 아인슈타인 역시 예술적 감수성이 높았던 것으로 유명한데, 그는 바이올린을 능숙하게 연주했고 중요한 과학적 이론들은 진리와 아름다움을 서로 융합시키는 존재라고 생각했다. 그는 자신이 상대성이론을 발견하는 데 음악이 중요한 역할을 했다면서 이렇게 말하기도 했다. "상대성이론은 직감적으로 떠오른 것이며 음악은 그 직감을 이끈 보이지 않는 힘이었다. 나의 새로운 발견은 음악적 자각의 결과다."[43] 예술적 주제는 심지어 입자가속기 안에서도 찾아볼 수 있다. 물리학자이자 빼어난 조각가이기도 한 로버트 R. 윌슨Robert R. Wilson은 이렇게 말했다. "입자가속기를 설계할 때 나는 조각을 할 때와 거의 흡사하게 작업을 진행했다. 선은 우아해야 하며 전체적인 크기는 균형 잡혀 있어야 했다."[44]

많은 과학자들을 상대로 조사해보면 위대한 과학과 예술적 감수성 사이의 깊은 관계라는 개념을 어느 정도 이해할 수 있다. 2008년 로버트 루트번스타인Robert Root-Bernstein과 그의 동료들은 수천 명의 과학자와 일반 대중이 관심을 갖는 분야의 예술적 측면을 서로 비교해보았다.[45] 연구 대상인 과학자들 중에서 가장 유명한 집단은 역시 노벨상 수상자들이었고 그다음은 노벨상만 타지 못했을 뿐이지 자신들의 공적을 바탕으로 선출되어 평생회원이라는 영광을 누리는 1천여 명의 영국 학술원 회원들, 미국 국립과학 아카데미 회원들을 포함한 역시 저명한 과학자들이 포함되어 있었다. 루트번스타인의 2008년 연구에 따르면 무명의 과학자들이나 일반 대중과 비교해 영국 학술원과 미국 아카데미 소속 회원 과학자들은 두 배나 높은 비율로 예술 관련 활동을 한다고 한다. 그런데 노벨상 수상자들의 경우는 절반 이상이 음악과 조각, 회화, 소설 쓰기 등에 많은 흥미를 느끼고 관련 활동을 하고 있었다.

이와 관련한 다른 연구 결과들을 보면 수많은 저명한 창작자들은 이미 어린 시절부터 대단히 다양한 분야에 대해 흥미를 갖고 자라났는데, 이를 통해 많은 지식을 쌓을 수 있었으며 결국 과학과 예술 같은 서로 다른 분야를 넘나드는 지식의 상호 교류가 가능해졌다고 한다. 반면에 이들은 평균적인 학생들을 길러내

취업 시장에 내보내려는 공공 교육에는 무관심했던 경우가 많았다.[46] 이런 대조적인 상황을 가장 잘 표현한 사람은 작가 마크 트웨인Mark Twain이 아닐까. 그는 이렇게 비꼬았다. "나는 단 한 번도 학교 교육이 내 공부를 방해하도록 내버려둔 적이 없다."[47]

불행히도 창의성은 프리고진이 겪은 내면의 여정이나 고갱이 경험했던 외적인 여정이 제공할 수 있는 것보다 더 많은 교육을 요구하고 있다. 수많은 사람이 세상을 둘러보고 각기 다른 직업을 전전하거나 다양한 학문을 공부하지만 대부분 무슨 업적을 이루었는지는 거의 알려지지 않는다. 그들은 창의성에서 가장 중요한 재능이 부족했던 것이다.

이런 재능의 본질이 무엇인지 다음에서 실마리를 얻어보자.

늘 다투는 것이 일상인 어느 남자와 그의 아내가 평소와는 다르게 어느 식당에서 다정하게 저녁을 먹었다. 저녁 식사를 맛있게 먹는 동안 식당 종업원이 갑자기 접시가 쌓여 있는 쟁반을 떨어트렸고 접시들은 귀청을 찢는 요란한 소리와 함께 박살이 났다. '여보, 저것 좀 봐!' 남편이 말했다. '저거 우리 부부 주제가잖아!'

농담을 설명하는 것은 그 농담을 망치는 확실한 방법이기는 하지만, 우리가 생물학에서 처음 마주했던 거창한 주제와 익살을 연결해 생각하는 데는 도움될지도 모른다. 익살은 조화로운 사랑의 노래와 접시가 깨지는 끔찍한 소리만큼이나 서로 다른 정신 지형도 안의 개념들을 하나로 이어주는데, 그것은 마치 진화가 서로 전혀 다른 유전자를 재조립하는 것과 비슷하다. 그리고 이런 개념들이 합쳐져 그럴듯한 농담을 이루면 잠시 동안이나마 감탄과 놀라움이 만들어진다. 《창조의 행위》에서 익살과 예술, 과학의 창의성을 비교해보았던 쾨슬러가 깨달은 점이 바로 이것이었다. 그는 농담의 재미와 중요한 창작물의 폭발력 모두를 지탱하는 공통적인 에너지의 근원을 확인하고, 모든 인간의 창의성이 이런 조합에 의해 지탱된다고 결론 내렸다.[48]

창의적 정신은 다양한 범위의 개념과 생각, 형상 들을 그저 흡수만 하지는 않는다. 어쩌면 서로 관계가 없어 보이는 것들을 하나로 다시 합쳐야만 하는데, 그런 재조립에는 각기 다른 수단을 사용할 수 있다. 그중에서 특별히 크게 도움되는 수단이 바로 유추다. 독일의 물리학자 막스 플랑크Max Planck는 원자와 끈이나 현의 진동이라는 전혀 상관없어 보이는 개념들을 조합해 가장 상상력이 넘치는 유추를 이끌어냈고, 결국 원자가 정량화된 덩어리 형태로 연속적으로 에너지를 방사한다는 사실을 설명할 수 있었다. 프랑스의 이론물리학자이자 양자 이론의 또 다른 아버지인 루이 드 브로이Louis de Broglie는 전자와 같은 소립자들이 진동을 할 뿐만 아니라 동시에 진짜 악기의 현처럼 진동에 의한 음을 만들어낸다고 상상했다. 그런 그의 통찰력은 자기공명 촬영 같은 현대의 의료 기기 기술로 이어질 수 있는 발판을 마련했다. 막스 플랑크와 루이 드 브로이가 각각 피아노와 바이올린을 수준급으로 다루던 사람들이었다는 사실을 기억해두자.

이런 모습은 과학뿐만 아니라 공학 분야에서도 찾아볼 수 있다. 요하네스 구텐베르크Johannes Gutenberg는 목판 인쇄 기술에 당시 동전을 찍어내던 방식을 합쳐 인쇄기에 사용할 수 있는 독립된 활자를 고안해냈다. 그리고 다시 여기에 포도를 압착해 즙을 짜내는 기술을 또 덧붙였다. 그 결과 일어난 것이 지식의 보존과 전파에 대한 혁명이었다.[49] 수술용 스테이플러는 여러 대륙의 원주민들이 벌어진 상처를 거대한 개미에게 꽉 깨물게 해 임시로 봉합했던 것에서 유래했다. 우리가 흔히 '찍찍이'로 부르는 벨크로Velcro는 갈고리 모양의 가시가 나 있는 도꼬마리풀이 털이 많은 옷에 들러붙는 것을 보고 영감을 얻어 만들어졌다.[50] 경제학자 브라이언 아서Brian Arthur에 따르면 모든 기술은 "이미 존재하던 기술들을 다시 새롭게 조합하는 과정에서 탄생하는 것"이다.[51]

겉보기에는 관련 없어 보이는 개념과 현상들, 유추들을 하나로 연결하면 가장 심오한 자연법칙을 발견하거나 기술적 혁신을 일으키는 데 도움이 된다. 그 위력은 유추가 과학에서 갖는 의미만큼이나 문학과 시에서 중요한 언어의 또 다른 요소와 비슷하다. 나는 지금 '은유metaphor'에 대해서 이야기하고 있는 것이다. '원자는 소리 높여 울려 퍼지는 종소리'와 같은 시적 은유는 그 어떤 과학적 설명보다도 원자와 소리 내는 종 사이의 유사점을 간결하게 나타내고 있다.

은유라는 말의 원래 뜻은 무엇인가를 한 장소에서 다른 장소로 옮긴다는 뜻이다.[52] 은유는 고대 그리스의 아리스토텔레스Aristotles 시절부터 창의적인 글쓰기와 연설에서 빠질 수 없는 필수요소였다. 아리스토텔레스는 《수사학Rhetoric》을 통해 이미 은유의 위력을 자세하게 설명했다.[53] 시인 로버트 프로스트Robert Frost는 자신이 "자신의 생각 전체를 은유로 만들기 위해" 애쓰고 있다고 선언했고 다른 사람들은 우리의 생각하고 있는 것들의 거의 대부분이 이미 다 은유라고 주장하기도 한다.[54] 심리학자 스티븐 핑커Steven Pinker는 은유는 "언어 자체에 너무 널리 퍼져 있어서 추상적 생각 중에 은유적이지 않은 표현을 찾기가 어려울 정도"라고 말하기도 했다.[55] 우리가 '버스 정류장은 항상 6시'라고 말한다면 공간은 시간에 대한 은유가 되며, '무無를 향해 흘러가는 화면'이라고 말한다면 변화는 움직임에 대한 은유가 된다. 이런 식의 은근한 은유가 너무나 많기 때문에 우리는 그게 은유인지조차 미처 알아보지 못할 때가 많다.

은유는 상이하게 다른 두 개념 사이의 공통점을 발견해내지만 '실패의 악취'라는 은유가 그럴듯하게 들리는 것은 단지 악취의 불쾌한 본질이 실패와 잘 연결되어서 그런 것만은 아니다. 심리학자 로저 투랑조Roger Tourangeau와 랜스 립스Lance Rips가 80명의 사람들에게 다양한 은유에 대해 반응하는 것을 분석한 실험에서 보여준 것처럼, 은유는 그보다는 조금 더 강력한 힘을 지니고 있다. 두 심리학자가 예시로 든 은유들 중에는 과학자들이 직접 만들어낸 것도 있었고, 이미 출간된 시에서 찾아낸 것도 있었다. 예컨대 "독수리는 새들 사이에 있는 사자" 같은 은유는 과학자들이 만들어낸 것이며, 로버트 프로스트의 〈어느 노인의 겨울 밤An Old Man's Winter Night〉이라는 시에 나오는 "다른 사람이 아닌 바로 자신을 위한 빛이 되었다" 같은 구절 등도 있었다. 실험 참가자들은 투랑조와 립스의 요청대로 한 은유 안에 들어 있는 독수리와 사자 같은 다른 개념들의 특성을 정리했다. 그리고 그런 은유가 자신의 정신 속에서 어떤 모습으로 남게 되는지도 보고했다. 투랑조와 립스는 은유가 단지 두 개념 사이의 공통점, 그러니까 예를 들어 독수리와 사자는 모두 사냥감을 쫓아 잡아먹는 맹수라는 사실 등만을 밝히는 것은 아니라는 사실을 알게 되었다. 그렇기 때문에 사람들은 "독수리는 새들 사이에 있는 사자"나 아니면 "다른 사람이 아닌 바로 자신을 위한 빛" 같은 문장들을 있는 그대로만은 받아들이지 않는 것이다. 은유를 있는 그대로 받아들이는 것 자체가 어쩌면 부조리한 일이 아닐까. 독수리는 당연히 사자가 아니며 노인은 스스로 빛이 되어 자신을 비출 수는 없다. 그 대신 과학자들은 은유가 원래 포함되어 있는 의미와는 무엇인가 새롭고 다른 의미를 이끌어낸다는 사실을 알게 되었다. 예를 들어, 프로스트가 말한 "다른 사람이 아닌 바로 자신을 위한 빛"이라는 말은 노인의 고립된 상황과 고독감을 상기시킨다.[56]

영국의 시인 루스 퍼델Ruth Padel은 은유를 "시의 여정에 힘을 실어주는 가장 극단적인 움직임"이라고 말하며 이러한 정신적 재조립의 힘을 언급하고 있다. 스페인의 시인 페데리코 가르시아 로르카Federico Garcia Lorca 역시 은유를 "두 개의 세상을 묶어주는 새로운 도약"이라고 부르며 강조한다.[57] 은유는 재조립된 사상이 가장 응축되어 있는 형태라고 볼 수 있다.

우리는 시를 읽거나 은유를 살펴볼 때뿐만 아니라 고등학생에서 전문 예술가, 과학자, 작가, 기술자에 이르기까지 다양한 사람들에게 창의성 검사를 실시하며 창의성 안에서 정신적 도약이 어떤 역할을 하는지 조사해볼 수 있다. 이런 종류의 검사나 시험은 대단히 다양하지만 놀랍게도 모두 다 각기 다른 모습 뒤에 숨어 있는 똑같은 능력을 찾아 그 역량을 측정하고 있다. 즉, 정신이 얼마나 멀리, 그리고 얼마나 빨리 여행할 수 있느냐는 것이다.

이런 검사들의 역사는 제2차 세계대전 무렵까지 거슬러 올라간다. 당시 미 공군에서는 조종사들이 추락 같은 긴급 상황에서 어떻게 반응하는지 연구했고, 그러다가 가장 뛰어난 조종사들이라도 언제나 최선의 방향으로 대응하며 기체와 자신의 생명을 모두 살려내지는 못한다는 사실을 알게 되었다.[58] 그 대신 그런 일을 해내는 것은 가장 창의적인 조종사들이며, 가장 뛰어난 조종사를 가장 창의적이라고 말할 수 없는 경우가 종종 있다는 것 또한 알게 되었다.[59] 그래서 미 공군에서는 가장 창의적인 조종사를 가려내기 위해 심리학자 조이 폴 길퍼드Joy Paul Guilford를 데려와 창의성을 측정할 수 있는 검사를 개발하게 했다. 개발 과정에서 길퍼드는 단순하지만 분명한 사실 한 가지를 깨달았다. 인간에게는 기본적으로 확산적 사고와 수렴적 사고라는 두 가지 종류의 사고가 있다는 사실이었다.[60] 확산적 사고란 창의성의 핵심이며 내가 조종하고 있는 기체를 구하는 것 같은 문제에 대해 가능성이 있는 다양한 해결책을 제공한다. 반면에 수렴적 사고는 먼저 여러 가능성을 걸러낸 후 최선의 방법이라고 생각되는 하나의 해결책만을 선택한다. 이렇게 길퍼드의 연구는 정신적 창의성의 본질이 다윈의 이론과 유사하다는 근거를 제공하고 있다. 확산적 사고가 돌연변이와 재조립의 과정에 해당한다면 수렴적 사고는 자연선택에 해당한다. 길퍼드는 또한 인간의 정신은 각기 다른 방법으로 새로운 생각을 만들어낸다는 사실을 깨달았다. 누군가는 돌연변이를 연상시키듯 한 걸음씩 생각을 다듬어가지만 반대로, 그러니까 더 창의성이 넘치는 사람은 한 번에 큰 걸음을 내딛는다.

길퍼드는 이런 연구 결과를 바탕으로 확산적 사고를 확인할 수 있는 다양한 검사를 개발했고 이를 통해 창의성 검사와 관련된 산업이 탄생했다. 초창기 개발된 검사들 중에는 단어와 관련된 검사들이 많았는데 예컨대 어떤 사람에게 '손'이라는 단어를 제시하고 거기에서 연상되는 비슷한 단어들을 적으라고 시킨다. 상상력이 부족한 사람이라면 고작해야 누구나 다 알 수 있는 발이나 팔, 손가락 같은 단어들을 떠올리겠지만 창의적인 사람들은 부드러움, 우정, 도구 같은 독특한 대답들을 내놓는다. 이러한 검사에서 제시되는 단어들에 대한 어떤 한 사람의 대답을 수백 혹은 수천 명의 대답과 비교해보면 우리는 '과일'이라는 단어는 보통 사과, 식용, 나무 같은 단어들과 연결되지만, 때로는 약, 정원, 술 같은 단어들과도 연결된다는 사실을 알 수 있다. '나비'라는 단어를 보면 대부분의 사람들은 곤충, 애벌레, 새라는 단어를 떠올리지만 꽃, 햇살, 덧없음 같은 단어를 떠올리는 사람들도 있는 것이다.[61]

이런 검사를 통해 우리는 익숙한 단어들을 많이 찾아낼 수 있는 능력인 능숙함과 색다른 단어를 찾아낼 수 있는 능력인 독창성을 구분할 수 있다. 능숙하고 융통성 있는 정신이 모두 다 독창성을 발휘할 수 있는 것은 아니다. 남보다 더 많은 관련 단어들을 찾아낼 수 있는 사람도 있지만 그런 단어들은 모두 다 서로 엇비슷하다. 하지만 독창적이고 창의적인 정신이라면 언뜻 서로 관계가 없어 보이는 단어들도 떠올릴 수 있다. 굳이 비교하자면 이 두 부류의 정신은 전 세계를 방랑하는 사람과 집 근처만 돌아다니는 그런 사람이라고 할 수 있다.[62]

장거리 여행이라는 개념은 조금 더 복잡한 단어 연상 검사로
이어졌다. 이른바 '원격 연상 검사remote-associates test'다. 이 검사는
젖소, 스위스, 케이크 같은 세 단어의 조합에서 시작된다. 검사
대상자는 이 세 단어와 모두 연결이 될 만한 단어 하나를 찾아서
말하면 되는 것이다.[63] 대부분의 사람들은 이 세 단어를 보고 그
다지 어렵지 않게 치즈 정도의 답을, 그러니까 해결책을 찾아낼
것이다. 하지만 조금 더 거리가 먼 단어들이 나온다면 문제의 해
결도 조금 더 어려워진다. 나무, 장부, 계좌 같은 단어의 조합이
면 어떨까. 답은 은행이 나올 수 있고, 또 모피, 옷걸이, 겨울 같은
단어의 조합이라면 아마도 외투라는 답이 나올 수 있을 것이다.
검사 대상자들은 보통 주어진 시간 안에 이런 문제를 얼마나 많
이 풀 수 있는지로 평가를 받는다.[64]

그렇다고 단어로만 모든 창의성을 평가할 수 있는 것은 아니
기 때문에 심리학자들은 비언어 관련 창의성을 측정할 수 있는
검사들을 따로 개발했다. 그중 하나가 대체 사용법 검사다. 이 검
사에서 검사 대상자들은 벽돌이나 머리핀 혹은 마분지 상자 같
은 물건을 받고 이 물건들을 본래 용도 말고 또 어디에 사용할 수
있는지 가능한 한 많이 대답해야 한다. 예컨대 벽돌은 서가에 있
는 책이 쓰러지지 않도록 받치는 받침대나 문진 혹은 문 버팀 쇠,
망치 대용으로 사용할 수 있다. 또 다른 검사에서는 구체적인 물
건이 아니라 동그라미 같은 단순한 형태가 주어지는데, 그것을
보고 태양, 얼굴, 꽃, 축구공 등 동그라미와 관련된 그림을 가능
한 한 많이 그려내는 것이다. 다른 검사에서는 예상하지 못한 사
건으로 인한 결과를 상상해보라는 주문을 받는다. 모든 사람이

눈이 보이지 않게 되거나 하늘의 구름에서 밧줄이 내려와 땅까지 닿는다면 그 뒤에는 어떤 일이 벌어질 수 있을까?[65] 이런 검사들 중에서 가장 광범위하게 사용되는 것이 개발자인 심리학자 E. 폴 토런스E. Paul Torrance의 이름을 딴 토런스 창의력 사고 검사 Torrance Test of Creative Thinking다.[66] 토런스는 앞에서도 언급했던 잠시 판단을 유보하는 일의 중요성을 잘 알고 있었기 때문에 자신이 개발한 검사가 대단히 편안한 분위기에서 치러져야 검사 대상자들이 문제를 즐기면서 풀 수 있다는 점을 강조했다.[67]

이런 검사들은 복잡하게 구성되어 있지 않지만 분명 효과가 있다.[68] 예를 들어, 캘리포니아대학교의 건축학과 학생들 중에서 교수들로부터 전공과목과 관련해 특히 창의성이 뛰어나다는 평가를 받은 학생들은 원격 연관성 검사에서도 좋은 평가를 받았다.[69] 다만 학생들이 전공과목과 관련해 창의성을 인정받는 경우는 과학적 실험에서 조금 주관적인 평가일 수 있는데, 그렇다 하더라도 각기 다른 평가자가 어떤 놀라운 결과에 대해 의견을 같이하는 경우만 종종 있는 것이 아니라 원래 '모든' 창의적 작업의 결과들은 다른 사람들에 의해 평가를 받는 법이다.[70] 따라서 사람의 창의성에 대한 단기간의 평가보다는 아무래도 오랜 세월에 걸쳐 나오는 창의적 결과물들에 대한 '장기적인longitudinal' 연구가 더 신뢰가 갈 수밖에 없다. 이와 관련해서는 토런스 검사를 받은 초등학교와 고등학교 학생들을 그 후 22년 동안 살펴본 두 가지 연구 사례가 있다.

연구 대상이었던 이 학생들 중 한 사람이 테드 슈워츠락Ted Schwarzrock이다. 테드 슈워츠락은 여덟 살에 토런스 검사를 받았는

데 건네받은 소방차 장난감을 들고 창의적으로 개선할 수 있는 부분을 스물다섯 군데나 지적해 보여 심리학자들을 깜짝 놀라게 했다. 그로부터 50년이 지나 슈워츠락은 인공호흡 장치나 소염제 같은 의료 관련 기술을 개발하는 성공한 사업가가 되었다.[71] 그리고 특별한 경우는 슈워츠락뿐만이 아니었다. 토런스 검사에서 좋은 평가를 받은 학생들은 미술이나 문학, 음악 분야에서 대중적으로 성공하고 유수한 상을 수상하거나 혹은 특허와 발명으로 성공하는 것을 기준으로 했을 때 조금 더 생산성이 높은 창작자로 성장했다.[72]

하지만 창의성 검사라고 해서 완벽한 것은 아니다. 검사에서 좋은 평가를 받았어도 그다지 뛰어난 창작자로 성장하지 못한 경우도 많이 봐왔기 때문에 우리는 그러한 사실을 잘 알고 있다. 그리고 그런 일이 그리 놀랄 만한 일도 아닌 것이다. 먼저 대부분의 창의성 검사는 타당성이나 적합성보다는 독창성에 초점을 맞춘다. 기발한 생각을 내놓을수록 더 높은 점수를 받는 것이다. 또한 독창적인 생각을 만들어내는 확산적 사고의 재능은 측정하면서도 고르고 고른 하나의 해결책을 제시하는 수렴적 사고는 평가하지 않는다. 대부분의 사람들은 어떤 한 분야에 대해서는 지나치게 많이 알고 있으면서 다른 분야에 대해서는 또 지나칠 정도로 모르고 지내는 경우가 많다. 생물학적 진화와 마찬가지로 인간의 창의성도 중간에서 균형을 잘 잡을 필요가 있다.

게다가 일반적인 창의성 검사는 불과 몇 분에서 몇 시간 안에 마무리가 지어지며 특별한 장비나 기술도 필요 없다. 물론 대리석을 가지고 무언가 창의적인 작품을 만들어달라는 검사가 있다면 지원자를 찾기가 어려울 테니, 절차가 쉬운 검사가 나쁘다는 뜻은 아니다. 다만 그런 검사들은 뛰어난 창작자는 몇 년에 걸친 훈련 과정을 거치고 어쩌면 더 오랜 기간 동안 어려운 시절을 겪어야 할지도 모른다는 사실을 무시하고 있기 때문에 그것이 또 다른 검사의 또 다른 약점이 될 수도 있다는 것이 문제라면 문제다. 창의성 검사는 오아시스를 찾기 위해 사막을 가로질러 가는 용기 같은 특성에 대해서는 전혀 무시하고 있는 것이다.[73]

하지만 그런 단점들을 모두 감안한다 해도 창의성 검사는 우리에게 창의적인 정신에 대해 많은 것을 알려주었다. 예컨대 단어의 연관성을 찾아내는 검사를 통해 '원거리'와 '근거리'를 측정하는 역량은 그 거리가 우리 정신의 지도를 만든다는 은유 이상의 의미를 지닐 수도 있음을 보여주었다.[74] 그리고 모든 검사가 창의적 정신은 엄청나게 떨어진 거리를 단숨에 뛰어넘을 수 있음을 아울러 보여주었다.

이런 사실들을 확인하는 데 있어 창의성 검사만 사용되는 것은 아니다. 우리 정신이 형상을 재조합하는 데 도움을 주는 실험들도 같은 역할을 한다. 이런 실험들에서 심리학자 알버트 로텐버그Albert Rothenberg는 미술을 공부하는 학생이나 시각예술 전문가들에게 정말로 서로 전혀 상관없고 거리가 멀어 보이는, 다시 말해 '원거리'의 두 형상을 보여주었다. 예를 들어, 첫 번째 형상이 탱크 옆에서 소총으로 무장한 채 웅크리고 있는 병사들이라면, 두 번째 형상은 화려한 프랑스식 침대인 식이다. 그리고 로텐버그는 또 다른 무리의 학생들에게 두 개를 합친 형상, 즉 병사들과 침대가 함께 있는 모습을 보여주었다. 그런 다음 이러한 형상들에서 영감을 얻어 새로운 그림을 그려보라고 했고, 그렇게 완성된 그림을 다른 전문가들에게 보여주고 평가를 부탁했다. 이 전문가들 중에는 직업 화가와 미술 교사, 관련 비평가 등이 포함되어 있었다. 그 결과 두 개가 합쳐진 형상이 학생들로부터 더 창의적인 그림을 이끌어낸다는 사실이 밝혀졌다.[75]

시각예술을 전문으로 하는 예술가들에게 주어진 합쳐진 형상의 역할은 시를 읽은 독자들에 대한 은유의 역할과 같다고 할 수 있다. 그리고 로텐버그가 '단일공간적 사고homospatial thinking'라고 부르는 똑같은 원칙이 역시 다른 형태의 창의성을 강화시켜준다는 사실도 밝혀졌다. 로텐버그는 1천 시간에 걸쳐 미국과 영국의 작가와 과학자 들을 만나 이야기를 나누었고, 이들은 같은 공간 안에 있는 서로 다른 종류의 모습을 나타내는 형상들이 자신들의 창의적 결과물에 도움을 준다고 확인해준 것이다.[76] 로텐버그의 작업은 또한 유명한 역사적 일화들을 아울러 조명해주고 있다. 예컨대 케쿨레는 꿈속에서 원자들이 뱀 모양 비슷한 사슬로 변하는 모습을 보았다. 이 뱀들이 서로의 꼬리를 물고 이어지는 모습을 본 후 케쿨레는 벤젠의 그 유명한 고리 모양의 분자구조를 떠올릴 수 있었다.[77] 알베르트 아인슈타인은 상대성이론을 연구할 때 자신이 직접 광선을 타고 여행하는 상상을 했던 것으로 유명하며, 물리학자 도널드 글레이저Donald Glaser는 아원자입자를 감지하는 기포상자를 만들어낼 때 액체수소가 들어 있는 통을 타고 지구 궤도 위를 도는 상상을 했다고 한다.[78]

그 밖에도 또 다른 심리학 실험들이 창의적 정신이 그 촉수를 세상 속으로 더 멀리 뻗고 있다는 사실을 보여주고 있다. 나는 창의적인 사람들이 그저 의식적으로 새로운 경험만 추구하고 있다고 말하는 것이 아니다. 우리는 이미 경험한 것들을 다시 재조립만 할 수 있기 때문에 그런 말은 그저 그런 뻔한 소리에 불과한 것이며, 나는 요컨대 조금 더 미묘하고 무의식적인 감수성을 말하고 있는 것이다.

어떤 실험에서 204명의 대학생들은 철자 바꾸기 문제들을 풀어야 했다. '상원의원senator'이라는 단어를 단어 속 철자만 이용해 '배신treason' 같은 새로운 단어로 만드는 일종의 수수께끼 문제였다. 실험에 들어가기에 앞서 대학생들은 단어 목록 하나를 받아서 보았고 동시에 연구진은 다른 단어 목록을 보여주지는 않고 그냥 읽어주었다. 학생들은 귀로 들은 단어는 무시하고 눈으로 본 단어는 외우도록 해보라는 지시를 받았다. 그런데 학생들이 몰랐던 것은 두 단어 목록 모두에 이제부터 풀어야 하는 철자 바꾸기 문제의 해답들이 포함되어 있었다는 사실이었다.

그리고 철자 바꾸기 문제를 본격적으로 풀게 되었을 때 창의성이 높은 학생들은 다른 학생들과는 다른 결과를 보여주었다. 이들은 아까 듣고도 무시하라는 지시를 받았던 단어 목록에 있던 단어들의 철자 바꾸기 문제들을 더 잘 풀었다. 다시 말해, 그들의 정신은 관련 없는 것처럼 보이지만 실제로는 중요했던 정보들을 구분해내는 데 더 민감하게 반응했던 것이다.[79] 이런 실험 결과는 과학적 발견의 역사를 잘 아는 사람이라면 누구나 이해할 만한 결과였다. 과학적 발견의 역사는 다른 사람들이 무시하는 정보에 관심을 기울였던 사람들의 이야기로 가득 차 있다. 비타민 C를 발견한 것으로 유명한 헝가리 출신의 화학자 알베르트 센트죄르지Albert Szent-Gyorgyi는 이런 말을 남겼다. "발견은 다른 사람들과 똑같은 것을 바라보면서 전혀 다르게 생각할 때 해낼 수 있는 것이다."[80]

예민한 감각과 단일 공간적 사고, 원격 연관성은 모두 같은 재능을 다른 식으로 표현하고 있는 것이다. 빠르게 먼 거리를 이동할 수 있는 이 재능은 몇 분 혹은 몇 시간에 걸친 심리검사가 진행되는 동안 창의적 정신을 통해 확인될 수 있다. 이런 검사에서 발견되는 창의적 정신의 번뜩이는 영민함은 인간 창의성의 축소판이라고 할 수 있지만 이와 똑같은 재능을 통해 인생의 여정 동안 축적된 지식이 재조립된 놀라운 창작품이라는 화려한 불꽃이 쏘아 오를 수도 있다. 우리의 정신이 꿈꾸고 놀고 또 잠시 휴식을 취하거나 나중에는 결국 완벽으로 가는 발판이 될 수도 있지만 대개 머릿속에서 지워버리게 되는 모자라는 생각들에 대한 판단을 일시적으로 유보할 때, 이런 재조립은 더 쉬워지는 것이다.

DNA의 재조립이 적응 지형도에 대한 생물학적 진화의 탐험에 도움이 되는 것처럼, 정신적 재조립은 우리의 창의성에 중요한 역할을 한다. 따라서 놀이를 포함한 다른 방법들을 통해 우리는 정신적 지형도를 뛰어넘거나 맴돌게 해주는 정신 상태에 도달하게 된다. 그리고 모든 종류의 창조의 중심에는 그런 지형도들이 있기 때문에 인간 창의성을 지형도로 바라보는 관점은 우리 대부분이 고민하고 있는 문제들에 대한 해답을 이끌어내는 데 도움이 된다. 즉, 어떻게 하면 자녀들을 잘 양육하고 어떻게 하면 혁신적으로 사업을 잘 운영하며 혹은 국가 전체를 창의적인 힘의 발전소로 만들 수 있을까 하는 문제들 말이다.

9장

/

한 명의
아이에서 문명에
이르기까지

LIFE FINDS A WAY

LIFE FINDS A WAY

한국의 고등학생들은 전국적으로 동시에 실시하는 대학 입학시험인 '수학능력시험'이 끝날 때까지 하루에 열세 시간씩 공부하고 잠은 여섯 시간 정도밖에 자지 못하는 생활을 몇 개월간 계속한다. 거기에 방과 후에는 이른바 '학원'이라고 부르는 보조 사교육 시설을 찾아 그야말로 영혼까지 분쇄되는 시간을 보내기도 하는데, 이런 형편이니 수능이 끝나고 학생들이 교과서를 창문 밖으로 집어던지는 것도 일견 이해가 간다. 수능 당일에는 한국의 모든 일상생활이 수능 시작 시간에 맞추어 잠시 중단된다. 어머니들은 전국의 사찰을 찾아 불공을 드리며 시에서는 학생들을 위해 추가로 대중교통을 증편한다. 항공기들은 영어 듣기 평가 시간을 방해하지 않기 위해 수능이 치러지는 시험 장소 상공 위를 피해서 운항하며 경찰들은 경찰용 차량으로 지각한 학생들을 실어 나른다. 심지어 시위대들도 시위를 연

기하는데 이만하면 이 한국의 수능이라는 시험이 대중의 상상력까지 지배할 수 있을 것 같다.[1]

이런 한국의 수능시험 못지않게 중요하며 학생들을 학대하는 시험이 중국의 대학 입학시험인 '가오카오高考'다. 매년 900만 명 이상이 치르는 이 시험을 위해 중국의 학생들은 심할 경우 다섯 살 무렵부터 시험을 준비하며 중국의 '호랑이 엄마'들은 어린 자녀들에게 글자와 구구단을 가르치기 시작한다. 시험을 잘 보면 대학에 입학하고 아마도 더 나은 생활을 보장받게 되겠지만 실패하면 사회의 밑바닥 인생을 살게 될 수도 있다. 중국의 학부모들은 자녀들이 사회계층의 사다리 위로 올라가주기를 바라고 미국의 부유층 부모들은 자녀들이 이미 올라와 있는 위치에서 밑으로 떨어지지 않을까 두려워한다. 부모들의 지나친 기대에 대한 대가로 고등학교 학생들은 마치 압력솥 안에 들어가 있는 것 같은 압박을 받는다. 미국의 한 상류층 고등학교의 학생은 이렇게 말했다. "우리는 십 대 청소년이 아니라 그저 경쟁만을 부추기는 사회적 체계 안의 영혼 없는 몸뚱이들일 뿐이다."[2] 이 정도 압박들을 받고 있으니 중국의 가오카오나 미국 상류층 고등학교의 엄격함이 십 대들의 자살이라는 현실과 관련이 있는 것도 당연한 일일 것이다.[3]

교육과 관련된 세상에서 아이들과 부모들은 그야말로 단세포적이면서 중력의 법칙처럼 피할 수 없는 다윈 법칙의 지배를 받는다. 그 법칙이란 성공의 유일한 열쇠가 극심한 경쟁이라는 것이다. 경쟁이 더 심해질수록 성공의 대가도 더 커진다. 이런 비정한 세상에서 고통에 시달리며 급기야 자살까지 하는 청소년들은 그저 감수해야 하는 부수적 피해에 불과하며, 국가적으로 또 국제적으로 경쟁이 가능한 학생들이라는 한 가지 결과만 중요시하는 경쟁사회에서는 그저 뒤쳐진 존재들일 뿐이다. 적어도 '국제학업 성취도 평가Programme for International Student Assessment, PISA' 같은 국제적인 비교 기준에 따르면, 아시아의 교육 체계가 그런 경쟁력 있는 학생들을 만들어낼 수 있다는 사실은 분명해 보인다. 이 성취도 평가에 따르면 중국과 한국의 학생들은 매년 수학과 언어 영역, 과학에서 상위권을 놓치지 않고 있다.[4] 바로 그런 이유 때문에 일부 교육학자들은 아시아의 이런 강제적 교육 체계를 일종의 경외심을 갖고 바라보기도 한다.[5]

자기 자신도 학교에서는 열등생이었던 찰스 다윈은 어쩌면 이런 교육에 대한 약육강식의 관점에 대해 다소 반발했을지도 모른다. 우리의 정신 속에 경쟁의 가치를 심어준 것이 의심의 여지 없이 그의 이론이라는 사실에도 말이다. 그와 동시에 다윈은 경쟁이 과연 무엇이 문제인지 따져보느라 더 골머리를 썩였을지도 모른다.

사실 경쟁 자체에는 아무런 문제가 없었다. 경쟁은 필수불가결한 존재였으니까.

하지만 경쟁만으로는 충분하지 않았다.

성취감을 느끼며 생산적으로, 그리고 무엇보다도 창의적으로 살아갈 사람들을 교육시키기에는 경쟁만으로는 충분하지 않다. 그들에게 창의성은 결코 사치품이 아니다. 혁신적인 조직과 역동적인 사회를 만들어나가는 데 있어 창의성의 중요성은 날로 높아져가고 있다. 2010년에 실시된 IBM의 설문조사에 따르면 33개 산업 분야의 1,500여 명에 달하는 경영자들은 창의성이야말로 사업적 성공의 가장 중요한 요소라고 입을 모아 말했다고 한다.[6] 그리고 미국의 전 대통령 버락 오바마는 2010년 어느 회의에서 이렇게 말했다. "우리가 물려받은 가장 위대한 자산은 다름 아닌 혁신적이고 창의성이 뛰어난 미국의 국민들이다. 이런 자산이야말로 미국의 번영에 필수 요소이며 이번 세기를 보내며 아마도 더욱더 그렇게 될 것이다."[7]

경쟁이 이런 창의성을 바탕으로 한 성과의 핵심 요소로 생각된다 하더라도 경쟁만으로는 그런 성과를 만들어낼 수 없다. 그렇다면 그런 성과의 밑바탕에 무엇이 있는지 찾아내려고 할 때 도움이 되는 것은 다름 아닌 지형도 사고다. 이번 장에서는 우리 자신과 조직과 국가를 가능한 한 창의적이고 혁신적으로 만들려면 어떤 것을 포기하고 어떤 것을 버려야 하는지를 알기 위해 우리가 이 사회를 떠받치고 있는 정치와 정책에 이런 지형도 사고를 어떻게 적용할 수 있는지 살펴보려고 한다.

현재 우리가 갖고 있는 가장 큰 문제점 중 하나는 초경쟁을 지향하는 교육 체계가 오직 결과만을 중시하며 실패를 용납하지 않고 표준화된 시험만 극단적으로 강조한다는 것이다. 미국의 대학 입학 자격시험 SAT처럼 한 번에 모든 것을 결정하는 일괄적 시험 체계는 유치원부터 시작해 고등학교까지 이어지는 교육과 학습의 근본을 조금씩 무너트린다. 음악과 미술, 간단한 놀이가 중심이 되어야 하는 곳에서부터 수학과 언어능력만이 중요한 위치를 차지하게 되니 말이다.[8] 이런 종류의 극단적인 시험들의 문제는 진정한 학습을 위한 시간을 빼앗는 것에만 있는 것이 아니라 지나치게 교육을 획일화시키는 데도 있다. 이런 모습은 지형도 관점에서 볼 때 특히 무시하지 못할 위험이 된다. 단순히 하나의 정신 안에서뿐만 아니라 다양한 종류의 지식과 기술을 품고 있는 정신들 사이에서도 정신적인 재조립의 가능성을 제거하기 때문이다.

획일화 혹은 균질화는 중국의 가오카오 시험의 전신이라고 할 수 있는 이른바 과거제도가 의도했던 결과였다. 과거제도는 1,300여 년 전 중국 대륙에 제국이 건설되었을 무렵부터 관료들을 선발하기 위해 도입된 제도다. 평균 합격률이 2퍼센트에 불과했던 과거 시험에 합격하기 위해서는 몇 년 혹은 몇십 년 동안 준비해야 했다. 응시자들은 일종의 민법과 조세제도에 대한 시험을 치렀지만 가장 중요한 것은 공자의 가르침을 중심으로 한 유학이었고, 유학의 본질은 질서와 복종의 가치였다.[9] 과거제도는 상류 지도층을 중심으로 하는 제국의 건설에 이바지했으며 동시에 황제의 권위를 유지시켜줄 수 있는 사상적 가치를 계속해서 주입시켰다. "하늘 아래 모든 영웅호걸이 다 내 손바닥 안에 있느니라." 이 말은 7세기 당나라 태종 황제가 황궁에 집결한 과거 시험 합격자들을 내려다보며 한 말이라고 한다. 과거 시험에서 떨어진 사람들 중 상당수는 다시 서당의 훈장이나 과외 스승이 되어 유학의 가르침을 계속해서 전파했으며 이렇게 유학을 공부하는 동안 체제에 대한 저항정신은 점점 무뎌져갔다. 당나라의 시인 조하趙嘏가 "모든 영웅호걸의 기세를 일찌감치 꺾는 전략"이라고 불렀던 이 과거제도는 거의 천 년이 넘는 세월 동안

이어지며 제국에 획일화되고 순종적인 지배층을 계속해서 제공했다.[10]

　중국을 포함한 오늘날의 다른 아시아 각국 정부들은 초경쟁 사회를 지향하는 시험 제도가 사화에 미치는 해악에 대해 잘 알고 있다.[11] 하지만 불행하게도 중국이든 서방 사회든 대학 입학을 포기하는 것은 아이의 미래를 건 도박이나 다름없기 때문에 아이들은 결국 사회체제의 인질이 될 수밖에 없다. 시험 중심의 교육 제도는 창의적 사고를 방해한다는 분명한 증거와 자료가 있지만 이런 상황은 계속 이어지고 있다. 창의성을 측정하는 한 방법인 토런스 검사에 대해 생각해보자. 토런스 검사에 따르면 유치원에서 고등학교 졸업반 사이에 해당하는 미국의 학생 25만 명의 창의성은 1990년 이후 계속 천천히 떨어지고 있으며 다만 IQ 점수는 지속적으로 증가하고 있다. 여기에는 텔레비전과 휴대용 전자 기기들이 일정 역할을 하고 있겠지만 그렇다고 거기에 모든 책임을 지울 수는 없다. 미국의 학교에서 그 주범은 표준화된 시험 제도이며 이런 시험을 준비하기 위해 들어가는 시간이 점점 늘어나고 있는 것이다.[12] 슬프게도 중국의 학생들이 처해 있는 상황은 그보다 더 심각하다. 한 연구에서는 미국과 중국의 두 명문 대학인 예일대학교와 베이징대학교의 학부생 139명에게 예술 작품을 만들어보라고 부탁했다. 그 작품들의 창의성을 판단하는 것은 중국과 미국 사람들로 이루어진 9명의 판정단이었다. 그 결과 판정단은 인종적 배경과 무관하게 중국 학생들의 창의성이 미국 학생들에 비해 떨어진다는 결론을 내렸다. 중국의 사회적 환경이 더 혼란스럽고 복잡한 것도 이유가 되겠지만 판정단은 미국과 비교해 획일화된 시험에 대한 의존도가 더 높고 창의적인 노력에 쓸 시간이 부족한 중국의 교육 문화를 주로 비판했다.[13]

초경쟁 사회를 지향하는 교육적 모형은 지형도의 핵심적인 교훈, 즉 봉우리 정상에 도달하기 위해서는 선택과 판단이 잠시 유보되는 동안 자유롭게 탐색할 수 있는 시간이 필요하다는 교훈을 무시하고 있다. 미취학 아동들은 특별히 학교에서의 수업보다 이런 탐색을 통해 훨씬 더 많은 것들을 배울 수 있다. 한 연구에서 343명의 어린아이들을 교사가 교실 안에서 지도하는 정식 유치원 교육을 받는 아이들과 대부분의 시간을 '아이들 마음대로' 평범한 예전 방식의 놀이를 할 수 있도록 내버려둔 아이들로 구분해 비교한 적이 있었다.[14] 이 아이들이 자라 4학년쯤 되자 유치원에서 교사의 지도를 받았던 아이들보다 자유롭게 뛰어놀았던 아이들이 더 좋은 점수를 받기 시작했다. 게다가 유치원 교육을 받았던 아이들은 수많은 다른 생물종에게 놀이가 중요하듯 인간으로 성장하기 위한 중요한 요소가 될 수 있는 탐구와 탐색의 시기를 놓치고 말았다.[15]

조금 더 나이가 들어 수학과 과학, 문법과 같은 과목의 엄격한 규칙에 집중해야 할 때에도 창의성을 기르는 훈련의 중요성은 사라지지 않는다. 이런 연습이나 훈련은 일반적인 미술이나 음악 수업의 범위를 넘어서는 것으로 다른 모든 과목 안에 쉽게 포함시킬 수 있다. 그 대표적인 사례가 바로 미국의 교육전문가 케리 뢰프Kerry Ruef가 창안한 '프라이빗 아이 프로젝트Private Eye Project' 다. 뢰프는 유추와 은유적 사고를 중심으로 아이들의 창의성을 강화시키는 것을 목표로 하고 있다. 문학과 과학에서 특히 중요한, 서로 상관없어 보이는 것들 사이의 연결 관계를 만들어낼 수 있는 것이 바로 이런 사고들이다.[16] 소형 돋보기 같은 단순한 도구를 이용해 조개껍질이나 곤충의 날개, 낙엽 등을 관찰하는 프라이빗 아이 프로젝트의 자유로운 훈련은 보통 믿기지 않을 정도로 간단한 문답과 함께 시작된다. 예컨대 "그것을 보면 무엇이 떠오르는가?" 같은 질문들이다. 땅에 떨어져 말라버린 낙엽을 본 아이들은 뱀의 비늘이나 썩은 뼈, 벌집이나 털실 담요, 구멍이 난 깃발이나 피부 각질 같은 것을 떠올릴지도 모른다. 이런 비교는 그림 그리기나 건조의 물리학 혹은 "어제까지 나는 초록색 깃발이었는데 이제 내 몸은 온통 구멍투성이다" 같은 이야기 만들기 등의 출발점이 될 수 있다. 어쩌면 뢰프 본인이 저명한 시인이라는 사실도 우연은 아닐 것이다.

유치원생들이 이렇게 프라이빗 아이 프로젝트를 통해 유익한 도움을 받을 수 있게 되는 동안 버클리대학교에서는 조금 더 나이 든 아이들의 지속적인 관심을 요구하는 '스튜디오 HStudio H'라는 이름의 프로그램을 개발했다. 스튜디오 H는 원래 건축가 에밀리 필로톤Emily Pilloton이 시작한 비영리 과정으로, 버클리대학교 안에 위치한 무료 학습 공동체의 정규 과정 중 일부다. 이 과정을 통해 수강생들은 농부들을 위한 직거래 장터 개설이나 노숙자들을 위한 소형 주택 건설 같은 실질적인 사업을 펼치고 있다. 이런 집이나 시설 등을 만들기 위해 학생들은 먼저 건축 설계와 모형 만들기, 각종 공구 사용법 등을 배워야 한다. 그다음에 일종의 확산적 사고의 일환으로 다양한 계획을 세운 뒤 다시 수렴적 사고

로서 한 가지 계획을 선택해 다 같이 힘을 합쳐 그 계획을 실천에 옮긴다.[17]

스튜디오 H는 진행 과정이 복잡한 편이다. 사실 조금 더 단순하고 적당하게 여유를 갖고 진행되는 과정이 장기적으로 더 강력한 영향을 미칠 수도 있다. 스페인에서는 열 살에서 열한 살에 이르는 88명의 학생들을 대상으로 하는 연구가 진행되었다. 이 학생들은 두 그룹으로 나뉘어 거의 한 학년 내내 관찰 대상이 되었다. 첫 번째 학생들은 모두 54명으로, 창의성을 강화시킬 것으로 예상되는 활동에 참여했다. 그중에는 학생들이 서로 짝을 이루어 한 학생이 동물을 그리면 짝이 그 동물의 몸 각 부분을 보고 다른 모양을 연상해 그리는 활동도 있었다. 누군가 코끼리를 그렸다면 그 코끼리 귀를 보고 나비의 날개를 떠올리는 식이었다. 또 다른 활동에서 학생들은 새로운 광고를 상상했고 숟가락 같은 익숙한 물건에 으깬 감자 발사대 같은 새로운 이름을 붙이거나 암소나 오리 같은 어울리지 않는 짝이 전화 통화를 하는 모습 등을 그려보았다. 두 번째 학생들은 54명을 뺀 나머지 32명으로, 일반 학교 교과과정에서 볼 수 있는 평범한 미술 수업을 들었다. 하지만 그 안에서도 창의성을 강화시킬 수 있는 내용이 추가되었다. 한 학년을 마칠 무렵 모든 학생들은 고정된 사고방식을 바꾸거나 새롭고 신기한 생각을 이끌어내고 또 두 화가의 독창성을 평가할 수 있는 그런 모습을 생각해낼 수 있는 역량이 있는지에 대한 시험을 치렀다. 자유롭게 창의성을 발휘하는 시간을 가졌던 아이들은 일반적인 미술 수업을 들은 아이들에 비해 창의성 측면에서 더 높은 점수를 받았을뿐더러, 그중에서도 학년을 시작하기 전에는 창의성 점수가 가장 낮았던 학생은 가장 크게 달라진 모습을 보였다.[18] 다른 연구들 또한 창의성을 훈련하는 것은 운동을 배우는 것과 비슷하다는 사실을 보여준다. 누구든 제대로 된 방법을 따른다면 테니스 치는 법을 배울 수 있다. 윔블던 코트에 설 수 있는 대선수가 되는 것은 또 다른 문제이기는 하지만 말이다.[19]

하지만 창의성 관련 훈련을 한다고 해서 대학과 직장에서 성공할 최고의 후보자를 고르는 문제가 해결되는 것은 아니다. 다행히도 많은 문제를 안고 있는 표준화된 시험에 대한 대안이 있다.[20] 성적표나 교사의 평가 등은 구식 방법처럼 보이지만 여전히 효과가 충분하다. 그 좋은 예가 2014년 33개 대학에 등록된 12만 3천 명의 미국 대학생들을 대상으로 한 연구였다. 이 대학들은 입학 지원자들에게 표준화된 시험 성적을 요구하지 않았는데, 이 연구에 따르면 SAT 점수가 높다고 해서 대학생의 대학 성적이 고등학교 시절만큼 좋을 것이라고 예측하기는 어렵다는 사실을 보여주었다. 고등학교 시절의 성적은 낮았고 SAT 점수는 높았던 대학생들 역시 대학에서 성적이 그리 좋지 못한 경우가 있었고 끝까지 학업을 마치지 못하기도 했다.[21] 또 다른 대안은 평가를 전담하는 기관이다. 이런 기관의 효시는 제2차 세계대전 기간 동안 뛰어난 첩보원들을 골라내야 했던 미국의 정보기관들이었다. 오늘날의 경우 AT&T와 제너럴 일렉트릭 같은 기업들에서는 기업 차원에서 설치된 평가 기관이 전문 기술직에 지원한 지원자들을 평가하고 있다. 입사 지원자들은 이런 평가 기관에서 최대 며칠 동안 시간을 보내며 면담을 치르고 개별 임무들을 수행하며 단체 활동에 참여한다. 이런 과정을 통해 기업 측에서는 단지 업무와 관련된 기술의 숙련도뿐만 아니라 동기 의식과 협업 능력, 감성 지능 등을 평가한다.[22]

이런 성적표와 평가 기관은 성과를 위주로 한 평가와 선택을 허용하지만 그렇다고 해서 일반적이지 않은 기술이나 문제 해결 과정에 대해 무조건 점수를 깎거나 하지 않는다.[23] 다시 말해, 개인이든 단체든 거기서 드러나는 일반적이지 않은 다양성을 포용한다는 뜻이다. 다양성은 창의성에 대한 지형도 사고의 가장 기본적인 요소라고 볼 수 있다. 인간의 지식은 대단히 방대하기 때문에 그것을 받아들이기 위해서는 20년 가까운 학교 교육이 필요하다. 하지만 한 사람의 정신은 그중 일부만 흡수할 수 있을 뿐이다. 대신 그렇게 흡수한 내용들을 다양한 방식으로 재조립하는 것이다. 미래의 곤란한 문제들을 해결할 수 있는 지식은 적절하게 재조립되어야 하며, 그 가능성은 각기 다른 기술을 가진 각기 다른 정신을 포용하는 것과 다양한 교육을 통해 높일 수 있다. 한 사회의 창의성과 관련된 잠재 능력은 수학과 언어 같은 몇 안 되는 핵심 과목들을 제외하고 각각의 학교들이 다루는 부분이 덜 겹쳐야 한다. 또 학교 학생들이 과학과 미술, 이론과 실기, 학문과 직업 등의 과목들의 각기 다른 조합을 탐색할 수 있을 때만 크게 빛을 발할 수 있다. 반면에 표준화된 시험이 이끄는 교육은 반대의 효과를 낼 수 있는데, 그런 교육은 모든 학생을 최대 속도로 오직 위로만 올라가도록 만들 뿐만 아니라 동시에 똑같은 언덕으로만 향하도록 만드는 것이다.[24]

교육이 다양성을 유지하기 위해서는 교사들이 다양한 내용을 가르칠 수 있는 자율성을 확보할 수 있어야 한다. 또한 그 못지않게 학생들도 자신들의 독특한 관심사를 추구할 수 있는 자율성을 확보할 수 있어야 한다. 그 이유는 이른바 '내재적 동기' 때문이다. 내재적 동기는 어떤 외부의 보상이 전혀 없을 때에도 무언가를 해내고 싶어 하는 심리를 칭한다. 내재적 동기와는 반대로 외적인 동기부여는 오히려 창의성을 말살할 수도 있다. 하버드대학교의 연구원인 테레사 애머빌Teresa Amabile은 창의적인 작가들에 대한 실험을 통해 심지어 외부의 보상은 그에 대한 '생각'만으로도 창의성에 나쁜 영향을 미칠 수 있다는 사실을 보여주었다.[25] 이 실험에서 애머빌은 작가들을 두 분류로 나누었다. 첫 번째 작가들은 창의적인 글쓰기와 관련해 얻을 수 있는 내적인 즐거움에 대한 질문지를 작성했고, 두 번째 작가들은 사람들의 인정이나 경제적 안정 혹은 출간 시 높은 판매고 등 외적으로 얻을 수 있는 보상에 대한 질문지를 작성했다. 그런 다음 모든 작가들에게 짧은 시 몇 편을 써달라고 했고 그 시를 10여 명의 시인들이 읽었다. 판정단 역할을 했던 시인들은 앞서 외적인 보상에 대해 먼저 생각해보고 쓴 시들에 대해 그다지 좋지 못한 평가를 내렸다.[26]

내재적 동기의 위력을 통해 배울 수 있는 실질적인 교훈은 어린 시절 자신의 소명을 발견한 탁월한 창작자들의 존재가 아닐까. 하버드대학교의 생물학자 E. O. 윌슨Edward Osborne Wilson은 열 살이 되기 전에 이미 꼬마 생물학자가 되었고 노벨상을 수상한 미국의 화학자 라이너스 폴링Linus Pauling은 열세 살 무렵부터 화학 실험을 시작했다고 한다. 천문학자 베라 루빈Vera Rubin은 또 어떤

가. 그녀는 열 살밖에 안 된 나이에 자신이 얼마나 하늘의 별들을 사랑하고 있는지 깨달았다.[27] 이들이 지니고 있던 내면의 동력은 경직된 일반 학교의 교과과정뿐만 아니라 지나치게 엄격한 교사나 지루한 학교생활, 융통성 없는 관료제도, 의미 없는 암기, 반복되는 지루한 일상 등에 의해 무너져내릴 수도 있었다.[28] 이런 문제에 관해 아인슈타인은 그 유명한 말을 남기지 않았던가. "현대의 교육 방식이 모든 것에 대해 의문을 품는 성스러운 호기심을 아직까지 완전히 망치지 않은 것은…… 과연 기적에 가까운 일이 아닐 수 없다."[29]

하지만 내재적 동기를 유지할 수 있도록 자율성을 기르는 일은 생각보다 더 어려운 일이다. 창의성이 뛰어난 학생들은 종종 위험을 즐기거나 충동적인 성향 등의 특징을 드러내는데, 이런 모습은 교사가 만족스러워하거나 인정하고 넘어갈 수 있는 책임감, 신뢰도와는 상충되는 부분이 있다. 그리고 대부분의 교사들이 자신들은 창의적인 학생들과의 수업을 만족스럽게 여긴다고 주장하겠지만, 일련의 심리학 연구는 다른 결과들을 보여주고 있다. 실제로 교사들이 가장 좋아하는 학생은 규칙적이고 예의바르며 좋은 성적으로 교사에게 만족감을 주는 학생들이다. 반면에 반항적이고 활력이 넘치며 규칙을 따르지 않는 창의적인 학생들은 문제 학생으로 생각하는 경향이 있다.[30] 하지만 교사들에게 누구에게도 구애받지 않은 호기심 강한 학생을 키워내는 모든 책임을 맡기는 것은 조금 과하다고 할 수 있다. 수십 명이 넘는, 어디로 튈지 모르는 아이들을 통제하려고 애쓰는 교사를 비난할 수 있는 사람은 아무도 없다. 여기에서는 부모가 훨씬 더 중요한 역할을 해야 한다. 그중에서도 정말 중요한 부분은 적절한 양육 방식을 선택하는 것인데, 아이들이 학교에서 배우는 내용들에 신경 써야 하는 것은 물론, 동시에 아이들의 정서적인 버팀목이 되어주어야 한다. 아이들이 학교에서 배우는 내용들에 부모가 신경 쓴다는 것은 아이들이 정해진 내용 이상을 자발적으로 공부할 수 있도록 이끈다는 뜻이며 정서적 버팀목이란 아이들의 자율성을 지지해준다는 뜻이다.[31]

요컨대, 지형도 사고는 아이들의 교육에 대한 단순하면서도 보편적인 원칙을 제시하고 있다. 다양성을 개발하고 자율성을 장려하는 교육을 통해 각 개인은 다양한 기술을 지닐 수 있다는 것이다. 또한 각기 다른 개인들은 언제든 다른 방식으로 활용할 수 있는 서로 다른 기술을 지닐 수 있게 된다. 이런 기술들을 습득하는 과정은 창의성 훈련과 놀이를 중심으로 한 학습으로 이어진다. 이런 과정은 초경쟁 사회만을 지향하는 오늘날의 학교 교육이 시험만 준비하느라 낭비하는 시간에 좋은 영향을 끼칠 수 있다. 그리고 계속해서 살펴보겠지만, 같은 원칙이 미래의 창의적 인재들을 교육하는 데 특화된 대학에서도 각기 다른 형태로 적용된다.

2009년 초, 나는 내가 있는 취리히대학교의 박사과정에 지원하는 어느 학생의 지원서를 받았다. 이 학생은 소위 말하는 명문대 출신이 아니었고 학부 성적도 중간 정도였다. 그리고 몇 년 동안 공부를 쉬고 있었던 상황이었다. 보통은 이런 학생은 박사과정에 받아주지 않지만 지원서와 자기 소개서의 내용이 논리적이고 잘 구성되어 있었다. 그리고 뜨거운 열정이 넘쳐흘렀다. 그래서 나는 아미트 굽타Amit Gupta를 한번 믿어보기로 했다.[32]

나는 내 선택을 후회하지 않았다. 그 후 4년 동안 굽타는 우리 연구소에서 박사 학위를 위한 연구를 진행했다. 그와 많은 대화를 나눈 결과 그가 자신의 연구와 관련된 모든 내용을 직접 생각해내고 있으며 자신의 창의성으로 모두를 도울 수 있을 만큼 열정적인 협력자라는 사실을 알게 되었다. 굽타는 언제나 공부와 자신이 좋아하는 록 음악 사이에서 균형을 잘 잡았는데 학부 시절 좋지 않았던 성적은 아마도 음악에 너무 심취했던 결과인 것 같았다. 어찌 되었든 그렇게 4년이 흘러 굽타는 모든 젊은 과학자들이 간절히 원하는 결실을 거두었다. 그의 연구 결과가 가장 저명한 과학 전문 잡지인《네이처Nature》에 실리게 된 것이다.

상대가 고등학생이든 대학원생이든 창의적인 재능을 알아차리는 것은 그리 쉬운 일이 아니다. 하지만 흐르는 시간에 관계없이 변하지 않는 것이 있으니, 미국 대학원 입학 자격시험Graduate Record Examination, GRE 같은 표준화된 시험들은 크게 도움이 안 된다는 사실이다. 아미트 굽타 역시 시험 성적으로 탈락했거나 최소한의 평균 점수를 요구하는 대학원 과정에 들어갔더라면 실패를 맛보았을지도 모른다. 나 자신 역시 수년에 걸쳐 인재를 선발하는 가파른 학습 곡선을 오르며 무언가 새로운 사실을 배우지 못했다면 굽타를 박사과정에 뽑지 않았을지도 모른다.

내가 제대로 된 인재 선발 학습 곡선을 경험하기 시작한 것은 게르만식의 엄격한 교육 제도를 그대로 유지한 고향 오스트리아의 학교를 떠나 1980년대 미국의 대학원에 진학하면서부터 였다. 그로부터 몇 년이 지나 박사 학위를 손에 쥐게 된 나는 다른 모든 동료들이 실제로 다 그렇게 하는 것처럼 박사 학위는 있지만 안정된 직장 없이 정처 없이 떠도는 연구자로서 부평초 같은 삶을 살았다. 당시 나는 미국과 유럽의 이곳저곳을 떠돌아다니다 미국의 어느 대학교에 잠시 정착했고 그러다 마침내 다시 유럽으로 돌아왔다. 내 마지막 종착역은 스위스의 취리히였으며 15년의 세월 동안 여섯 차례나 대서양을 오간 끝에 내가 처음 떠났던 구세계로 다시 돌아왔던 것이다.[33]

미국과 유럽 양 대륙에서 나는 수백 명에 이르는 석사 및 박사 과정 지원자들 중에서 최고의 인재를 선발하는 일종의 입시 사정관 업무를 상당히 많이 맡았다. 그러는 동안 세계 유수의 경진대회에서 좋은 성적을 올린 지원자들도 많이 만나볼 수 있었는데, 그들 중 상당수는 맹목적인 암기와 시험 점수를 가장 중요하게 여기는 국가들 출신이었다. 시간이 흐르자 나는 실망하지 않을 수 없었다. 분명 학생들의 암기 능력은 대단히 탁월했지만 실제 과학자의 삶을 위해서 제대로 준비해온 것이 하나도 없었다. 맹목적으로 암기만 하는 교육 방식은 새롭고도 놀라운 실험을, 아니, 그저 적당한 수준의 실험을 상상하는 일에도 아무런 도움을 주지 못했다. 안타까운 일이지만 이 암기 선수들은 심지어 학부 시절 연구했던 과제들의 실제 의미조차 이해하지 못했다. 지휘관의 명령에 따라 움직이는 병사들처럼 그저 교수가 시키는 일만 따라 해온 것이다.

대학의 교육자이자 연구원으로서 나는 반복적인 주입식 교육과 그에 따른 순종이 가져오는 위험을 현장에서 직접 목격할 수 있었다. 내가 싱가포르의 정부 산하 연구소에서 반년 동안 머물며 연구 활동 할 때의 일이다. 싱가포르에서 만난 대부분의 박사 혹은 박사후과정 연구원들은 아시아에서도 엄격하기로 유명한 싱가포르의 교육 제도 속에서 살아남은 사람들이었다. 연구원들은 아주 세련된 모습으로 예의를 차렸을 뿐만 아니라 실제로 능력들도 아주 뛰어났으며 산처럼 쌓인 자료들을 처리하는 일에도 능숙했다. 하지만 그들이 받은 교육과 훈련으로는 창의적인 경력으로 이어지는 필수적 단계를 밟기에 충분하지 못했다. 바로 지도 교수의 입김에서 벗어나 오직 자신을 흥분시키는 주제만을 따라 자신의 앞길을 개척하는 일이었다. 정말 영민하고 열심히 일하는 사람들이었지만 그들의 연구에는 독창성과 창의성이 부족했다. 싱가포르의 교육이 창의성을 키워주었다면 그들의 미래는 크게 달라질 수 있지 않았을까. 생각만 해도 정말 안타까운 일이었다.

하지만 그런 와중에서도 나는 아미트 굽타와 같은 다이아몬드 원석들을 자주 발견할 수 있었다. 비록 시험 성적은 좋지 않아도 그 정신만은 찬란하게 빛나는 학생들이었다. 일단 수년에 걸친 과학 연구를 실시하며 다듬어진 이 다이아몬드 원석들은 이론과 실험 등을 통해 빛을 발하게 되며 결국 국제적인 주목도 받았다. 이 원석과도 같은 학생들은 완전한 외골수도 아니고 그렇다고 늘 최고 성적을 받는 학생도 아닌 경우가 많았다. 이들의 학부 시절 성적은 음악이나 운동, 여행 등 다른 곳에 잠시 한눈을 파는 동안 크게 떨어지기도 했는데, 그러면서도 참으로 이해할 수 없는 방법을 통해 이런 일탈들이 더 많은 열정과 창의성을 심어주었다. 반세기 전 노벨상 수상에 빛나는 스페인의 신경해부 조직학자인 산티아고 라몬 이 카할Santiago Ramon y Cajal은 이미 이러한 사실을 잘 알고 있었으며 이런 학생들을 뽑아야 한다고 권했다. "넘쳐나는 상상력을 주체하지 못하는 학생들, 자신들의 열정을 문학과 미술과 철학 등 모든 심신의 휴식을 위해 쏟아 붓는 학생들…… 한 걸음 떨어져서 보면 이런 학생들은 자신들의 역량을 쓸모없이 낭비하고 있는 것 같지만 실제로는 이런 활동을 통해 스스로 더 성장하고 강해지고 있는 것이다."[34]

나 또한 이런 과학자들의 성장을 지켜보면서 특히 현재 진화의 적응 지형도를 만드는 데 도움이 되는 창의적인 연구진을 조직하고 이끄는 데 필요한 교훈들을 배울 수 있었다.

그중 하나는 내가 이미 언급한 것이지만, 누군가를 선택해 채용할 때는 그 사람의 진짜 실체를 알아야 한다는 것이다. 시험 성적 같은 것으로는 장시간에 걸친 면담과 본인이 쓴 글들, 발표, 자기소개를 겸한 대화를 대신할 수는 없다.

두 번째 교훈은 자율성에 대한 것이다. 연구자가 필요한 기술과 열정을 갖고 있다면 그 사람에게 마음대로 할 수 있는 자유를 주어야 한다. 그런 식으로 해서 내가 이끌고 있는 연구진은 자신만의 연구 계획을 진행시켜나가고 있으며, 이를 통해 그들 앞에는 다양한 선택지가 놓인다. 그 확산적 사고 안에서 우리는 가장 독창적이고 실행 가능하며 흥미를 끄는 주제를 선별한다.

그리고 우리에게 무엇보다 필요한 것은 다름 아닌 참을성이다. 수많은 훌륭한 연구 계획들이 제대로 실행되는 것은 몹시 어려운 일이다. 복잡한 지형도를 탐색해야 하며, 마치 단테가 먼저 여러 지옥을 거쳐 천국으로 이르는 길을 따라갔듯 몇 개월에 걸쳐 작업이 중단되었다가 다시 시작되고 또 실험이 실패하는 과정 등을 견디어야 한다. 실패할 때마다 직장에서 쫓겨날지 모른다는 불안감이 있다면 연구자의 상상력은 도약과 발전을 멈출 것이고, 그러면 일단 가장 가까이 있는 언덕에 올라간 뒤 거기에 안주하게 될 것이다.

마지막 교훈은 이미 익숙한 것이다. 바로 다양성을 통한 유익이다. 나는 단지 한 사람이 지니고 있는 다양한 기술이나 능력을 의미하는 것이 아니라 각기 다른 배경을 갖고 있는 연구원들로 구성된 연구진의 다양성을 아울러 말하고 있는 것이다. 우리가 모두 생물학적 진화에 관심을 갖고 있다고 해도 내가 이끌고 있는 연구진에는 생물학자뿐만 아니라 컴퓨터 과학자, 화학자, 수학자 등이 포함되어 있다. 이들 각자는 인간의 지식 지형도에서 자신들 각자의 유리한 고지를 점유하고 있다.

이런 종류의 다양성은 의미 있는 협력을 이끌어내는 데 필수적이며, 모든 성공 뒤에는 많은 기여자들이 있는 법이다. 이것은 단지 한 개인의 의견만은 아니다. 2007년 실시된 어느 연구에서는 지난 50년 동안 발표된 2천만 건에 가까운 과학 관련 성과들을 분석해 과학 분야에서는 두말할 나위 없이 협동 연구가 개인 연구보다 더 중요한 역할을 차지하고 있다는 사실을 밝혀냈다. 이런 현상은 과학은 물론 공학 분야에서도 분명하게 드러나고 있다. 지금의 연구는 그 어느 때보다도 많은 비용이 소요되고 있고, 또 한 곳이 아닌 여러 연구소나 실험실의 다양한 장비들을 필요로 하기 때문이다. 협동 연구가 도움이 되는 것은 이공 계열뿐만이 아니다. 사회과학과 예술 분야에서도 이런 협력 관계가 개별적인 연구를 대신할 수 있다. 그리고 심지어 오랫동안 고독한 천재들의 분야로만 인식되어왔던 수학에서조차 지금은 대부분의 성공적인 연구가 연구진의 협력을 통해 이루어지고 있다. 실제로 가장 영향력 있는 연구 관련 출판물들, 즉 적어도 1천 회 이상 인용된 연구 결과들을 보면 개인 과학자들보다 협력 관계를 통해 만들어진 경우가 여섯 배는 더 많다고 한다.[35]

요약하자면, 아동 교육 같은 학술적 연구는 자율성, 다양성, 실패에 대한 관용, 지식의 재조립으로 더욱 좋은 성과를 낼 수 있다. 지형도 사고는 왜 그런지에 대한 이유를 설명하는 데 도움을 줄 수 있을뿐더러, 동시에 오늘날의 기초 연구를 위협하는 두 가지 위험을 누그러트리는 일에도 도움을 줄 수 있다.

그 첫 번째 위험은 전통적인 대학의 조직 체계에서 비롯된다. 그 조직 안에서 연구자들은 경제학과 물리학, 미술사, 생물학 등 각 학과의 소속으로 얌전하게 있어야 한다. 연구를 위한 협력이 이런 각기 다른 학과들을 아우르게 되면 바로 이 학과라는 경계선이 지식과 기술의 성공적인 재조립을 방해하게 될 수도 있는 것이다. 다행스럽게도 이런 학계의 경직된 분위기에 진저리를 내는 대학 소속 연구자들에게는 독일에 있는 베를린 고등 연구소나 미국 뉴멕시코주에 있는 산타페연구소와 같은 소규모의 조직들을 선택할 수 있는 기회가 있다. 이런 연구 기관들은 지식의 재조립이라는 오직 한 가지 목표를 향해 매진하며 상주하는 과학자들은 거의 없거나 극히 일부에 불과하다. 대신 각 분야를 대표할 만한 수많은 객원 학자들이 사방에서 몰려와 며칠에서 몇 년 동안 머물며 자신들의 의견을 교환한다.

나는 이 산타페연구소를 거의 20년 가까이 정기적으로 찾았고 그때마다 전에는 전혀 알지 못했던 작가나 물리학자, 교육자, 고고학자 혹은 생물학자 등을 만날 수 있었다. 그런 사람들과 생각과 의견을 나누는 일이 아이들이 레고 블록을 갖고 노는 것처럼 신선한 자극이 된다는 사실을 잘 알고 있었다. 새롭게 만난 사람들의 생각과 의견은 내 마음속에 몇 주 동안 자리를 잡고 있다가 마침내 새로운 연구 계획이나 여러 분야를 아우르는 바로 이 책 같은 결과물의 출발점이 되어주었다.

규모가 큰 대학들은 이런 소규모 연구 기관들처럼 재빨리 여러 사상의 재조립을 추진하기가 쉽지 않다. 그중에는 아주 사소해 보이지만 학자들이 가까운 사이가 되는 일도 포함된다. 연구 기관을 방문한 학자들은 계속해서 서로 마주치면서 가까워진다. 그런 다음 반쯤 외진 장소, 즉 사람들이 점심 식사나 차를 마시는 시내 중심가를 벗어난 곳을 택해 서로 이야기를 나눈다. 연구 현장에서 제공하는 식사를 함께하는 것도 동일한 효과를 얻을 수 있다. 그리고 실제로 주어지는 공간도 있다. 이 넓고 안락한 공동의 공간에서 과학자들은 자극을 받고 서로의 생각과 의견을 교환한다. 일반적인 대학에서 아주 저명한 방문객에게조차 작은 공용 사무실만을 제공하는 것을 생각하면 확실히 아주 유용하고 중요한 공간이라 볼 수 있다.

물론 이런 연구 기관들에서는 대학 측이 갖고 있는 수십억 달러 규모의 시설이나 화려한 이력의 교수진들을 찾아보기는 어렵다. 하지만 미래의 영향력 있는 재조립 기관의 모형은 바로 이런 연구 기관들이 아닐까 생각한다. 이런 연구 기관들은 이미 그 규모를 훨씬 넘어서는 커다란 족적을 남겼으며, 사회학과 생물학 같은 서로 다른 영역에서조차 엄청나게 큰 영향력을 미칠 수 있는 공동 연구의 성과를 남기기도 했다.[36]

하지만 이런 연구 기관들은 학계의 편협성에 맞서 싸울 수 있을지는 몰라도 기초 연구를 위협하는 두 번째의, 그리고 어쩌면 서구 과학계에 더 큰 걱정거리가 될 수 있는 위험 앞에서는 속수무책이다. 제2차 세계대전 이후 거둔 과학계의 눈부신 성과가 오히려 독이 되어 나타난 것이다.

미국의 경우 이런 눈부신 성공의 토대를 마련한 사람은 바네바 부시Vannevar Bush같은 선각자들이었다. 프랭클린 루스벨트 대통령의 과학 담당 고문이었던 부시는 1945년 〈과학: 끝없는 미개척지Science: The Endless Frontier〉라는 제목으로 문서 하나를 작성해 미국이 과학 후진국에서 세계를 주도하는 존재로 변신할 수 있도록 도왔다. 이 문서에서 부시는 정부가 기초 연구를 위한 자금을 지원해야만 한다고 주장했다. 그리고 그런 연구는 항생제의 발견과 같은 즉각적인 성과로 이어지지 않아도 상관없었다. 부시는 '주도권 쟁탈 같은 문제들로부터 완전히 자유로운 정말로 준비된 연구자'들을 지원하는 정부의 모습을 꿈꾸었다.[37]

그의 이상은 국립과학재단 같은 정부 기관 설립을 위한 자금 마련에 도움을 주었다. 미국의 수많은 과학적 업적이 이 재단의 지원을 받아 탄생했고 거기에는 200명이 넘는 노벨상 수상자도 포함되어 있다.[38] 하지만 바네바 부시가 자신이 꿈꾸었던 연구자들의 자유가 어떤 모습으로 바뀌게 되었는지 보았다면 아마 크게 낙담했을 것이다.

교육 분야와 마찬가지로 과학 분야의 연구 역시 극심한 경쟁에 시달리게 되었다. 사회적 다원주의의 원칙을 따르자면 이런 현상을 반겨야 할 만한 것이겠지만, 지형도의 관점에서 보면 그 위험성이 분명하게 드러난다. 현재 미국의 대학에서는 10만 명에 달하는 생명과학 관련 교수진들이 매년 1만 6천 명이 넘는 새로운 박사급 혹은 전문의급 연구자들을 양성해내고 있다. 이 연구자들은 다시 3만여 명의 박사후과정 연구자들 속에 합류하게 되는데, 이들은 모두 얼마 되지 않는 학계의 자리를 차지하기 위해 고군분투한다.[39] 그리고 실제로 안정된 지위를 얻게 되는 소수에게도 경쟁은 그때부터 다시 시작된다. 그들은 필요한 자금 확보라는 경쟁에 뛰어들게 되는데, 이 경쟁이 너무나 치열해서 정말로 해야 할 연구에 필요한 시간은 거의 확보하지 못하게 되는 것이다. 그들은 연구할 시간에 끊임없이 연구 제안서를 작성해서 국립과학재단과 같은 정부 기관에 자금 지원을 요청하는데, 정부 기관에는 이미 수백 건의 비슷한 다른 제안서들이 기다리고 있는 형편이다. 일부 과학 분야에서 이런 제안서를 통해 자금을 지원받게 되는 확률은 5퍼센트 미만이라고 한다. 다시 말해, 치열한 경쟁을 뚫고 간신히 학계에 자리를 잡게 된 대학의 젊은 연구자들은 평균적으로 20건 이상의 연구 제안서를 작성해야만 자신이 원하는 연구를 간신히 진행할 수 있다는 뜻이다. 그리고 이런 자금 지원 없이는 연구자들의 경력은 시작도 제대로 되기 전에 막을 내릴 수도 있다.[40] 게다가 제안서를 담당하는 전문가들 역시 너무 많은 제안서에 압도당한 듯 탈락시킬 이유를 찾는 데 더 분주하다고 한다. 젊은 과학자들은 이런 사정을 잘 알고 있으며 동시에 담당 전문가들이 대부분 보수적 경향의 이전 세대 과학자들로 채워져 있다는 사실도 잘 알고 있다. 독창적이고 이질적인 제안서는 이런 보수적인 전문가들에게는 그저 탈락시킬 이유가 될 뿐이다. 그러니 이에 대한 과학자들의 자연스러운 반응은 튀지 않은 평이한 제안서를 쓰는 것이 아닐까. 이런 제안서는 급진적이고 혁신적인 설계를 자랑하는 시드니 오페라하우스 같은 건물이 아니라, 틀로 찍어낸 듯 다 똑같은 모습의 교외의 공동 주택과 같다. 다시 말해, 이런 연구 제안서로 자금도 지원받고 성과도 낼 수 있겠지만 혁신은 결코 이루어낼 수 없다. 초경쟁을 지향하는 현실이 이상이 넘치는 건축가를 주어진 일만 겨우 해내는 기술자로 만들어버리는 것이다.

제안서를 읽는 담당 전문가들이 지원을 승인하는 또 다른 기준은 해당 과학자의 경력이다. 그런 경력을 평가하기 위해서는 논문이나 자료 들을 반드시 읽어보아야 하지만 규모를 생각해보면 그냥 불가능한 일이라고 보면 된다. 따라서 학생들의 시험 성적과 비슷하게 알아보기 쉬운 숫자를 기준으로 세우고 싶은 유혹을 피하기가 어렵다. 과학 분야에서 자금 지원의 기준이 되는 숫자란 결국 해당 과학자의 연구가 인용된 횟수인데, 이런 방식은 광범위한 역사적 유형을 연구하는 데는 도움이 되지만 젊은 과학자들의 연구 결과를 평가하는 데는 부족하다. 특히 제대로 인정받고 사람들의 입에 오르내리는 데 몇 년이 걸릴지 모를 새롭고 획기적인 연구를 평가할 때는 잘못 오해할 가능성이 크다.[41]

세상이 그런 연구를 제대로 이해하게 되었을 무렵에는 그 과학자는 어디서 다른 일을 하고 있을지도 모른다.

학생들 사이에서도 하지만 과학자들 사이에서도 역시 다양성을 억압하는 학계의 초경쟁 현실의 증상은 이렇게 나타난다. 그 결과로 이루어진 획일화에 대해서는 경제 관련 연구와 관련해 영국에서 확인되었다. 영국 정부는 학과 연구자들의 집합적 영향력에 근거해서 대학 전체 학부에 연구 자금 지원을 결정한다. 그러다 보니 1992년부터 2014년까지 정부의 경제 관련 연구에 대한 재정적 지원은 몇 개 대학교에 집중되었고, 따라서 학생들 상당수가 또 이런 대학교에만 관심을 가지게 되었다. 이런 분위기 속에서는 다양한 관련 학회지의 출간은 줄어들고 조금 더 주류에 가까운 주제만 연구하게 되며 전통적인 주류 경제학만 가르치게 된다.[42]

이런 현상의 문제점은 실제로는 대부분의 과학적 혁신이 주류 과학과는 전혀 관계가 없는 분야에서 탄생한다는 사실이다. 모두가 똑같은 언덕을 향해 기어오른다면 지식의 지형도는 미지의 영역으로 남아 있게 되며 항생제나 DNA의 이중나선 구조 같은 발견은 이루어지지 않을 것이다. 초경쟁만을 지향하는 분위기에서는 일괄적으로 평가되는 시험만 실시하는 학교와 마찬가지로 단순하고 무미건조한 결과만 만들어질 뿐이다.

그렇다면 어떻게 해야 하는가?

제2차 세계대전 직후 이어진 연구 재정 지원이 풍족했던 시기는 이제 먼 추억이 되었다. 따라서 대학들은 연구와 관련해 비용 절감에 들어갈 수밖에 없다.[43] 하지만 부족한 재정 지원을 해결하기 위해서는 비용 절감 외에도 다른 해결책이 필요하다. 그것은 지형도 관점과 간헐적으로 발생하는 실패를 용인하는 환경에서 찾아볼 수 있다. 젊고 유망한 대학의 연구자들에게 적당한 규모의 연구 자금을 지원하고, 그들이 잘할 수 있는 분야에 대해서는 독립성을 보장하는 것이다. 하지만 과하게는 말고 독창적인 계획을 밀고 나갈 수 있을 정도 수준에서 그렇게 해주어야 한다.[44] 비록 실패하더라도 자금 지원을 중단하지 말고 다른 방식으로 시도할 수 있도록 해줄 필요가 있다. 성공한다면 그때는 조금 더 빠르게 진전을 이루기 위해 더 많은 지원을 받을 수 있도록 경쟁을 허락해야 한다.

안전하지만 적당한 규모의 자금 지원은 실패하더라도 쏟아질 비난을 최소한으로 할 수 있을뿐더러 젊은 연구자들이 어려운 고비를 넘기고 혁신적인 발견을 향해 나아갈 수 있도록 도울 수 있다. 또한 이 연구자들이 대중적으로 인기를 끌고 있는 새로운 연구와는 거리를 두도록 만든다. 일시적인 유행을 따르는, 매체를 통해 소개되기 위해 필요한 연구를 피하도록 하는 것이다. 젊은 과학자들은 나중에야 어떤 길을 선택하게 되든지 어찌 되었든 방송인이 아닌 탐험가로 계속 남아 있어야 한다.

이런 종류의 시도와 실험은 현재 유럽 일부 국가에서 진행되고 있다. 그중에서도 스위스의 경우 이렇게 무리하지 않는 방식으로 자금을 지원하는 일이 일반적인 관행으로 자리를 잡았다.[45] 국가의 규모가 아주 작은 스위스는 미국과 같은 규모의 연구 성과물을 내놓을 수가 없다. 하지만 놀랍게도 그 성과물들을 연구자 한 명당 평균으로 계산해보면 출판물 규모와 각 분야에 미치는 영향력, 노벨상 수상자 숫자 등이 미국을 포함한 여러 강대국들과 비슷하거나 오히려 뛰어넘는다. 이런 결과가 만들어지는데는 몇 가지 이유가 있겠지만 무엇보다도 최고의 수준을 자랑하는 스위스의 대학교들이 연구자에게 제한된 자금 지원을 통해서 가장 높은 봉우리로 이어지는 협곡들을 가로지를 수 있는 수단을 제공하고 있기 때문이다. 여기서 배울 수 있는 교훈은 모든 정치가에게도 똑같이 적용된다. 무자비한 경쟁을 중단한다고 해서 결코 납세자들의 세금을 낭비하는 것이 아니며 제대로만 한다면 오히려 혁신을 위한 새로운 방법이 될 수 있는 것이다.[46]

신제품을 개발해야 하는 기업들은 대부분 스위스의 대학들이 채택하고 있는 장기적이며 창의적 지형도 탐험에 대한 관점을 똑같이 따라 할 수는 없다. 이런 기업들은 새로운 계획이 세워지면 몇 개월 안에 혹은 아무리 여유가 있어도 몇 년 안에 실제 결과나 상품을 선보여야 한다. 그렇기 때문에 대부분의 기업들은 상용화하는 데 몇십 년이 걸릴지 모르는 혁신적인 새로운 기술들을 쉽사리 개발하지 못한다. 대신 기업의 R&D 부서들은 기존의 제품들에 약간 변형을 가하거나 최적화하는 쪽을 택한다. 다시 말해, 말로는 R&D 부서라고 하지만 대부분 D, 즉 '개발development'에만 치중하고 R, 즉 '연구research'는 거의 하지 않으면서 멀리 있는 산보다는 근처에 있는 언덕 정도를 올라가는 데 그친다는 뜻이다.[47]

아마도 바로 이런 이유 때문에 기업 경영자들에 대해 설문 조사를 해보면 이들이 미래의 직원들 때문만은 아니라 그 다양한 지식적 기반 때문이라도 대학의 연구를 굉장히 중요하게 평가하고 있다는 사실을 알 수 있다. 지형도 관점에서 보면 대학과 산업은 일종의 공생관계다. 대학이 먼 곳을 내다보고 한 번에 뛰어넘을 때, 기업은 그곳까지 한 걸음씩 착실히 나아가고 있다.[48]

그런데 이런 전통적인 관계를 탈피해서 그래핀graphene, 탄소 원자들로 이루어진 얇은 막, 유전공학 혹은 컴퓨터로 제어되는 기계장치 등 원래 대학에서 발견한 내용들을 수십 년에 걸쳐 상용화하는 기업도 있다. 또한 자체적으로 대학과 같은 기능을 하는 부서를 운용하는 기업도 있다.[49] 이런 특별한 기업들은 창의적인 사업을 운영하는 방법에 대해 특히 중요한 비결을 갖고 있는 것이다.

역사적으로 볼 때 이런 특별한 기업의 시초이며 아마도 가장 잘 알려진 곳은 AT&T와 산하의 연구소, 벨 전화 연구소 등일 것이다. 이 연구소들은 트랜지스터, 태양광 전지, 광섬유 같은 그야말로 신기원이라고 부를 만한 혁신의 모태가 되었다. 반세기 전 이런 과학계의 신성들이 모습을 드러냈을 때 지형도 사고는 여전히 생물학에만 머물러 있었지만 벨 전화 연구소의 3대 소장을 지냈던 머빈 캘리Mervin Kelly가 따르던 원칙들은 지형도의 기본 개념에서 그대로 가져온 것이라고 해도 무방할 정도였다.

그 기본 개념 중 첫 번째가 바로 다양성이다. 캘리는 물리학자와 전기 기술자를, 사색가와 행동가, 유명 과학자와 무명 과학자를 짝지어 모두 같은 공간에 몰아넣었다. 그리고 지금은 가장 높은 창의성과 연결되는 필수 요소로 알고 있지만 당시만 해도 생소했던, 서로 전혀 관계가 없는 것들 사이에서 연관성을 이끌어내도록 했다. 두 번째는 자유와 시간이다. 그것도 아주 많은 자유와 시간이었다. 연구 계획이 결실을 맺으려면 몇 년이 걸릴지도 모르는 상황에서 자유와 시간을 보장해준다는 것은 결과물을 시장에 서둘러 내놓을 필요가 없는 경우에만 가능한 일이었다. 우리는 시간으로 실패라는 사치품을 사는 것이다.

이런 원칙들은 어떻게 보면 굉장히 단순하다. 그런데 왜 모두들 따르지 않는 것일까? 벨 전화 연구소에서 근무하면서 노벨상을 수상했던 물리학자 필립 앤더슨Philip Anderson은 이렇게 말했다. "돈의 중요성을 결코 과소평가해서는 안 된다." 벨 전화 연구소는 엄청난 자금력을 자랑하는 거대 독점 전화 기업의 지원을 받았다.[50] 지금은 구글 정도의 부유한 기업만이 혁신에 필요한 인내심을 보여줄 수 있을 것이다.[51]

이런 인내심은 기업이 새로운 연구의 시작을 결정하는 데 중요한 역할을 한다. 테레사 애머빌과 그녀가 이끄는 연구진은 창의성이 최종 결과에 영향을 미치는 여러 기업에 대해 연구했고, 어떤 요소들이 기업에게 중요한 의미가 있는지에 대한 귀중한 교훈들을 배울 수 있었다. 그중 하나가 바로 인내심에 대한 것인데, 대부분의 사람들은 빡빡한 일정이 창의성을 발휘하는 데 좋은 자극이 된다고 생각한다. 하지만 애버빌의 연구에 따르면 극단적인 압박은 창의적 사고에 제동을 건다는 것이다. 문제 해결을 위한 충분한 시간을 확보한 직원들은 보통 여러 압박에 시달릴 때보다 더 독창적인 해결책을 찾아내는 경우가 많았다. 게다가 이미 심신이 지쳐 있는 직원들에게 일정마저 빡빡하게 주어진다면 그들은 종종 창의성이 '꽉 막힌 듯한' 경험을 하게 되고 그들의 정신은 며칠 동안 그저 그런 지루한 생각밖에 하지 못하게 된다.[52]

창의성을 더 이끌어내기 위해서는 휴식과 휴가가 필요하다. 고대 그리스의 철학자 소크라테스도 이미 2천 년 전에 '분주한 삶의 공허함'에 대해 우리에게 경고하지 않았는가. 그는 좋은 생각이 떠오르려면 기다리는 시간이 필요하다는 사실을 깨닫고 있었던 것이다. 그리고 현대의 심리학 연구들만 보아도 창의적인 사람들은 비록 때로는 전력을 다해 일에 몰두할 때도 있기는 하지만 다른 사람들에 비해 더 많은 시간을 들여 휴식을 취한다는 사실을 알 수 있다.[53] 정신을 자유롭게 풀어주는 일의 긍정적인 효과는 실제로 확인까지 가능한데, 예를 들어 전문 회계 법인인 '어니스트 앤 영'에 따르면 10시간씩 추가로 휴식을 줄 때마다 직원들의 업무 성과가 8퍼센트씩 향상된다고 한다.[54]

세 번째로 창의적인 집단의 구성원들은 기술과 관심사, 관점이 분명히 남달라야 한다. 그래야 하는 이유는 지형도 사고의 관점에서 보면 분명하다. 결국 다양성이 있어야 관계없어 보이는 것들 사이의 연관성을 재조립해낼 수 있기 때문이다. 아쉽게도 많은 경영자가 이런 요소를 받아들여 적용할 준비가 아직 되어 있지 않다. 아마도 교사들이 반항적인 학생들보다 순한 학생들을 더 선호하는 이유와 같을 것이다. 대부분의 경영자들은 비슷한 생각을 가진 구성원들로 획일화된 조직을 만든다. 서로 적극적으로 협조하게 만들어서 분위기를 고조시킨다. 하지만 애머빌의 연구에서 알 수 있듯이 획일화된 조직은 창의성의 천적이나 다름없다.[55] 획일화된 사고를 지닌 구성원들은 그저 낮은 언덕을 찾아올라 역시 그저 그런 해결책만 찾아낼 뿐이다.

창의적인 아이들을 찾아내는 일과 비교하면 성인들로 창의적인 조직을 구성해내는 일은 분명 그리 쉽지만은 않다. 그러기 위해서는 무엇보다 사람들을 움직이는 동기에 대한 이상과 직관력, 어려움이 닥쳤을 때 해결할 수 있는 자신감, 고집에 대한 관용이 필요하다. 하지만 이런 것은 최초의 '애플 컴퓨터 마우스'로 유명한 디자인 전문 회사 IDEO 같은 창의성의 강자가 아니고서는 쉬운 일이 아니다. IDEO의 경영진은 실제로 다양성을 내세우는 조직을 구성할 수 있는 능력을 발휘했다. 그렇게 탄생한 조직은 단지 인체공학적으로 설계된 사무실용 의자나 휴대용 모유 착유기 같은 물건들을 개발해냈을 뿐만 아니라 그 과정에서 수많은 디자인 부문의 상들을 휩쓸기도 했다.[56]

네 번째로 인간의 창의성은 진화의 적응 지형도 안에서 유전적 부동을 통해 얻을 수 있는 자유와 똑같은 종류인, 지형도를 탐험할 수 있는 자유가 필요하다. 새로운 의견이나 생각 들에 대해 여러 평가나 초창기의 비판에 의지해 판단하는 경영자는 역시 창의성의 천적이 될 수밖에 없다. 선택은 중요하다. 하지만 너무 빨리 결정을 내려서는 안 된다. 심지어 독창성을 중요시하는 경영자도 실수를 저지를 수 있다. 독창성에 대한 칭찬은 도움이 되지만 현금 보상은 그렇지 못하다. 그런 경영자는 직원들이 경영진에 의해 관리 받는다는 느낌을 들게 만들 뿐만 아니라, 창의성이 뛰어난 직원을 일종의 용병처럼 만들어버린다. 다시 말해, 즐기기 위해 무엇인가를 만들어낸다는 탐험에서 가장 중요한 내재적 동기를 말살하는 것이다.[57]

이와 관련해 사업에 있어서의 창의성은 자율성도 아울러 필요로 한다. 초창기 벨 전화 연구소의 혁신을 이끌었던 머빈 켈리도 그런 사실을 잘 알고 있었다. 개발자들은 전략적인 목표를 달성해야 하는 임무가 있었지만 어떻게 하느냐는 전적으로 자신들이 결정해야 했다. 이런 자율성이 없었다면 벨 전화 연구소 역시 트랜지스터와 같은 대단한 혁신을 이루어내지 못했을 것이다. 혁신은 명령한다고 이루어지지는 않는다.[58] 또한 이런 자율성을 확보해야 실수를 두려워하지 않을 수 있으며, 창의적 여정은 실수라는 막다른 골목에 부딪칠 때 다시 돌아온 길을 되짚어보는 반성의 시간을 가질 수 있다. 전통적인 사업 방식은 실수를 미연에 방지하기 위해 비용을 아끼지 않았다. 하지만 기업이나 조직에 대해 연구해온 심리학자들은 그런 투자는 무용지물이나 마찬가지라고 단언한다. 오히려 실수를 잘 관리해서 부정적인 결과를 최소화하고 실수를 통해 배우고 또 다른 혁신을 일으키는 긍정적인 결과를 강화할 필요가 있다는 것이다.[59] 결국 실수란 피할 수는 없지만 동시에 테플론과 페니실린, 가황고무 같은 놀라운 발견으로 이어질 수 있다.[60]

이런 모든 사실들은 사업이 창의적으로 운영되는 것은 창의적인 시민들을 길러내고 기초가 되는 중요한 연구를 진척시키는 일과 다를 것이 없다는 것을 보여주고 있다. 그것은 어쩌면 너무도 당연한 일이다. 결국 사업이든 교육이든 연구든 모두 다 창작의 지형도를 탐험하고 있는 것이니까 말이다. 그리고 이런 지형도의 관점에서 생각해보면, 사업에서 창의성을 성공적으로 발휘시킬 수 있는 한 가지 체계에 대해 깨닫게 된다.

창의성이 미국의 전 대통령 오바마가 2010년

에 인정한 것처럼 국가적인 자산이라면, 각국 정부는 그 자산을 불리는 일에 집중해야 할 것이다. 지형도 사고는 제대로 된 법과 규정이 어떻게 그런 일을 해낼 수 있는지를 살펴보는 데에도 도움을 줄 수 있다.

우선 다양성에 대해 이야기해보자. 다양성은 어느 면에서는 숫자 놀음과 비슷하다. 더 많은 사람들이 지형도 탐색에 나서고 그래서 더 다양한 기술이 한데 모이게 되면 결국 새로운 봉우리를 찾는 데 성공하는 사람들이 더 늘어나는 것이다. 예를 들어, 산업 혁명은 과학과 공학이 더 이상 소수의 상류층 과학자들의 점유물이 아니라 먹고살아야 하는 수많은 직공들이 실생활에 접목하기 시작하면서 비로소 가능해졌다. 그런 직공들의 시행착오는 결국 엄청난 기술적 혁명을 가져올 수 있었다.[61]

하지만 또 숫자가 전부는 아니다. 인간 사회에서 피어난 기술의 꽃들은 마구잡이로 번지는 야생화일 수도, 또 잘 다듬은 장미한 다발일 수도 있다. 국가의 법률은 대학까지 이어지는 교육을 관장해서 기술의 꽃이 어느 쪽이 될지에 대한 영향력을 행사한다. 예를 들어, 대부분의 중국 학교들은 국공립학교일 뿐만 아니라 사립학교까지 모든 교과과정이 정부의 통제를 받고 있다. 이런 정부의 간섭 밖에 있는 것은 오직 국제 학교들뿐이다. 이것이 비록 문화적 재조립에 대한 독특한 기회를 제공해주기는 하지만 아쉽게도 일반 중국 국민들에게는 그림의 떡이나 마찬가지다.[62] 서방 세계의 교육은 중국에 비해 다양하다고 하지만, 역시 시험을 위한 교육이 계속된다면 장차 그 다양성은 사라지게 되고 말 것이다.

어떤 국가가 다양성을 품을 수 있을 만큼 충분히 성장하지 못했다면 대신 숙련된 이주 노동자들을 받아들임으로써 그런 다양성을 수입할 수 있지 않을까? 그렇게 생각하면 이주를 통한 재조립을 억압하는 국가들은 그야말로 커다란 위험을 무릅쓰는 것이다. 그 대표적인 사례라고 할 수 있는 일본은 획일화된 사회구조로 악명이 높으며 전체 인구에서 외국인이 차지하는 비중은 1.5퍼센트에 불과하다. 일본의 기업들은 국제 경험이 없어서 실제 업무에서 무용지물인 대학 졸업생들에 대해 불만을 토로하지만 그러면서도 다양하게 경험하지 못한 자국 출신 졸업자들만 먼저 고용한다. 게다가 일본은 애초에 해외의 인재들을 반기는 나라가 아니다. 일본 대학교의 해외 유학생 규모는 고작 3퍼센트의 불과하며 그나마 계속해서 줄어들고 있는 추세다. 또한 대학 교수의 경우 외국인 비율은 4퍼센트를 밑돈다. 어쩌면 일본 기업들이 해외에서의 극심한 경쟁에 시달리며 세계 100대 대학교 안에 일본의 대학교가 두 곳밖에 들어가지 못한 것도 우연은 아닐지도 모른다.[63]

다른 나라들의 사정은 그보다는 훨씬 더 낫다. 미국에서는 과학과 공학 계열 대학원생의 25퍼센트가 외국인이며 영국과 스위스의 경우는 40퍼센트가 넘는다. 이런 다양성은 중요한 역할을 한다. 해당 국가에서 시행되는 창의성 검사에서 자국 출신보다 타국 출신이 더 나은 성적을 올리는 것을 보아도 알 수 있다. 또 단순한 검사를 넘어, 실제로 사회와 과학 분야 등 실제로 창의적 작업이 중요한 분야에서 놀라운 공헌을 하고 있는 미국 국적 소유자의 44퍼센트가 최근에 이민 온 사람들이라는 사실을 기

억할 필요가 있다.[64]

하지만 이민자들을 받아들이는 국가에서도 개선의 여지는 여전히 존재한다. 예를 들어, 미국의 경우 대학원생들의 연구 지원에서 외국 출신 학생들은 제외되며, 국립보건원 같은 정부 기관이 대학에 제공하는 교육이나 훈련 과정은 순수 미국 국민에게만 제공된다. 하지만 학계 주요 인물들은 외국계 학생들을 받아들이는 것이 더 현명한 정책이라고 지지하고 있다.[65] 그리고 마이크로소프트의 빌 게이츠Bill Gates나 페이스북의 마크 주커버그 Mark Zuckerberg 같은 대표적인 기업가들은 미국의 대학들이 수많은 해외의 수학 및 과학 관련 전공 박사과정 학생들을 받아들여 왔으면서도 미국의 악명 높은 비자 정책 때문에 그중 40퍼센트나 되는 학생들을 고국으로 돌려보내고 있다고 불만을 토로해왔다. 그러는 동안 미국의 기술 관련 기업들은 숙련된 직원들의 부족으로 허덕이고 있다.[66]

각국 국민들의 교류로 이루어지는 다양성의 혜택을 받는 것이 기술 분야뿐만은 아니다. 패션 업계의 경우 확실한 자료를 통해 알 수 있듯 하나의 창의적 상품이 매출과 순수익을 결정지으며, 그 상품에 막대한 영향력을 행사해 재정적 이익을 가져오는 것은 한 개인인 경우가 많다. 이런 영향력 있는 인사들로는 칼 라거펠트Karl Lagerfeld, 조르지오 아르마니Giorgio Armani 혹은 톰 포드Tom Ford 등이 있으며 이들은 회사 제품의 창의적 이상과 미래를 책임진다. 이런 주요 인사들 중 상당수는 엄청난 국제적 경험을 쌓았거나 다문화적 배경을 갖고 있는 경우가 많다. 예를 들어, 칼 라거펠트는 스웨덴 출신 아버지와 독일 출신 어머니 밑에서 자라나 본격적으로 패션 업계에 뛰어든 후 프랑스와 이탈리아에서 생활했다. 새로운 시즌이 다가오면 창의적인 패션 업계 사람들은 자신들의 새로운 의상을 선보이며 창의성의 수준을 놓고 서로 겨룬다. 그 창의성을 판단하는 사람들은 바로 실질적인 구매자들이며, 신제품이 과연 상점에 내걸릴 수 있는지를 결정짓는 것도 바로 그들이다. 저명한 업계 전문 잡지인 《섬유 업계 소식 Journal du Textile》 등에 이런 판정의 결과가 실리는데, 이럴 때 역시 업계 담당자의 국제적인 경험을 신제품의 창의성, 상품성과 연결지어 생각하게 된다. 2015년 실행된 한 연구가 바로 그런 연관성을 조사했는데, 스물한 차례의 신제품 발표회에서 60명의 구매자들이 270개 패션 업체의 제품을 판정하는 과정에서 한 가지 사실이 분명하게 드러났다고 한다. 즉, 최종 담당자 혹은 디자이너의 해외 생활 기간이 길면 길수록 그가 만들어내는 제품의 창의성이 더욱 돋보인다는 것이다. 이 연구는 세계 명품 브랜드 10위권에 들어 있는 샤넬과 펜디 두 유명 업체를 넘나들며 자신의 역량을 과시한 칼 라거펠트를 새롭게 조명했다.[67] 하지만 이 연구가 더욱 강조한 것은 숙련된 노동자가 국경을 넘나들 수 있도록 하는 일의 중요성이다.

　엄격한 이민 정책을 옹호하는 사람들은 근대의 사례들뿐만 아니라 과거 역사를 통해 많은 교훈을 배우고 적용할 수도 있을 것이다. 그것은 앞서 소개했던 폴 고갱이나 라파엘로 같은 위대한 예술가들의 인생 역정이 새로운 양식의 화풍을 만들어내는 데 도움을 주었다는 사례만은 아니다. 문명 전체의 융성과 쇠퇴에 관련된 교훈을 생각하면 딘 사이먼튼의 창의성에 대한 연구를 떠올리지 않을 수 없다. 그는 기원전 700년에서 서기 1800년 사이의 2천5백 년 동안 5천여 명에 달하는 서구의 작가, 철학자, 과학자와 음악가 들의 창의적 작품들이 어떻게 나타났다 사라졌는지를 분석했다.

이전의 연구자들과 마찬가지로 사이먼튼은 수많은 소규모 독립 국가들이 공존했던 르네상스 시대의 이탈리아나 고대 그리스와 같은 정치적으로 혼란스러웠던 시기에 대부분의 중요한 창작자들이 탄생했다는 사실에 주목했다.[68] 이런 정치적 혼란은 오히려 각 지역의 문화적 다양성을 강화시켜주었으며 사상의 재조립을 촉진시켰다.

혼란스러웠던 시기와는 대조적으로 로마나 오스만 터키 같은 대제국의 시대에는 영향력 있는 사상가가 상대적으로 적게 배출되었다. 하지만 심지어 그런 제국 시대에도 규모는 작지만 다양한 문화들이 다양한 이해관계와 함께 계속해서 존재할 수 있었다. 이런 문화권들은 반란이나 폭동과 같은 정치적 변란을 통해 주기적으로 자신들의 존재감을 드러냈다. 그리고 마치 사막에 한바탕 폭우가 내린 후 들꽃들이 만발하는 것처럼 이런 변란이 있은 후 한 세대가량 창의적인 결과물들이 꽃피우기도 했다.[69]

사이먼튼은 또한 서기 580년에서 1939년까지 일본의 창의성이 어떻게 변모했는지도 연구했다. 천 년이 훨씬 넘는 이 기간 동안 일본에는 거의 쇄국에 가까운 시기와 해외 문물을 받아들인 개방적인 시기가 번갈아가며 찾아왔다. 사이먼튼은 문학과 미술, 의학, 철학 등 서로 다른 분야의 저명한 창작자들에 대한 역사적 기록을 조사했다. 일정 시기에 얼마나 많은 창작자들이 나타났는지 그 숫자를 계산했으며, 동시에 일본 문화에 있어 외국의 영향이 어느 정도였는지를 기록했다. 얼마나 많은 외국인들이 일본에서 명성을 얻었고 얼마나 많은 일본인 창작자들이 유학을 떠났는지, 외국의 사상이 어느 정도 일본에서 인기를 끌었는지 등에 대한 기록이었다. 당연한 일이겠지만 이런 외국의 영향력이 늘어나던 시기 이후에 일본에서는 일본 문화에 주목할 만한 큰 공헌을 한 인물들이 계속 나타나기 시작했다.[70]

일본의 역사에서 배울 수 있는 이런 내용들은 지금의 과학 분야에도 그대로 적용될 수 있다. 2017년 실시된 한 연구는 250만 편에 달하는 과학 관련 출판물들을 조사했는데, 가장 영향력 있는 결과물들을 내놓은 국가들은 국외에서 유입되는 과학자들과 자국 내 연구자들의 이동, 과학 분야에 있어 국제적인 협력 체제에 가장 개방적이고 적극적이었던 것으로 나타났다.[71]

하지만 이런 다양성과 재조합의 역량이 충분함에도 불구하고 발생하는 실패에 대해서는 어떻게 대처해야 하는가?

한 국가가 실패를 어떻게 바라보고 다루는지는 기업에 관련된 관습과 규제, 법률 들을 보면 알 수 있다. 파산법도 거기에 속한다. 대부분의 유럽 국가들에서는 파산법이 엄격하게 적용되는데, 이것은 실패를 맛본 신생 기업의 창의적인 기업가들을 짓누르며 평생 다시는 제대로 된 자금 조달이 불가능하도록 만들 수도 있다. 거기에 사업 실패에 대한 사회적 굴욕까지 더해지면 사업에서 혁신을 일으키는 일이 원천 봉쇄되는 완벽한 조건이 갖추어지는 셈이다.

이런 파산법이 유지될 수 있는 것은 사업의 실패는 무책임과 무능력의 결과라는 암묵적인 합의가 그 뒤에 자리하고 있기 때문이다. 하지만 수많은 신생 기업들이 활약하고 있는 미국의 통계를 살펴보면 유럽과는 다른 상황이 엿보인다. 통계에 따르면 앞서 한 신생 기업을 성공적으로 경영했던 기업가라 할지라도 다시 새로운 사업에 도전했을 때 성공하는 확률은 삼 분의 일을 밑돈다고 한다.[72] 생물학적 진화의 성공률처럼 사업에서의 성공은 복권 당첨 확률과 흡사하며 오직 최고로 뛰어난 기업만이 살아남을 수 있다. 그렇기 때문에 비디오 게임의 선구자로 1970년대 '아타리'를 창업해 대성공을 거두었던 놀란 부쉬넬Nolan Bushnell 같은 거물들도 모두의 기억에서 사라진 '유윙크'나 '플레이넷' 같은 실패작들을 내놓을 수 있는 것이다.[73] 이런 모습은 창의성의 모 아니면 도라는 본질의 또 다른 사례라고 볼 수 있다.

창의성을 억압하지 않고 강화시키기 위해서는 실패에 대한 비난을 어느 정도 자제할 필요가 있다. 어떤 사회나 공동체에서는 이런 면에서 대단히 진보적인 모습을 보여주기도 한다. 미국의 캘리포니아주에 있는 첨단기술 연구단지 실리콘밸리의 좌우명 '빨리 실패하고 자주 실패하라'는 이러한 진보적인 의식을 대변한다. 이것은 기업가들이 실패에 대한 경험을 공유하고 그 실패를 배움의 기회로 삼는 사회적 현상이 점점 더 자리를 잡아가는 모습을 보여주는 일면이다. 실리콘밸리에서는 '페일콘FailCon'이라는 실패 사례 연구 모임이 열리고 있으며 조금 더 노골적으로 '대실패의 밤'이라고도 부르는 또 다른 행사도 큰 인기를 누리고 있다. 원래 멕시코시티에서 시작된 이 '대실패의 밤' 행사는 몇 년이 지나지 않아 아니라 전 세계 75개 국가 200여 개 도시에서

성황리에 개최되고 있다고 한다.[74]

실패를 향한 사회의 따가운 시선은 이런 공공 모임이나 행사가 누그러뜨려주지만, 재정적인 어려움은 정부의 구제책이라고 할 수 있는 파산 완화 관련 법률이 해결책이 될 수 있다. 이 문제에 있어서도 미국은 어느 정도 잘 해나간다고 볼 수 있는 편이다. 미국의 파산법 제7장 덕분에 파산한 기업가는 부채를 어느 정도 탕감 받을 수 있으며 거주하고 있는 주택 같은 최소한의 일부 자산은 지킬 수 있다.[75] 샌디에이고의 경제학자 미셸 J. 화이트Michelle J. White는 2003년 실시한 한 연구에서 이런 합법적인 구제책이 실제로 새로 시작할 수 있도록 기업가들을 고무했는지에 대해 알아보았다. 화이트는 미국 전역의 9만 8천 가정의 개인 사업가들을 살펴보았는데, 이런 연구가 가능했던 것은 미국의 여러 주가 개인 파산자들을 대우하는 방식이 각기 달랐기 때문이다. 예컨대 텍사스를 비롯한 일부 주에서는 변호사들이 '거주지 면제homestead exemption'라고 부르는 구제책이 대규모로 실시된다. 이런 주들에서는 기업가가 파산하더라도 실제 거주하고 있는 집 같은 부동산 자산은 대부분 지켜낼 수 있다. 반면에 메릴랜드 같은 주에서는 그런 구제책이 거의 실시되지 않는 것이나 마찬가지다. 이론적으로 보면 대규모의 이런 구제책이 물론 기업가들에게는 도움이 된다. 기업이 실패하더라도 가족을 조금 더 보호해줄 수 있기 때문에 신생 기업을 이끄는 기업가의 부담을 조금 줄여주는 것이다.

경제 이론의 관점에서 보면 자신의 주택을 보유하고 있는 사람들 중에서 이렇게 주택을 더 많이 보호해주는 주에 살고 있는 경우 자기 사업을 직접 시작해 꾸려나가는 비율이 35퍼센트 정도 더 높다고 한다.

하지만 아쉽게도 이런 구제책은 공짜가 아니다. 2004년 미국에서는 파산을 신청한 사람이 영국에 비해 아홉 배가 더 많았고 1981년 이후로 보면 빌려준 돈을 제대로 돌려받지 못한 채권자들의 숫자도 다섯 배나 더 늘어났다. 결국 2005년에는 채권자들의 불만이 구체화되어 채무자들에 대한 법적인 압박이 더욱 강화되었다. 이 법적인 압박은 기본적으로 파산법 제7장의 안정망의 규모를 줄여나가 구제를 받을 자격이 있는 개인 파산자의 숫자 또한 줄였다. 한편, 지형도 사고는 이런 장기간의 실험이 기업 혁신에 어떤 영향을 줄지 예측하는 데 도움을 준다.[76]

국가의 창의성에 있어서 실패에 대한 관용과 재조립만큼이나 중요한 것이 개인의 자율성이다. 우리는 어려운 문제들에 대한 최선의 해결책에 대해서 알지 못한다. 때문에 조금 더 많은 사람들이 이런 문제들과 씨름하는 것이 도움되며, 따라서 자율성이 중요시되는 것은 창의성의 다원주의적 측면이 강조되는 단순한 결과라고 볼 수 있다. 우리가 각각의 기관과 기업 혹은 개인에게 해결책 지형도를 각기 다른 방향에서 탐험해보도록 허락한다면 적절한 해결책을 찾아낼 수 있는 기회는 더 늘어날 것이다.

하지만 국회에서 파산법을 다시 만들어 법적인 허용 범위를 바꾸는 것과는 별개로, 탐험가의 자율성 강화를 위해서는 조금 더 심오한 사회적 변화가 필요하며 그 일이 쉽지 않은 것은 또 말할 필요도 없다.

먼저 각 개인의 자율성은 어떤 형태의 정부와도 직접적으로 대립할 수밖에 없다. 대부분의 권위주의적 정부들은 어떠한 일이 있어도 쉽사리 국민 각자의 독립성이나 자율성을 인정하려 들지 않는다. 자유라는 위험한 바람이 불어닥치게 내버려두는 것은 정부로서는 자살 행위나 다름없기 때문이다. 경제학자 대런 애쓰모글루Daron Acemoglu와 제임스 로빈슨James Robinson은 자신들의 저서《국가는 왜 실패하는가Why Nations Fail》에서 신석기시대부터 근대에 이르기까지 부족이나 국가가 단합을 잘 이루어 발전할 수 있는 요소를 살펴보았다. 그러면서 각 집단의 구성원이 왕이나 영주 혹은 독재자의 자비로 살아가는 것이 아니라 자신들의 운명을 스스로 개척해나갈 수 있을 때 발전해왔다는 사실을 알게 되었다. 그와 같은 자율성은 창의성 개발에도 도움되기 때문에 한 사회의 잠재적 창의성은 얼마나 많은 사람이 자유를 누릴 수 있느냐에 따라 좌우된다. 그리고 그 잠재력은 한 사회의 중산층이 예컨대 소득 불평등 등을 통해 자유를 잃어갈 때 사그라질 것이다.[77]

자율성을 가로막는 두 번째 장애물은 정부의 형태보다 더 만만하지 않은 것이다. 그것은 바로 위험한 길은 아예 처음부터 가지 못하도록 가로막는 기본적인 사회적 가치다.

문명에 대해서 공부하는 학생들은 동양과 서양 문명에서 자아에 대한 개념을 다르게 발전시켜왔다고 오랫동안 주장해왔다. 서양 문명은 자신이 필요한 것을 분명히 드러내고, 스스로의 잠재력을 개발하는 '독립적인 자아independent self'에 가치를 두었다. 반면에 동양 문명은 개인보다 범위가 큰 집단인 가족과 공동체, 국가를 위해 어떻게 봉사할 것인가에 초점을 맞추는 '상호의존적 자아interdependent self'에 더 가치를 두었다. 이런 모습은 "모난 돌이 정 맞는다"라는 동양의 속담에 잘 나타나 있다.[78] 서양식 관점의 뿌리는 18세기 자유주의에서 비롯된 시민의 자유, 개인의 자유를 지키려는 의지를 바탕으로 하고 있다.[79] 이와는 대조적으로 동양식 관점은 그 뿌리가 더 오래되어, 무려 2천 년 전 공자가 사회의 조화를 강조했던 시기까지 거슬러 올라간다.

이런 차이점을 아이들에게 주입시키는 것은 역시 학교 교육이다. 서양의 학교들이 개인의 역량을 개발하고 강화하는 데 중점을 둔다면, 동양의 교육은 사회화에 더 초점을 맞추어 개인은 집단에 적응하고 봉사해야 한다고 가르친다. 그런 이유 때문에 고대 중국의 과거 시험은 황제가 백성들의 반항심을 억누르려는 수단 이상의 의미를 가지고 있었으며, 현재의 가오카오 시험 역시 능력주의 사회 건설을 위한 수단 이상의 의미를 지니고 있다. 이런 시험들은 사회의 조화를 유지하기 위한 수단이며 그 조화는 사람들이 모두 다 같은 생각을 할 때 이루어지기가 더 쉽다.[80]

이렇게 수천 년의 역사를 지닌 문화적 차이점은 왜 인쇄술과 나침반, 화약과 같은 잘 알려진 중국 고유의 발명품들이 서양 사회는 크게 변화시켰으면서도 동양 사회에는 거의 영향을 미치지 못했는지에 대한 설명이 될 수 있다. 안정과 질서, 조화를 중요시하는 사회에서는 파괴적인 혁신은 환영받을 수 없다.[81]

다시 말해, 앞서 언급했던 예일대학교와 베이징대학교 연구가 보여주는 것처럼, 표준화된 교육이 중국 학생들의 뒤떨어지는 창의성에 대한 원인이라면, 그 교육은 그 자체로 어떤 질병이라기보다는 증상에 가까운 것이라고 볼 수도 있을 것이다.[82] 그리고 그 질병은 중국에만 퍼져 있는 것은 아니다. 예일대학교와 베이징대학교의 연구가 있기 20년 전, 이스라엘 텔아비브대학교의 연구자들이 미국과 당시 소비에트 연방의 아이들 90명의 창의성을 평가했는데 소비에트 연방 측 아이들의 창의성에 더 떨어졌다고 한다.[83] 당시 소비에트 연방의 학교들은 중국처럼 초경쟁을 지향한다고 알려져 있지는 않았지만, 역시 어느 정도 아시아적인 특징을 공유하고 있었다. 어찌 되었든 비록 공산주의 체제 때문이라고는 해도 소비에트 연방 역시 집단주의 사회로서 체제 순응을 중요하게 여겼다.

하지만 집단주의의 가장 큰 장점이라고 할 수 있는 우수한 단체정신에 대해서 생각해볼 필요가 있다. 단체정신의 장점은 분명 실재한다. 하지만 창의성이 넘치는 집단이라면 단지 노동을 함께하는 것만을 중요하게 여기지는 않는다는 사실을 기억해야 한다. 그들은 좋은 생각을 새롭게 조합하는 것 역시 중요하게 생각하므로 다양성이 결정적 역할을 한다. 노동만 하고 아무도 생각하지 않는다면 애초에 새로운 생각들을 재조립할 수 없다.[84]

집단주의의 부산물은 비단 획일성만 있는 것은 아니다. 홍콩대학교 교육대 학장인 카이밍 쳉Kai-Ming Cheng이 말하는 "학생들의 학습에서 대단히 특별한 의미를 갖는 외적인 동기" 역시 집단주의의 부산물이라고 할 수 있다.[85] 집단주의 사회에서 학생들은 내적인 동기보다는 종종 다른 사람들의 기대와 그들의 인정이라는 보상에 의해 더 많은 성취를 이루어낸다.

불행한 일이지만 앞서 언급했던 것처럼 이런 외적인 동기는 내적인 동기와 비교해 창의적인 성취에는 별반 도움이 되지 않는다.[86] 왜 그런지에 대해서는 역시 지형도 관점으로 이해를 도울 수 있다. 어려운 문제에 대한 해결책을 어디에서 찾을 수 있을지 아무도 모르기 때문에 결국 탐험가는 반드시 스스로 길을 개척할 수밖에 없기 때문이다. 독립적인 자아는 남들과 다를 수 있는 용기의 근원이 되지만 상호의존적 자아는 그런 용기를 억누른다. 그래서 창의성의 중심에는 역시 자율성이 자리할 수밖에 없다.

어린이의 정신이라는 소우주에서 문명이라는 거대한 우주에 이르기까지, 그러한 각기 다른 세상에도 똑같은 원칙들이 적용된다. 서로 완전히 다르게 보이는 생각들을 합쳐 재조립하기 위해 각각의 개인들이 다양한 교육을 받는다면 국가는 독립적인 학교들을 연결하는 연결망을 만들고 숙련된 기술을 지닌 노동자들이 자유롭게 국경을 넘나들 수 있도록 해줄 수 있다. 실패를 포용하고 자연선택이라는 폭정을 약화시키며 즉각적인 판단을 유보하기 위해 자연은 개개인에게 놀거나 꿈꾸는 것과 같은, 값을 매길 수 없는 귀중한 능력을 부여했으며, 정부는 관대한 파산법으로 모든 국민들을 끌어안는다. 표면적으로만 보면 파산법 제7장과 아이들의 놀이 사이에는 아무 공통점이 없는 것처럼 보이지만 지형도의 관점에서 본다면 그 깊은 공통점이 드러난다. 또한 다양성을 귀중하게 여기고 실패를 용인하며 개인의 자유를 보호해주는 창의적 사회의 특성들도 알 수 있을 것이다.

주

들어가는 말

1. 여기에서 독창성 못지않게 중요한 것이 바로 적절성이다. '41'은 2+2라는 질문에 대한 대단히 독창적인 대답은 될 수 있을지는 몰라도 분명 적절한 답은 아니다. 심리학자들은 이에 대해 조금 더 자세하게 구분을 하는 경우도 있다. 예컨대 〈모나리자〉나 베토벤의 교향곡 혹은 맥아더 장군의 전략 같은 창의성의 산물과 그 자체로 인격적 특성이나 소질이 되는 창의성에 대한 구분이다. 이런 창의성은 모차르트나 아인슈타인 같은 정말로 창의성이 뛰어난 사람들에게서 발견되며 이들에 의해 창의성 넘치는 결과물이 탄생하게 된다. 이에 대해서는 Eysenck, H. J., "Creativity and personality: Suggestions for a theory", 〈Psychological Inquiry〉, 1993, 152쪽을 참조하라. 다만 이 논문을 쓴 목적을 생각해보면 생산물 혹은 결과물을 중심으로 한 창의성의 정의가 가장 적절한 것 같다.

2. Kubler, G., 《The Shape of Time》, Yale University Press, New Haven, CT, 1962, 33쪽을 참조하라.

3. 1장에서 다시 한 번 언급하겠지만 시월 라이트는 실제로 기니피그를

이용해 교배 실험을 했다.

4. 생물학의 영역에서 자연선택은 반드시 경쟁을 의미하는 것은 아니라는 사실을 기억해둘 필요가 있다. 예를 들어, 생산력 선택은 한 개체군의 유기체들이 자원의 어떠한 제한도 없는 상태에서 유전적 구성을 통해 개체수를 조절할 수 있게 한다. 그때 조금 더 생산력이 좋은 혈통은 어떤 경쟁도 치를 필요 없이 그 개체군을 지배할 수 있을 것이다. 내가 선택과 경쟁을 같은 선상에 놓고 비교하려 한다면 그것은 그 경쟁이 인간 영역에 있어서 선택과 가장 가까운 모습이기 때문일 것이다.

5. von Helmholtz, H., 《Popular Lectures on Scientific Subjects》, Second Series(translated by E. Atkinson), Longmans, Green, and Co., London, 1908, 266쪽을 참조하라. 책은 1908년에 출간되었지만 그 주요 내용은 1891년의 강의를 바탕으로 하고 있다.

1장 진화라는 지도의 제작

1. Clark, R., 《JBS: The Life and Work of J. B. S. Haldane》, Bloomsbury Reader, London, UK, 2013, 38쪽을 참조하라.

2. 같은 책 1~3장을 참조하라.

3. 같은 책 100쪽을 참조하라.

4. 같은 책 70쪽을 참조하라.

5. Darwin, C., 《On the Origin of Species by Means of Natural Selection, or the Preservation of Favored Races in the Struggle for Life》(1st ed.), John Murray, London, 1859.

6. Darwin, C., 《Animals and Plants Under Domestication》, John Murray, London, 1868, 1권 9장을 참조하라.

7. 다윈 이론과 관련해 그에 대한 변론과 타당한 근거에 대한 간결한 정리는 Coyne. J. "The faith that dare not speak its name: The case against intelligent design", New Republic, August 22~29, 2005를 참조하라.

8. '적자생존'이라는 용어는 작가인 허버트 스펜서 Herbert Spencer도 1864년에 사용했으며, 다윈은 그로부터 몇 년 후 자신의 책《종의 기원》제5판부터 이 용어를 본격적으로 싣기 시작했다.

9. 각각 Kettlewell, H. B. D.,《The Evolution of Melanism: The Study of a Recurring Necessity》, Blackwell, Oxford, UK, 1973과 Majerus, M. E. N,《Melanism: Evolution in Action》, Oxford University Press, Oxford, UK, 1998을 참조하라. 이들의 실험들은 다윈 사후 아주 오랜 시간이 지난 후 실행된 것이다. 이에 대해서는 진화생물학자인 제리 코인 Jerry Coyne이 운영하고 있는 블로그 '왜 진화는 진실인가 Why Evolution Is True'에서 〈후추나방 이론은 사실이다 The Peppered Moth Story Is Solid〉라는 제목의 게시물을 참조하라. http://whyevolutionistrue.wordpress.com/2012/02/10/the-peppered-moth-story-is-sold/.

10. Haldane, J. B. S., "A mathematical theory of natural and artificial selection. Part I",《Transactions of the Cambridge Philosophical Society》, 1924.

11. 홀데인은 두 유기체 사이의 적응의 차이를 이른바 '도태 계수 selection coefficient'라고 불렀으며, 이 용어는 거의 100년의 세월이 지난 지금도 여전히 교과서에서 정식으로 사용되고 있다.

12. Provine, W. B.,《Sewall Wright and Evolutionary Biology》, University of Chicago Press, Chicago, 1986, 5장과 9장, Wright, S, "The relation of livestock breeding to theories of evolution",《Journal of Animal Science》, New York, 1978을 참

조하라. 내가 이야기하는 복잡한 상호작용이란 유전자들이 표현형을 만들어낼 때 비증가적, 비선형적으로 혹은 유전학 용어로 말해 '상위성epistatically'으로 상호작용하는 것을 의미하는 것이다.

13. Wright, S., "The roles of mutation, inbreeding, crossbreeding, and selection in evolution", 《Proceedings of the Sixth International Congress of Genetics in Ithaca》, New York, 1932를 참조하라. 라이트의 선배라고 한다면 1895년에 등장했던 프랑스의 과학자 아르망 자넷Armand Janet 정도 될 것이다. 그렇지만 당시로서는 진화를 이해하는 데 필수 요소인 유전에 대한 연구가 부족한 상태였다. Dietrich, M. R., and Skipper Jr. R. A., "A shifting terrain: A brief history of the adaptive landscape", in 《The Adaptive Landscape in Evolutionary Biology》, eds. E. I. Svensson and R. Calsbeek, Oxford University Press, Oxford, UK, 2012, 3쪽을 참조하라.

14. Dietrich, M. R., and Skipper Jr., R. A., "A shifting terrain: A brief history of the adaptive landscape", in 《The Adaptive Landscape in Evolutionary Biology》, eds. E. I. Svensson and R. Calsbeek, Oxford University Press, Oxford, UK, 2012, 3쪽을 참조하라. 또한 Pigliucci, M., "Landscapes, surfaces, and morphospaces: What are they good for?", in 《The Adaptive Landscape in Evolutionary Biology》, eds. E. I. Svensson and R. Calsbeek, Oxford University Press, Oxford, UK, 2012, 26쪽을 보면 각기 다른 종류의 지형도를 구분하는 효과적인 방법에 대한 내용이 나온다.

15. Simpson, G. G., 《Tempo and Mode in Evolution》, Hafner, New York, 1944.

16. MacFadden, B. J., "Fossil horses: Evidence for Evolution",

〈Science〉, 307호, 2005; Simpson, G. G., 《Tempo and Mode in Evolution》, Hafner, New York, 1944; Bell, M. A., "Adaptive landscapes, evolution, and the fossil record", in 《The Adaptive Landscape in Evolutionary Biology》, eds. E. I, Svensson and R. Calsbeek, Oxford University Press, Oxford, UK, 2012, 243쪽을 각각 참조하라.

17. 또 다른 과학자들은 이들을 두족류 암모나이드ammonide의 아강亞綱으로 분류해 암모나이드라고 부르기도 하지만 나는 일반적으로 알려진 암모나이트라는 이름을 사용했다.

18. 비단 앵무조개만 제트 추진의 원리를 알고 있는 것은 아닐 것이다. 예컨대 해파리 같은 해양생물들도 비슷한 원리를 이용해 이동한다.

19. 조금 더 정확하게 말하자면 두 번째 기준은 배꼽 부분 지름, 즉 중심축과 가장 바깥쪽 나선형 내벽 사이의 거리다. 그렇지만 둘 다 의미상 큰 차이는 없다. Raup, D. M., "Geometric analysis of shell coiling: Coiling in ammonoids", 〈Journal of Paleontology〉, 1967; McGhee, G. R., 《The Geometry of Evolution: Adaptive Landscapes and Theoretical Morphospaces》, Cambridge University Press, Cambridge, UK, 2007을 참조하라.

20. 그림 1-3의 가운데와 오른쪽 암모나이트 그림은 Saunders, W. B., Work, D. M., and Nikolaeva, S. V., "The evolutionary history of shell geometry in Paleozoic ammonoids", 〈Paleobiology〉, 2004를 참조했다.

21. Chamberlain, J. A., "Flow patterns and drag coefficients of cephalopod shells", 〈Palaeontology〉(Oxford), 1976; "Hydromechanical design of fossil cephalopods", in 《The Ammonoidea: The evolution, classification, mode of life and geological usefulness of a major fossil group》, eds. M. R.

House and J. R. Senior, Academic Press, London, 1981.

22. McGhee, G. R., 《The Geometry of Evolution: Adaptive Landscapes and Theoretical Morphospaces》, Cambridge University Press, Cambridge, UK, 2007, 73쪽을 참조하라.

23. Chamberlain, J. A., "Flow patterns and drag coefficients of cephalopod shells", 〈Palaeontology〉(Oxford), 1976, 360쪽; "Hydromechanical design of fossil cephalopods", in 《The Ammonoidea: The evolution, classification, mode of life and geological usefulness of a major fossil group》, eds. M. R. House and J. R. Senior, Academic Press, London, 1981.

24. McGhee, G. R., 《The Geometry of Evolution: Adaptive Landscapes and Theoretical Morphospaces》, Cambridge University Press, Cambridge, UK, 2007, 75쪽; Chamberlain, J. A., Hydromechanical design of fossil cephalopods", in 《The Ammonoidea: The evolution, classification, mode of life and geological usefulness of a major fossil group》, eds. M. R. House and J. R. Senior, Academic Press, London, 1981; Saunders, W. B., Work, D. M., and Nikolaeva, S. V., "The evolutionary history of shell geometry in Paleozoic ammonoids", 〈Paleobiology〉, 2004.

25. Saunders, W. B., Work, D. M., and Nikolaeva, S. V., "The evolutionary history of shell geometry in Paleozoic ammonoids", 〈Paleobiology〉, 2004; McGhee, G. R., 《The Geometry of Evolution: Adaptive Landscapes and Theoretical Morphospaces》, Cambridge University Press, Cambridge, UK, 2007을 참조하라. 물속에서의 이동 효율성 외의 다른 요소들, 즉 부력의 조절이나 균형에 대한 조정 등도 이 문제에 영향을 미칠 수

있다. 따라서 암모나이트의 적합 지형도 역시 현재의 분석 내용보다 더 복잡해질 수 있는 것이다.

26. Hay-Roe, M. M., and Nation, J., "Spectrum of cyanide toxicity and allocation in Heliconius erato and Passiflora host plants", 〈Journal of Chemical Ecology〉, 2007.

27. Benson, W. W., "Natural selection for Mullerian mimicry in Heliconiuserato in Costa Rica", 〈Science〉, 1972.

28. Brown, K. S. J., "The biology of Heliconius and related genera", 〈Annual Review of Entomology〉, 1981을 참조하라.

29. Brown, K. S. J., "The biology of Heliconius and related genera", 〈Annual Review of Entomology〉, 1981; Brower, A. V. Z., "Rapid morphological radiation and convergence among races of the butterfly Heliconius erato inferred from patterns of mitochondrial DNA evolution", 〈Proceedings of the National Academy of Sciences of the United States of America〉, 1994; Brower, A. V. Z., "Introgression of wing pattern alleles and speciation via homoploid hybridization in Heliconius butterflies: A review of evidence from the genome", 〈Proceedings of the Royal Society B-Biological Sciences〉, 2013.

30. Haffer, J., "Speciation in Amazonian forest birds", 〈Science〉, 1969; Knapp, S. and Mallet, J., "Refuting refugia?", 〈Science〉, 2003.

31. 지금은 고인이 된 저명한 동물학자 스티븐 제이 굴드 Stephen Jay Gould의 유명한 실험은 이런 기본 개념을 품고 있었다. '생명의 테이프를 다시 돌릴 수 있다면?' 그것이 실제로 가능하다면 우리는 아마도 지금의 나비들과는 완전히 다르지만 여전히 확실한 효과가 있는 경계색으로

무장한 고대의 나비들을 만날 수 있을지도 모른다. 그리고 그들의 적응 지형도에도 각기 다른 봉우리들이 있을 것이다.

32. Majerus, M. E. N., 《Melanism: Evolution in Action》, Oxford University Press, Oxford, UK, 1998, 특히 6장을 참조하라.

33. 후추나방이 초창기 개체군 유전학자들의 상상력을 사로잡았던 이유들 중 하나는 후추나방 개체군에서 멘델이 처음으로 설명했던 현상, 즉 유전적 우성이 다양하게 드러났기 때문이었다. 일부 개체군에서는 밝은색 계열의 나방들이 어두운색 계열의 나방들보다 더 우세한데, 그것은 밝은색 계열 나방과 어두운색 계열 나방을 교배했을 경우 그 후손들은 대부분 밝은색 계열로 나타났기 때문이다. 반면에 또 다른 개체군에서는 어두운색 계열의 나방들이 더 우세하게 나타나기도 하는데 이런 '우성 변형dominance modification' 현상의 원인에 대해서 훗날 피셔와 라이트가 서로 대립하게 되기도 한다. Provine, W. B., 《Sewall Wright and Evolutionary Biology》, University of Chicago Press, Chicago, 1986을 참조하라.

34. 모건의 백색 대립유전자가 역사적으로 특히 중요한 것은 성별과 연결된 유전형질이 엮인 첫 번째 대립유전자이기 때문이다. 다시 말해 수컷과 암컷의 각기 다른 유전형질이 영향을 미치며 성염색체의 존재하고 있음을 나타내고 있다.

35. Wright, S., "The roles of mutation, inbreeding, crossbreeding, and selection in evolution", 《Proceedings of the Sixth International Congress of Genetics in Ithaca》, New York, 1932.

2장 분자혁명

1. Watson, J. D. and Crick, F. H., "A structure for deoxyribose nucleic acids", 〈Nature〉, 1953을 참조하라.

2. 조금 더 정확하게 이야기하자면, 많은 호르몬들은 펩타이드peptide라고 불리는 아미노산의 짧은 사슬이다.

3. 2장의 후반부에서도 이야기했지만, '세포 대체 이어붙이기alternative splicing cells'라고 불리는 과정을 통해 하나의 유전자에서 하나 이상의 단백질이 만들어지며, 인간 육체의 단백질 숫자는 유전자의 숫자를 훨씬 더 능가한다.

4. 그렇다 하더라도 이 숫자는 초파리의 진화에 따른 적응 지형도의 규모를 엄청나게 과소평가하는 것이다. 각기 다른 종류의 초파리 유전체는 단지 하나가 아닌 수백수천만 개의 각기 다른 뉴클레오티드 안에서 또 달라질 수 있기 때문이다. 게다가 많은 유전자들이 1천 개의 뉴클레오티드보다 훨씬 더 길며 유전체의 비단백질 암호 영역 안의 유전자 밖에서 많은 돌연변이들이 발생할 수 있다.

5. Mackenzie, S. M., Brooker, M. R., Gill, T. R., Cox, G. B., Howells, A . J. and Ewart, G. D. "Mutations in the white gene of Drosophila melanogaster affecting ABC transporters that determine eye colouration", 〈Biochimica et Biophysica Acta-Biomembranes〉, 1999.

6. Kauffman, S. and Levin, S., "Towards a general theory of adaptive walks on rugged landscapes", 〈Journal of Theoretical Biology〉, 1987을 참조하라.

7. 70억 인구×100년×1년에 356일×하루에 8.6×10^5초=2.2×10^{20}. 두 개의 대립유전자가 있는 400개 유전자 자리의 지형도는 2^{400}=2.6×10^{120} 혹은 1.2×10^{100}개의 유전자형을 가질 수 있다.

8. Kauffman, S. and Levin, S., "Towards a general theory of adaptive walks on rugged landscapes", 〈Journal of Theoretical Biology〉, 1987, 방정식 (2) N=15,000을 참조하라.

9. 같은 책의 방정식 (4)를 참조하라.

10. 이 숫자는 1만 5천의 이진로그the binary logarithm 계산 결과다. 같은 책을 참조하라.

11. 진화 과정이 찾는다는 이 단백질 공간에 대한 개념은 최소한 영국의 진화생물학자 존 메이너드스미스John Maynard-Smith까지 거슬러 올라간다. Maynard-Smith, J., "Natural selection and the concept of a protein space", 〈Nature〉, 1970을 참조하라.

12. Weinreich, D. M., Delaney, N. F., DePristo, M. A. and Hartl, D. L., "Darwinian evolution can follow only very few mutational paths to fitter proteins", 〈Science〉, 2006을 참조하라. 내가 이 책에서 이야기한 '기존의' 베타락타마제는 TEM 베타락타마제라고 불리는 훨씬 더 방대한 단백질 가족 중 하나이며 유사한 아미노산 서열을 공유하고 있다. 이 베타락타마제는 원형에 가깝다고 볼 수 있으며 참조 서열이라고도 부른다. 문제가 되는 다섯 개의 돌연변이 중 네 개가 암호화된 단백질의 아미노산 서열을 바꾸게 되며 다섯 번째는 일반 돌연변이로 유전자의 암호화된 비단백질 부분 안에서 발생한다.

13. 비록 오직 네 개의 아미노산 변화와 유전자 조절 영역의 DNA 변화는 하나만 포함이 되더라도 그 숫자는 변함이 없다. TEM-1은 263개의 아미노산이 뒤따르는데 그것만으로도 이미 교체를 위해 단지 네 가지 아미노산을 선택하는 각기 다른 방법이 1.94×10^8개에 이른다. 각각의 방법은 19개의 다른 아미노산으로 교체 가능하기 때문에 단지 4개의 아미노산을 교체하는 것만으로도 가능한 끈의 숫자가 2.5×10^{13}개가 되는 것이다. 이 숫자는 DNA에서 다섯 번째의 조절 변화까지 계산에 넣을 경우 또다시 3배수로 증가할 수밖에 없다.

14. 웨인라키가 실시한 실험은 더 나은 변종을 위한 대단히 강력한 자연 선택을 이용했다. 그런 조건에서는 적합성에 아무런 영향을 미치지 못하는 수평으로 이어지는 길들도 금지되었다. 그것은 적합성에 아무런 영향을 미치지 못하는 경우라도 마찬가지였다. 이 부분에 대해서는 4장에서 자세히 살펴보았다.

15. Szendro, I. G., Schenk, M. F., Franke, J., Krug, J. and de Visser, J. A. G. M., "Quantitative analyses of empirical fitness landscapes", 〈Journal of Statistical Mechanics: Theory and Experiment〉, 2013에 이런 실험들에 대한 대략적인 내용들이 담겨 있다. 나는 이런 실험에서 발생하는 유전적 변화가 모두 다 단백질의 단일 문자 변화일 필요는 없다는 사실을 강조하고 싶다. 어떤 경우는 암호화된 아미노산 끈의 문자 서열을 바꾸는 것보다는 유전자 조절에 영향을 더 미칠 수 있다. 또한 어떤 변화는 유전체의 작은 조각들을 제거하거나 삽입하는 것이다. 그렇지만 아미노산의 서열 변이에만 전적으로 초점을 맞추는 연구에 대해서는 여기에 같은 원칙이 적용된다. 각기 다른 돌연변이 대립유전자들은 각기 다른 순서로 발생할 수 있으며 그 결과로 만들어진 적합성 봉우리로 향하는 길들 중 오직 일부에만 접근 가능할 것이다.

16. 물론 이런 종류의 작업을 위한 가장 중요한 기계장치가 아닐 수는 있다. Miranda-Rottmann, S., Kozlov, A. S., and Hudspeth, A. J., "Highly specific alternative splicing of transcripts encoding BK channels in the chicken's cochlea is a minor determinant of the tonotopic gradient", 〈Molecular and Cellular Biology〉, 2010을 참조하라. 이 문제와 관련된 또 다른 사례들에 대해서는 그레이블리Graveley의 책(2001)을 참조할 것.

17. 대부분의 이어붙이기 과정은 우리 인간과 같은 유기체, 즉 진핵생물 안에서 발생하며 박테리아에서는 상대적으로 거의 일어나지 않는다.

18. Hayden, E. J., and Wagner, A., "Environmental change exposes beneficial epistatic interactions in a catalytic RNA", 〈Nature〉, 2012를 참조하라.

19. Jimenez, J. I., Xulvi-Brunet, R., Campbell, G. W., Turk-MacLeod, R. and Chen, I. A., "Environmental change exposes beneficial epistatic interactions in a catalytic RNA", 〈Proceedings of the National Academy of Sciences of the United States of America〉, 2013을 참조하라. 이 분자는 화학적으로 보면 우리에게 훨씬 더 익숙한 ATP와 대단히 유사하다. 그 안에는 ATP의 아데닌을 대신해 구아닌이 포함되어 있다.

20. Badis, G., Berger, M. F., Philippakis, A. A., Talukder, S., Gehrke, A. R., Jaeger, S. A., Chan, E. T., Metzler, G., Vedenko, A., Chen, X., Kuznetsov, H., Wang, C.-F., Coburn, D., Newburger, D. E., Morris, Q., Hughes, T. R., and Bulyk, M. L., "Diversity and complexity in DNA recognition by transcription factors", 〈Science〉, 2009; Mukherjee, S., Berger, M. F., Jona, G., Wang, X. S., Muzzey, D., Snyder, M., Young, R. A., and Bulyk, M. L., "Rapid analysis of the DNA-binding specificities of transcription factors with DNA microarrays", 〈Nature Genetics〉, 2004; Weirauch, M. T., Yang, A., Albu, M., Cote, A. G., Montenegro-Montero, A., Drewe, P., Najafabadi, H. S., Lambert, S. A., Mann, I., Cook, K., Zheng, H., Goity, A., van Bakel, H., Lozano, J.-C., Galli, M., Lewsey, M. G., Huang, E., Mukherjee, T., Chen, X., Reece-Hoyes, J. S., Govindarajan, S., Shaulsky, G., Walhout, A. J. M., Bouget, F.-Y., Ratsch, G., Larrondo, L. F., Ecker, J. R., and Hughes, T. R., "Determination and inference of eukaryotic transcription factor sequence specificity", 〈Cell〉, 2014를 참조

하라. 이런 미세배열의 실질적인 모습은 이 책에서 설명하는 것보다 조금 더 복잡하다. 예를 들어, 일부 DNA 단어들에는 조절 장치가 알아차리지 못하는 일종의 빈틈이나 공간이 있을 수 있다.

21. Weirauch, M. T., Yang, A., Albu, M., Cote, A. G., Montenegro-Montero, A., Drewe, P., Najafabadi, H. S., Lambert, S. A., Mann, I., Cook, K., Zheng, H., Goity, A., van Bakel, H., Lozano, J.-C., Galli, M., Lewsey, M. G., Huang, E., Mukherjee, T., Chen, X., Reece-Hoyes, J. S., Govindarajan, S., Shaulsky, G., Walhout, A. J. M., Bouget, F.-Y., Ratsch, G., Larrondo, L. F., Ecker, J. R., and Hughes, T. R., "Determination and inference of eukaryotic transcription factor sequence specificity", 〈Cell〉, 2014를 참조하라.

22. Aguilar-Rodriguez, J., Payne, J. L., and Wagner, A., "1000 empirical adaptive landscapes and their navigability", 〈Nature Ecology and Evolution〉, 2017을 참조하라.

3장 지옥을 통과하는 일의 중요성

1. Hawass, Z., Gad, Y. Z., Ismail, S., Khairat, R., Fathalla, D., Hasan, N., Ahmed, A., Elleithy, H., Ball, M., Gaballah, F., Wasef, S., Fateen, M., Amer, H., Gostner, P., Selim, A., Zink, A., and Pusch, C. M., "Ancestry and pathology in King Tutankhamun's family", 〈Journal of the American Medical Association〉, 2010을 참조하라.

2. Alvarez, G., Ceballos, F. C., and Quinteiro,, "The role of inbreeding in the extinction of a European royal dynasty",

〈PLoS ONE〉, 2009를 참조하라.

3. 같은 글을 참조하라.

4. 나는 여기에서 단일 유전자 안의 돌연변이에 의해 발생할 수 있는 가장 흔한 질병인 열성 질환에 대해 언급하고 있다. 열성 질환은 이배체 생물 안의 한 유전자의 양쪽 대립유전자가 모두 질병을 유발하는 돌연변이에 영향을 받아야 발생한다. 오직 하나의 돌연변이만 만족하는 지배적 질병은 근친교배와 이계 교배에 의한 자손 모두에 나타날 수 있다. 또한 번식에 도움되지 않는 체강 조직 안의 돌연변이를 생식계 안의 돌연변이, 즉 다음 세대로 전해지는 세포들과 구분하는 일은 중요하다. 미래의 자손 세대에 직접적인 영향을 미치는 것은 오직 후자의 경우다.

5. 다시 말해, 이 품종을 유지할 수 있는 최선의 방법은 푸른 눈의 고양이들을 푸른색이 아닌 다른 색 눈 고양이들과 이계 교배를 시키는 것이다. 그렇게 하면 새로 태어나는 고양이의 절반 정도만 푸른색 눈을 갖게 된다.

6. Pusey, A. E., and Packer, C., "The evolution of sex-biased dispersal in lions", 〈Behaviour〉, 1987을 참조하라.

7. Pusey, A., and Wolf, M., "Inbreeding avoidance in animals", 〈Trends in Ecology and Evolution〉, 1996을 참조하라.

8. 웨스터마크 효과를 증명하는 증거들에 대해서는 Shepher, J., "Mate selection among second generation Kibbutz adolescents and adults: Incest avoidance and negative imprinting", 〈Archives of Sexual Behavior〉, 1971과 더불어 Lieberman, D., Tooby, J., and Cosmides, L., "Does morality have a biological basis? An empirical test of the factors governing moral sentiments relating to incest", 〈Proceedings of the Royal Society B-Biological Sciences〉, 2003을 참조하라.

9. Futuyma, D. J., 《Evolution》, Sinauer, Sunderland, MA, 2009 중 15장과 Charlesworth, D., and Willis, J. H., "The genetics of inbreeding depression", 〈Nature Reviews Genetics〉, 2009를 참조하라. 이 글들을 보면 일부 유기체들, 그중에서도 특별히 자체 수정을 할 수 있는 능력을 통해 치열한 생존 경쟁을 뚫고 살아남은 식물들의 경우 특별히 근친교배로 인한 고통을 겪는 것은 아니라고 언급하고 있다. 그런 와중에 유해한 열성 대립유전자들이 이미 개체군 사이에서 상당 부분 제거되었을 수 있기 때문이다.

10. 이것은 상당히 중요한 지적인데, 근친교배로 인한 약세는 자연에서 근친교배를 피하려 하는 수많은 이유 중 그저 하나에 불과할지도 모른다. 예를 들어, 인간의 경우 근친상간을 금기하는 일이 가족 간의 유대관계를 더 공고히 하는 데 도움을 줄 수도 있다. 이와 관련해서는 Charlesworth, D., and Willis, J. H., "The genetics of inbreeding depression", 〈Nature Reviews Genetics〉, 2009; Pusey, A., and Wolf, M., "Inbreeding avoidance in animals", 〈Trends in Ecology & Evolution〉, 1996; Szulkin, M., Stopher, K. V., Pemberton, J. M., and Reid, J. M., "Inbreeding avoidance, tolerance, or preference in animals?", 〈Trends in Ecology and Evolution〉, 2013을 참조하라.

11. 이와 관련된 수학적 계산은 집단유전학에서 비롯되었다. 조금 더 자세하게 말하자면 이른바 연합 이론coalescent theory이 그 중심에 있다. 이 이론을 보면 현재 사회의 구성원들이 공동의 조상에서 이어져왔다는 사실을 증명하기 위해 몇 세대를 거슬러 올라가야 하는지를 알 수 있다. 그 자세한 내용은 그 연구 대상이 일배체 유기체인지 아니면 이배체 유기체인지, 그리고 모든 유전체 안의 한 유전자만 연구하는지 아니면 모든 유전자들 사이의 관계를 연구하는지에 따라 달라진다. 하지만 개체군 안의 구성원 숫자에 직접적으로 관련 있다는 원칙

은 달라지지 않는다. Hartl, D. L., and Clark, A. G., 《Principles of Population Genetics》, Sinauer Associates, Sunderland, MA, 2007을 참조하라.

12. Coltman, D. W., Pilkington, J. G., Smith, J. A., and Pemberton, J. M., "Parasite-mediated selection against inbred Soay sheep in a free-living, island population", 〈Evolution〉, 1999를 참조하라.

13. Keller, L. F., "Inbreeding and its fitness effects in an insular population of song sparrows (Melospiza melodia)", 〈Evolution〉, 1998; Keller, L. F., Arcese, P., Smith, J. N. M., Hochachka, W. M., and Stearns, S. C., "Selection against inbred song sparrows during a natural population bottleneck", 〈Nature〉, 1994를 참조하라.

14. 라이트는 이미 그의 잘 알려진 '이동성 균형 이론shifting-balance theory'의 형태로 이 새로운 이론을 설명한 바 있다. 이 이론은 복잡한 적합 지형도 안에서 개체군이 한 봉우리에서 협곡을 따라 내려와 다른 더 높은 봉우리로 가는 과정을 설명하는데, 이 중 일부 내용은 대단히 복잡하며 논쟁의 여지가 있을 수 있다. 그렇지만 한 가지 중심이 되는 단순한 요소가 널리 받아들여졌다. 유전적 부동은 개체군이 적응 협곡들을 통과하는 데 도움을 줄 수 있다는 것이다. Provine, W. B., 《Sewall Wright and Evolutionary Biology》, University of Chicago Press, Chicago, 1986을 참조하라.

15. 나는 유전적 부동의 개념을 구체적으로 설명하기 위해 눈동자 색깔의 유전학과 진화를 단순화시켰다. 고등학교 생물 시간에서도 눈동자 색깔을 단일 유전자의 영향을 받는 특성화된 사례로 예를 드는 경우가 많다. 하지만 실제로는 다중 유전자의 영향을 받은 결과다. 그중에서도 특별히 더 중요한 유전자가 바로 OCA2로, 홍채의 갈색 색소를 합성하는 과정과 관계가 있다. 그리고 이 유전자의 단백

질 합성 과정을 변화시키는 단일 돌연변이 유전자는 갈색 눈동자를 파란색으로 바꾸는 데 충분한 능력이 있다. Eiberg, H., Troelsen, J., Nielsen, M., Mikkelsen, A., Mengel-From, J., Kjaer, K. W., and Hansen, L., "Blue eye color in humans maybe caused by a perfectly associated founder mutation in a regulatory element located within the HERC2 gene inhibiting OCA2 expression", 〈Human Genetics〉, 2008을 참조하라. 눈동자의 색깔이 자연선택의 영향을 받지 않는 중립적인 특성인지는 확실하지 않다. 약 1만 년 전 등장한 파란색 눈동자가 그 직후부터 빠르게 퍼져 왔기 때문이다. 또한 눈동자 색깔은 황반변성이나 포도막흑색종 같은 질병의 발생에 영향을 미친다. Sun, H. P., Lin, Y., and Pan, C. W., "Iris color and associated pathological ocular complications: A review of epidemiologic studies", 〈International Journal of Ophthalmology〉, 2014를 참조하라. 그럼에도 불구하고 중립적인 대립유전자가 아닌 유전자 부동자 현상에 대해 설명하면서 눈동자 색깔 대립유전자를 이용한 것은 인간의 특성에 영향을 미치는 중립적인 대립유전자 중 눈동자 색깔만큼 이해하기 쉬운 것은 거의 찾아볼 수 없기 때문이다.

16. 긴 DNA 단어에서 무작위로 문자 변화가 일어나는 이유는 이전에 발생했던 돌연변이로 다시 되돌아가는 것보다는 새로운 변종을 만들어 내는 일이 훨씬 더 쉽기 때문이다.

17. 자연선택이 이 과정에 영향을 미치지 않는 이상 이런 현상은 계속된다. 예를 들어, 어느 특정 종류의 '이기적' 유전자는 유기체의 유전적 건강을 희생하면서 다음 세대에 자신의 유전자만 계속 전하려 할 수 있다. 이런 현상을 '마이오틱 드라이브meiotic drive'라고 부른다. Futuyma, D. J., 《Evolution》, Sinauer Associates, Sunderland, MA, 2009를 참조하라.

18. 비록 눈동자의 색깔이 기술적으로 다중 유전자에 의한 영향을 받는 다유전자적 특성이라고는 해도 보통 갈색 눈동자가 파란색 눈동자를 압도한다. 다시 말해 홍채가 갈색이 되기 위해서는 개인 유전체의 대립유전자 중 오직 하나만 갈색이 되어야 하는 반면, 홍채가 파란색이 되기 위해서는 대립유전자 모두가 파란색이 되어야 한다는 뜻이다.

19. 나는 여기에서 개체군 유전학에서 배운 두 가지 기본적인 통찰력을 사용하고 있다. 첫 번째는 한 세대 안에서 p의 빈도수와 함께 오직 유전적 부동의 영향 아래에서만 이루어지는 유전자 진화는 개체군의 크기가 N일 때 p(1-p)/N의 순서로 분포하며, 다음 세대에서 무작위의 대립유전자 빈도수를 가진다는 것이다. 만일 어느 한 가지가 산포도로서 표준편차로 선택된다면 대립유전자 빈도수는 N이 아닌 N의 제곱근에 반비례하는 양에 의해 변동된다. 두 번째 통찰력은 연합이론으로부터 얻었다. 연합 이론은 개체군에서 둘 혹은 모든 대립유전자의 공통된 조상을 찾기 위해 과거로 돌아가야만 하는 시간의 총합이 N의 순서에 대한 시간임을 보여준다. 나는 이런 모든 내용이 일배체 유기체들을 가리키고 있음을 주목하고 있는데, 이배체 유기체의 경우 N은 2N에 의해 교체될 필요가 있지만 주요 문장의 중요도 순서에는 별다른 영향을 미치지 않는다. Hartl, D. L., and Clark, A. G.,《Principles of Population Genetics》, Sinauer Associates, Sunderland, MA, 2007을 참조하라.

20. 두 복제본 중 오직 하나만 돌연변이를 일으키면 질병을 발생시킬 수 있는 주요 대립유전자는 유전적 부동을 통해 쉽게 퍼질 수 없다. 자연선택이 그 확산을 가로막을 것이기 때문이다. 열성 대립유전자가 유전적 부동을 통해 퍼져나갈 수 있는 이유는 두 복제본 안에 있을 때만 그 부정적 영향력이 효과를 발휘할 수 있기 때문이다. 그런 것은 이미 큰 변동이 진행되고 있지 않는 한 거의 일어나기 어려운 일이다. 조금 더 일반적으로는 대부분의 유전적 질병들은 다중 유전자 안에서 돌연

변이에 의해 일어나는 복잡한 질병이다. 어떤 한 가지 돌연변이로는 질병의 위험에 거의 영향력을 미치지 못하며 따라서 오직 유전적 부동에 의해서만 개체군을 따라 조금 더 널리 퍼질 수 있다. 또한 자연스럽게 일어나는 많은 돌연변이들은 유해한 적합성 효과를 갖고 있는데 그 영향력이 대단히 미약해 자연선택에 의해 지연될 수 있다. 하지만 역시 유전적 부동에 의해 퍼져나가는 것까지는 막지 못한다. Hartl, D. L., and Clark, A. G., 《Principles of Population Genetics》, Sinauer Associates, Sunderland, MA, 2007을 참조하라.

21. 조금 더 정확하게 말하자면 우리 인간처럼 모든 세대에서 유전체를 섞지 않는다는 뜻이다. 하지만 그들은 세균접합bacterial conjugation처럼 유전체의 일부에만 영향을 미치고 모든 세대에서 발생하지는 않는 유성생식은 하고 있다. Griffiths, A., Wessler, S., Lewontin, R., Gelbart, W., Suzuki, D., and Miller, J., 《An Introduction to Genetic Analysis》, Freeman, New York, 2004를 참조하라.

22. 조금 더 단순하게 설명하기 위해 나는 여기에 소개한 지형도 개념에 대해 임의로 손질을 좀 했다. 먼저 1장에서는 연구의 대상, 즉 지형도의 개별 개체들을 보통은 유전자형으로 상정했는데 여기에서는 그와는 다르게 연구 대상을 전체 개체군으로 정했다. 지형도의 이 대상을 누군가는 개체들이 모인 집단의 중심을 나타낸다고 생각할 수도 있다. 하지만 자연선택은 전체 개체군을 계속 위쪽으로 몰고 나간다. 그렇지만 유전적 부동의 결과에 따라 이 대상의 위치는 변동을 겪는다. 개체군의 대립유전자 빈도도 역시 변동을 겪기 때문이다. 따라서 엄격하게 말하자면 실제로 흔들리는 것은 지형도 자체가 아니라 대상이 되는 개체군이다. 더 좋은 비유를 들자면 개체군 규모에 반비례하는 확산 계수를 가진 브라운 운동Brownian motion 아래서 움직이는 입자를 생각하면 좋을 것이다.

23. 조금 더 기술적으로 말하자면 개체군 유전학의 일반적인 내용을 이야

기하고 있다. 이는 유전적 부동이 자연선택의 영향력을 극복하기 위해 대립유전자의 도태 계수가 대략적으로 개체군 규모에 반비례해서 더 작아져야 한다는 것이다. 다만 이 규모는 중립적인 대립유전자 빈도 안에서는 세대에서 세대로 이어지는 변이에 정비례한다. 이는 Hartl, D. L., and Clark, A. G.,《Principles of Population Genetics》, Sinauer Associates, Sunderland, MA, 2007을 참조하라. 정확한 수치는 유기체가 일배체인지 이배체인지, 즉 개체군 규모 N이 2N에 의해 대체될 수 있는지에 따라 달려 있고, 이 점에서 적합성의 측면을 고려하고 단위에 따라 적합성 측면을 측정해야 한다. 또한 나는 전문가 입장에서 개체군 규모에 대해 논의할 때마다 개체군 유전학자들이 개체군의 효율적 규모에 대해 어떻게 생각하고 있는지 고려하지 않을 수 없다. 그 효율적 규모는 유전적 부동과 관련된 적절한 양일 테지만 조사로 확인된 개체군의 규모보다는 아마도 작을 것이다. 이는 Lynch, M., "The origins of eukaryotic gene structure", 〈Molecular Biology and Evolution〉, 2006을 참조하라.

24. Eyre-Walker, A., and Keightley, P. D., "The distribution of fitness effects of new mutations", 〈Nature Reviews Genetics〉, 2007; Freeman, S., and Herron, J. C.,《Evolution》, Pearson, San Francisco, 2007, 5장을 참조하라.

25. 효율적인 박테리아 개체군의 규모는 보통 개체수가 10^8개가 넘는다. Lynch, M.,《The origins of genome architecture》, Sinauer Associates, Sunderland, MA, 2007을 참조하라.

26. Sun, H. P., Lin, Y., and Pan, C. W., "Iris color and associated pathological ocular complications: A review of epidemiologic studies", 〈International Journal of Ophthalmology〉, 2014를 참조하라.

27. Whittaker, R. J., and Fernandez-Palacios, J. M.,《Island

Biogeography》, Oxford University Press, Oxford, UK, 2007,
219쪽에 나오는 표 1을 참조하라.

28. Sulloway, F. J., "Darwin and his finches: The evolution of a
legend", 〈Journal of the History of Biology〉, 1982를 참조하라.

29. Whittaker, R. J., and Fernandez-Palacios, J. M., 《Island
Biogeography》, Oxford University Press, Oxford, UK, 2007,
228~229쪽에 나오는 표 9-3을 참조하라.

30. 하와이와 갈라파고스제도에서 가장 오래된 섬들은 각각 카우
아이Kauai와 에스파뇰라Espanola섬이다. 섬들의 역사에 대해서는
Geist, D. J., Snell, H., Snell, H., Goddard, C., and Kurz, M.
D., "A paleogeographic model of the Galápagos Islands
and biogeographical and evolutionary implications", 〈The
Galápagos: A Natural Laboratory for the Earth Sciences〉,
2014; Whittaker, R. J., and Fernandez-Palacios, J. M., 《Island
Biogeography》, Oxford University Press, Oxford, UK, 2007,
220쪽을 참조하라. 이런 화산 열도에서는 섬들이 생겨났다가 다시
바다에 가라앉을 수 있다는 사실을 알고 있는 것이 중요하다. 그렇다
면 이런 열도가 현재 확인된 가장 오래된 섬들보다도 역사가 더 깊을
수 있다. 분자시계 측정법은 이런 열도의 가장 오래된 유기체 혈통의
연대를 측정하는 데 사용될 수 있다. 예를 들어, 하와이의 경우 천만
년 이상 된 종은 거의 없다는 사실을 확인할 수 있으며 사실 2천만 년
이라는 시간은 진화의 역사에서 보면 아주 짧은 시간이다.

31. 이와 관련된 사례들은 Whittaker, R. J., and Fernandez-Palacios, J.
M., 《Island Biogeography》, Oxford University Press, Oxford,
UK, 2007, 9장에서 확인할 수 있다.

32. 특별히 섬 지역의 생태계는 식물 및 일부 동물의 거대화는 물론 날
지 못하는 상태와 같은 경우를 통한 분산 감소를 포함해 반복해서 변

화하는 일면을 보여주고 있다. Grant, P.R., "Patterns on islands and microevolution", 《Evolution on Islands》, ed. P. R. Grant, Oxford University Press, Oxford, UK, 1998, 1쪽을 참조하라.

33. Montgomery, S. L., "Carnivorous caterpillars: The behavior, biogeography and conservation of Eupithecia (Lepidoptera: Geometridae) in the Hawaiian islands", 〈GeoJournal〉, 1983을 참조하라.

34. 대부분의 과학자들은 섬 지역의 개체군 병목현상이 적응 지형도에서 중요한 역할을 한다고 믿고 있다. 이는 Whittaker, R. J., and Fernandez-Palacios, J. M., 《Island Biogeography》, Oxford University Press, Oxford, UK, 2007, 7장을 참조하라. 그렇지만 그 밖의 다른 요인이나 요소 들도 있다. 병목현상 못지않게 중요한 것이 섬에 처음 들어와 생태학적 빈틈을 차지했던 동식물들이 경험한 경쟁의 부재다. 치열한 경쟁은 종종 훨씬 더 엄격한 선택을 의미하며 섬 지역에서 경쟁이 줄어들었다는 것은 그런 엄격한 선택이 다소 느슨해졌다는 의미다. 조금 다른 사례를 살펴보면 어떤 식으로든 선택이 느슨해졌을 때 혁신이 촉진될 수 있다는 사실을 알 수 있다.

35. Lynch, M., "The origins of eukaryotic gene structure", 〈Molecular Biology and Evolution〉, 2006, 453쪽; Carbone, C., and Gittleman, J. L., "A common rule for the scaling of carnivore density", 〈Science〉, 2002를 참조하라.

36. 다시 이야기하지만, 이 부분을 포함해 이 책 전체에서 개체군의 규모를 언급할 때는 개체군 유전학자들이 말하는 이른바 유효집단 크기를 말하고 있는 것이다. 유효집단 크기는 일반적으로 실제 조사에 의해 나타나는 개체군 크기보다 훨씬 더 작으며 다음 세대의 유전자 공급원에 기여하는 개별 개체나 유전자의 일부분을 반영하고 있다. 이 크기는 여러 요소들에 의해 영향을 받는데, 거기에는 기간의

경과에 따라 기록된 실제 규모 조사에서 나타나는 번식과 변이의 형태가 포함되어 있다. 이는 Hartl, D. L., and Clark, A. G.,《Principles of Population Genetics》, Sinauer Associates, Sunderland, MA, 2007을 참조하라.

37. 우리가 받는 선택적 압력 등 영향력을 예측하기 어려운 추가 요소들은 계속해서 변화하고 있다. 우리는 제2형 당뇨병과 같은 현대의 생활 방식과 관련된 질병으로 인해 더욱 크게 고통 받고 있지만 다른 한편으로는 크게 발달된 의학 덕분에 유전적인 부분에서 비롯된 결함들을 치료하는 데 많은 도움을 받고 있다.

38. 우리와 같은 진핵생물 유기체와의 차이점을 보면 대장균의 조절 단백질 일부는 그 차제가 유전자를 전사하는 RNA 폴리메라아제의 일부다. 조금 더 간결하게 설명하기 위해 나는 DNA 복제를 시작할 때의 도움이나 항바이러스성 방어와 같은 비단백질 번역 DNA의 몇 가지 다른 역할에 대한 설명은 생략했다. 유전자 조절이 그중에서도 가장 두드러지는 역할이기 때문이다.

39. 조금 더 정확하게 말하자면 두 개의 인간 유전자 사이에서 발견되는 비단백질 번역 DNA의 평균적인 규모는 10만 염기쌍bps을 초과하고 있으며 두 개의 대장균 유전자 사이에서 발견되는 DNA보다 거의 1,000배는 더 많다. 이런 계산 결과는 인간 유전체의 규모를 2.9×10^9 염기쌍으로 보았을 때, 그리고 평균적인 단백질 번역 길이가 1,330 염기쌍인 2만 4천 개 유전자를 바탕으로 나온 것이다. Lynch, M.,《The origins of genome architecture》, Sinauer Associates, Sunderland, MA, 2007, 표 3-2를 참조하라. 일부 인간 유전자의 경우 그 규모가 수백만 염기쌍에 달한다.

40. 척추동물 비번역 DNA의 상당 부분은 단백질로 번역되지 않은 RNA로 전사되며 그중 일부는 유전자를 조절하는 데 도움을 준다.

41. Lynch, M., and Conery, J. S., "The evolutionary fate and

consequences of duplicate genes", ⟨Science⟩, 2000을 참조하라.

42. 추가적으로 더 필요한 '비용'으로는 새로운 유전자를 RNA로 전사하는 비용, 그리고 상대적으로 얼마 되지 않지만 추가 DNA의 DNA 구성 요소를 만들어내는 데 필요한 비용 등이 있다. 이 비용은 모든 유전자에 똑같이 적용되지는 않으며 RNA와 만들어진 단백질의 양에 좌우된다. Wagner, A., "Energy constraints on the evolution of gene expression", ⟨Molecular Biology and Evolution⟩, 2005; "Energy costs constrain the evolution of gene expression", ⟨Journal of Experimental Zoology Part B-Molecular and Developmental Evolution⟩, 2007을 참조하라.

43. 또 다른 차이점이 있다면 더 높은 수준의 유기체에서 유전자 발현에 들어가는 에너지는 번식 성공도를 결정하는 문제에 있어서는 다른 요소들에 비해 크게 중요하지 않다는 것이다. 여기서 말하는 다른 요소들이란 이동성, 인지 능력, 짝짓기에서의 매력 등이다.

44. Lynch, M., ⟪The origins of genome architecture⟫, Sinauer Associates, Sunderland, MA, 2007, 60~61쪽을 참조하라. 유전자 복제를 가로막는 돌연변이들은 위유전자의 유일한 원인이 아닐뿐더러 심지어 가장 중요한 원인도 아니다. 또 다른 원인은 뒤전위 혹은 후위後位, retroposition라고 불리는 구조로, 이것은 유전자 복제를 일으키며 내가 본문에서 이야기하는 DNA 재결합이나 수리와는 다르다. 뒤전위는 유전자에서 전사된 RNA가 역전사효소라고 불리는 효소에 의해 DNA로 다시 전사되는 과정을 말한다. 그 결과로 만들어진 DNA는 종종 유전자의 완전한 복제본이 아니거나 혹은 유전자를 전사하는 데 필요한 중요한 DNA 조절 단어를 포함하고 있지 않은 유전체의 위치로 통합된다. 이러한 유전자들은 도착하자마자 사실상 죽게 되어 이른바 우리 유전체의 반동위유전자retropseudogenes라고 불리는 거대한 공급원을 형성한다.

45. Dawkins, R., 《The Selfish Gene》, Oxford University Press, New York, 1976을 참조하라.

46. 이동형 DNA에는 각기 다른 다양한 종류가 있으며 이를 두고 전이성 요소라고 부르기도 한다. 여기에는 긴말단반복 요소long terminal repeat elements와 같은 전이요소들과 길고 짧게 산재된 핵 성분 등이 포함된다. Lynch, M., 《The origins of genome architecture》, Sinauer Associates, Sunderland, MA, 2007, 56~60쪽을 참조하라.

47. 각기 다른 형태로 나타날 수 있는 이 자연선택은 이동형 DNA가 상대적으로 무해한 돌연변이의 원인인 유기체들을 선호하며, 일부 요소들에 대한 '길들이기'로 이어진다. 예를 들어, 삽입이 손상으로 이어지지 않은 유전자가 부족한 부위에 삽입되는 식이다.

48. Lynch, M., 《The origins of genome architecture》, Sinauer Associates, Sunderland, MA, 2007, 168쪽을 참조하라.

49. 같은 책 174~179쪽을 참조하라.

50. 같은 책 178쪽과 Lynch, M., "The origins of eukaryotic gene structure", 〈Molecular Biology and Evolution〉, 2006, 그림 5를 참조하라.

51. 같은 책 57쪽을 참조하라.

52. 같은 책 56~60쪽을 참조하라. 짧게 산재된 핵 성분은 특별히 우리 유전체에서 많이 발견되며 150만 개 이상으로 추정된다. 이들은 전이효소를 통해 오직 수동적으로만 다른 이동형 DNA로부터 전이될 수 있다. 이들이야말로 궁극적인 DNA 기생충이라고 볼 수 있다.

53. Lynch, M., 《The origins of genome architecture》, Sinauer Associates, Sunderland, MA, 2007을 참조하라.

54. Gilbert, W., "Why genes in pieces?", 〈Nature〉, 1978을 참조하라.

55. Lynch, M., and Conery, J. S., "The origins of genome complexity", 〈Science〉, 2003; Lynch, M., 《The origins of

genome architecture》, Sinauer Associates, Sunderland, MA, 2007, 256~261쪽을 참조하라. 비발현부위introns에 대한 나의 주장은 이른바 '스플리좀 비발현부위spliceosomal introns'를 바탕으로 하고 있다. 이는 진핵생물의 특징이며 원핵생물에서는 존재하지 않아서 단순한 유전체 조직의 또 다른 측면이라고 할 수 있다. 그리고 내가 미생물을 언급할 때마다 의미하는 것은 예컨대 빵을 구울 때 쓰는 이스트 같은 단세포 균류에 해당하는 진핵생물 미생물이다.

56. Lynch, M., 《The origins of genome architecture》, Sinauer Associates, Sunderland, MA, 2007, 표 3-2를 참조하라.

57. 같은 책 표 3-2를 참조하라. 박테리아와 같은 단순한 유전체 조직 역시 장점을 갖고 있는데, 생성 시간이 짧고 유전자를 수평으로 이동시키는 역량이 촉진된다는 점이다.

58. 같은 책 표 3-1과 3-2를 참조하라.

59. Chimpanzee Sequencing and Analysis Consortium, "Initial sequence of the chimpanzee genome and comparison with the human genome", 〈Nature〉, 2005를 참조하라.

60. 그렇다고 자연선택이 중요하지 않다는 것은 절대로 아니다. 적응 지형도 안에서 적합성 봉우리에 확실하게 오르려면 자연선택은 필수 요소다.

4장 유전적 지형도 안에서의 순간 이동

1. Hardison, R., "The evolution of hemoglobin", 〈American Scientist〉, 1999; Aronson, H., Royer, W., and Hendrickson, W., "Quantification of tertiary structural conservation despite primary sequence drift in the globin fold", 〈Protein Science〉,

1994를 참조하라. 아미노산 끈들이 각기 대단히 다르다는 점에서 각기 다른 해결책을 갖고 있다는 것이지만 결국 같은 원리에 의해 산소를 운반한다. 본질적으로 보면 같은 '의미'를 표현하는 서로 다른 문장들이라고 볼 수 있다.

2. Wagner, A.,《Arrival of the Fittest: Solving Evolution's Greatest Puzzle》, Current, New York, 2014를 참조하라.

3. LyHayden, E., Ferrada, E., and Wagner, A., "Cryptic genetic variation promotes rapid evolutionary adaptation in an RNA enzyme", 〈Nature〉, 2011을 참조하라.

4. Bershtein, S., Goldin, K., and Tawfik, D. S., "Intense neutral drifts yield robust and evolvable consensus proteins", 〈Journal of Molecular Biology〉, 2008, 그림 8과 Wu, N. C., Dai, L., Olson, C. A., Lloyd-Smith, J. O., and Sun,, "Adaptation in protein fitness landscapes is facilitated by indirect paths", 〈Elife〉, 2016을 보면 다른 종류의 실험적 증명을 통해 진화의 여정에 또 다른 차원을 더하는 일은 적응도를 촉진시킨다는 점을 확인할 수 있다.

5. 이와 유사한 높은 고도의 능선들의 연결망은 종 형성, 즉 생식적 격리의 진화라고 할 수 있는 수학적 모형 안에서도 만들어질 수 있다. 수학생물학자 세르게이 가브리엣Sergei Gavrilets은 이를 두고 '구멍이 많은holey' 적응 지형도라고 불렀다. Gavrilets, S., "Evolution and speciation on holey adaptive landscapes", 〈Trends in Ecology and Evolution〉, 1997을 참조하라.

6. 이 말은 대단히 유명해서 영문 인터넷 백과사전인 위키피디아에 문서https://en.wikipedia.org/wiki/Beam_me_up,_Scotty가 따로 작성되어 있을 정도다. 다만, 윌리엄 샤트너William Shatner가 연기했던 커크 함장은 극중에서 한 번도 이 말을 정확하게 사용한 적이 없다고 한다.

7. 한 쌍을 이루는 두 개의 염색체가 서로 관계가 없는 개인들에게서 나온다는 가정에서다. 어머니와 아버지의 상동 염색체가 서로 관련이 있다면, 예컨대 두 사람이 근친으로 맺어진 가족 출신이라면 그 차이는 훨씬 더 줄어들 수 있다. 또한 쌍별 차이점의 발생률은 인간 유전체의 각기 다른 지역에 따라 크게 달라진다. Jorde, L. B., and Wooding, S. P., "Genetic variation, classification and 'race'", ⟨Nature Genetics⟩, 2004를 참조하라.

8. 조금 더 정확히 말하면 30억이라는 숫자는 23개 염색체 한 벌 안에 들어 있는 대략적인 뉴클레오티드의 숫자이며 모든 염색체 쌍 안의 뉴클레오티드의 숫자를 확인하려면 이 숫자를 두 배로 하면 된다.

9. 나는 여기에서 각 인간의 일생 동안 발생하는 대략 30에서 40개의 생식계열 돌연변이들의 얼마 되지 않는 숫자들은 무시하려 한다. 전형적인 어머니와 아버지의 재조립에 의해 시작되는 유전적 변화의 총 규모와 비교할 때 이러한 숫자의 차이는 얼마 되지 않기 때문이다. Campbell, C. D., and Eichler, E. E., "Properties and rates of germline mutations in humans", ⟨Trends in Genetics⟩, 2013을 참조하라.

10. 이런 계산 결과는 한 걸음에 2.5피트를 이동하고 1.5×10^6 걸음을 걷는다는 가정에서 나온 것이다. 그러면 대략 710마일이 된다. 만일 지형도의 한쪽 '끝'에서 다른 한쪽까지의 거리가 두 유전체 사이에서 가능한 한 최대로 벌어질 수 있는 뉴클레오티드의 숫자만큼 주어진다면, 그래서 대략 인간 유전체의 같은 규모의 유전체를 기준으로 3×10^9만큼 된다면, 그 거리는 3×10^9걸음으로 환산될 수 있으며 7.5×10^9피트 혹은 1.42×10^6마일 (혹은 2.28×10^6킬로미터) 정도 된다. 이 200만 킬로미터가 넘는 거리를 고작해야 38만 4,400킬로미터 떨어진 지구와 달 사이의 거리와 비교해보는 것도 이 지형도가 얼마나 대단한 규모인지 이해하는 또 다른 방법이 될 것이다.

11. 잡종 교배를 통한 이런 즉각적인 종의 형성은 때때로 식물의 경우 염색체를 두 배로 늘릴 때 일어날 수 있다. 이런 현상은 DNA 복제나 세포 분열 오류의 결과로 자연스럽게 발생할 수 있다. Futuyma, D. J., 《Evolution》, Sinauer Associates, Sunderland, MA, 2009를 참조하라. 많은 잡종들은 부모와 다르게 어떤 환경에서는 잘 적응하지 못할 수도 있지만, 그중 일부는 완전히 새로운 '생활 방식'을 찾기도 한다. Arnold, M. L., Bulger, M.R., Burke, J. M., Hempel4을, A. L., and Williams, J. H., "Natural hybridization: How low can you go and still be important?", 〈Ecology〉,1999; Arnold, M. L., and Hodges, S. A., "Are natural hybrids fit or unfit relative to their parents?", 〈Trends in Ecology and Evolution〉, 1995를 참조하라.

12. Pennisi, E., "Shaking up the tree of life", 〈Science〉, 2016을 참조하라.

13. Futuyma, D. J., 《Evolution》, Sinauer, Sunderland, MA, 2009, 492~493쪽; Rieseberg, L. H., Kim, S. C., Randell, R. A., Whitney, K. D., Gross, B. L., Lexer, C., and Clay, K., "Hybridization and the colonization of novel habitats by annual sunflowers", 〈Genetica〉, 2007을 참조하라.

14. A., Promerova, M., Rubin, C. J., Wang, C., Zamani, N., Grant, B. R., Grant, P. R., Webster, M. T., and Andersson, L., "Evolution of Darwin's finches and their beaks revealed by genome sequencing", 〈Nature〉, 2015; Lamichhaney, S., Han, F., Webster, M. T., Andersson, L., Grant, B. R., and Grant, P. R., "Rapid hybrid speciation in Darwin's finches", 〈Science〉, 2018을 참고하라. 이들도 근친교배의 성공적인 사례로 볼 수 있다. 두 남매가 가뭄을 이겨내고 살아남아 짝을 짓고 가족을 이루고 그렇게 다시 서로 짝을 지어 큰 무리를 만들어냈기 때문이다. 광범위

한 잡종 교배가 분명히 확인된 지역에서 크게 번성하는 종들은 다윈의 핀치새들뿐만이 아니다. 이들의 번성은 종들 사이의 '단단한' 벽을 허물고 있다. 이전에는 생물학적 종에 대한 정의에 따라 번식이 어렵다고 여겨졌던 종들까지도 '이입교잡introgressive hybridization'이라고 불리는 과정을 통해 종종 유전자를 서로 교환한다는 사실이 밝혀졌기 때문이다. 이런 이입교잡은 굳이 새로운 종의 형성까지 이어질 필요는 없으며 잡종 유기체가 몇 세대에 걸쳐 부모 개체군의 한쪽 구성원들과 함께 번식을 계속할 때 일어난다. 잡종이 새로운 환경에서 살아남을 수 있도록 도운 대립유전자 조합은 유전체 안에서 그대로 유지될 수 있다. 이런 현상은 치즈 만들기와 관련된 일부 곰팡이균, 말라리아모기, 미국 회색 늑대 등을 포함한 다양한 유기체들에게서 발견되었다. Arnold, M. L., and Kunte, K., "Adaptive genetic exchange: A tangled history of admixture and evolutionary innovation", 〈Trends in Ecology & Evolution〉, 2017; Pennisi, E., "Shaking up the tree of life", 〈Science〉, 2016; Ropars, J., de la Vega, R. C. R., Lopez-Villavicencio, M., Gouzy, J., Sallet, E., Dumas, E., Lacoste, S., Debuchy, R., Dupont, J., Branca, A., and Giraud, T., "Adaptive horizontal gene transfers between multiple cheese-associated fungi", 〈Current Biology〉, 2015; Norris, L. C., Main, B. J., Lee, Y., Collier, T. C., Fofana, A., Cornel, A. J., and Lanzaro, G. C., "Adaptive introgression in an African malaria mosquito coincident with the increased usage of insecticide-treated bed nets", 〈Proceedings of the National Academy of Sciences of the United States of America〉, 2015; Anderson, T. M., vonHoldt, B. M., Candille, S. I., Musiani, M., Greco, C., Stahler, D. R., Smith, D. W., Padhukasahasram, B., Randi, E., Leonard, J.A., Bustamante, C. D., Ostrander, E.

A., Tang, H., Wayne, R. K., and Barsh, G. S., "Molecular and evolutionary history of melanism in North American gray wolves", 〈Science〉, 2009를 참조하라.

15. Bushman, F., 《Lateral DNA Transfer: Mechanisms and Consequences》, Cold Spring Harbor University Press, Cold Spring Harbor, New York, 2002를 참조하라. 이 과정은 보통 유전체 안의 모든 유전자가 옮겨가기 전에 끝나며, 박테리아 DNA에 근접해 있는 유전자를 공동으로 보내는 경향이 있다. 이를 통해 대장균 유전체 안의 유전자 지도를 만들 수 있었다. 옮겨진 유전자들 중에는 종종 성모를 만들고 유전자를 전해주는 능력을 암호화한 유전자들이 포함되어 있기 때문에 유전체는 박테리아 사이에서 '제멋대로' 퍼져나갈 수도 있는 장치를 함께 보내고 있는 것인지도 모른다. 그렇지만 이런 과정 속에서 유전체는 또한 수용자에게 유용하다고 판명될 수도 있는 또 다른 유전자를 보내고 있는 것이다. 나는 또한 모든 수평적 유전자 이동이 다 접촉에 가까운 박테리아 식의 성관계를 포함하고 있지는 않다는 사실을 강조하지 않을 수 없다. 순수한 DNA의 전환, 전염성 있는 바이러스를 통해 DNA를 다른 세포로 전달하는 일도 재조립 과정에 포함된다. 수평적 유전자 이동은 박테리아와 식물, 균류, 동물들 사이에서도 일어나며 동물의 경우 유기체의 세 가지 강綱에서 일어난다. 다만 그 구조와 원리가 항상 분명하게 이해되는 것은 아니다. Arnold, M. L., and Kunte, K., "Adaptive genetic exchange: A tangled history of admixture and evolutionary innovation", 〈Trends in Ecology and Evolution〉, 2017을 참조하라.

16. 박테리아는 DNA 문자에서 10퍼센트 이상 차이가 나도 재조립이 진행될 수 있다. 하지만 인간은 0.1퍼센트만 넘어서도 재조립이 불가능하다. Fraser, C., Hanage, W. P., and Spratt, B. G., "Recombination and the nature of bacterial speciation", 〈Science〉, 2007을

참조하라. 반면에 해바라기 같은 경우 유전체적 다양성은 인간보다 훨씬 더 크지만 동시에 DNA 문장 다양성은 1퍼센트 이하다. Pegadaraju, V., Nipper, R., Hulke, B., Qi, L. L., and Schultz, Q., "De novo sequencing of sunflower genome for SNP discovery using RAD (Restriction site Associated DNA) approach", 〈BMC Genomics〉, 2013을 참조하라. 박테리아는 각각의 세대가 다른 시간을 가지고 있으며 돌연변이율은 적고 유전체의 유전자는 더 조밀하게 모여 있다. Lynch, M., 《The origins of genome architecture》, Sinauer Associates, Sunderland, MA, 2007을 참조하라. 이런 이유 때문에 두 박테리아와 두 고차원 유기체 사이의 같은 수준의 유전체적 차이는 가장 가까운 공동의 조상이 살았던 이후 반드시 같은 양의 시간으로 번역되지는 않는다.

17. Gelvin, S. B., "Agobacterium-mediated plant transformation: The biology behind the 'gene-jockeying' tool", 〈Microbiology and Molecular Biology Reviews〉, 2003; Robinson, K. M., Sieber, K. B., and Hotopp, J. C. D., "A review of bacteria-animal lateral gene transfer may inform our understanding of diseases like cancer", 〈PLoS Genetics〉, 2013을 참조하라.

18. 일부 단순한 동물들은 실제로 광합성을 할 수 있지만 이런 능력을 제공하는 다른 유기체들과 공생하고 있으며 합성된 탄수화물을 유일한 영양 공급원으로 삼고 있지는 않다. 한 가지 흥미로운 것은 왜 더 많은 숫자가 이런 공생관계에 참여하지 않는가 하는 것이다. Smith, D. C., "Why do so few animals form endosymbiotic associations with photosynthetic microbes?", 〈Philosophical Transactions of the Royal Society of London Series B-Biological Sciences〉, 1991을 참조하라.

19. Copley, S. D., Rokicki, J., Turner, P., Daligault, H., Nolan, M.,

and Land, M., "The whole genome sequence of Sphingobium chlorophenolicum L-1: Insights into the evolution of the pentachlorophenol degradation pathway", 〈Genome Biology and Evolution〉, 2012; Russell, R. J., Scott, C., Jackson, C. J., Pandey, R., Pandey, G., Taylor, M. C., Coppin, C. W., Liu, J. W., and Oakeshott, J. G., "The evolution of new enzyme function: Lessons from xenobiotic metabolizing bacteria versus insecticide-resistant insects", 〈Evolutionary Applications〉, 2011; Maeda, K., Nojiri, H., Shintani, M., Yoshida, T., Habe, H., and Omori, T., "Complete nucleotide sequence of carbazole/dioxin-degrading plasmid pCAR1 in Pseudomonas resinovorans strain CA10 indicates its mosaicity and the presence of large catabolic transposon Tn4676", 〈Journal of Molecular Biology〉, 2003; Hiraishi, A., "Biodiversity of dehalorespiring bacteria with special emphasis on polychlorinated biphenyl/dioxin dechlorinators", 〈Microbes and Environments〉, 2008을 참조하라.

20. 나는 항생제 저항력에 대한 여러 특성들이 오직 하나의 유전자에 의해 암호화되며 그 때문에 특히 전파가 쉽다는 사실을 강조하지 않을 수 없다.

21. 후천성면역결핍증HIV과 같은 일부 바이러스는 환자의 내부에서 진화하는 동안 재조립의 과정을 거친다. 그렇지만 시험관 안에서 재조립되는 분자들의 다양성과 밀도를 일치시키기란 그리 쉽지 않다.

22. 조금 더 정확하게 말하면 폴리메라아제 연쇄반응과 DNA 뒤섞임에 필요한 내열성 폴리메라아제를 사용하는 것이다. 이 연쇄반응은 필요한 DNA 서열의 복제본을 많이 만들어내는 데 중요한 역할을 하는 분자생물학의 도구다. Stemmer, W., "DNA shuffling by random

fragmentation and reassembly: In-vitro recombination for molecular evolution", 〈Proceedings of the National Academy of Sciences of the U.S.A.〉, 1994를 참조하라.

23. Crameri, A., Raillard, S., Bermudez, E., and Stemmer, W., "DNA shuffling of a family of genes from diverse species accelerates directed evolution", 〈Nature〉, 1998을 참조하라. DNA 뒤섞임은 목살람탐moxalactame, 즉 세포탁심 같은 또 다른 세팔로 스포린cephalosporin 항생제를 분해할 수 있는 효소를 개량해낼 수 있다.

24. Ness, J., Welch, M., Giver, L., Bueno, M., Cherry, J., Borchert, T., Stemmer, W., and Minshull, J., "DNA shuffling of subgenomic sequences of subtilisin", 〈Nature Biotechnology〉, 1999; Raillard, S., Krebber, A., Chen, Y. C., Ness, J. E., Bermudez, E., Trinidad, R., Fullem, R., Davis, C., Welch, M., Seffernick, J., Wackett, L. P., Stemmer, W. P. C., and Minshull, J., "Novel enzyme activities and functional plasticity revealed by recombining highly homologous enzymes", 〈Chemistry and Biology〉, 2001; Crameri, A., Dawes, G., Rodriguez, E., Silver, S., and Stemmer, W., "Molecular evolution of an arsenate detoxification pathway DNA shuffling", 〈Nature Biotechnology〉, 1997을 참조하라.

25. 조금 더 정확하게 말하면 내가 여기에서 말하는 유기체는 성적 결합 에 따라 번식하지 않는다.

26. Judson, O.P., and Normark, B.B., "Ancient asexual scandals", 〈Trends in Ecology and Evolution〉, 1996을 참조하라.

27. Flot, J. F., Hespeels, B., Li, X., Noel, B., Arkhipova, I., Danchin, E. G. J., Hejnol, A., Henrissat, B., Koszul, R., Aury, J. M., Barbe, V., Barthel-emy, R. M., Bast, J., Bazykin, G. A., Chabrol, O.,

Couloux, A., Da Rocha, M., Da Silva, C., Gladyshev, E., Gouret, P., Hallatschek, O., Hecox-Lea, B., Labadie, K., Lejeune, B., Piskurek, O., Poulain, J., Rodriguez, F., Ryan, J. F., Vakhrusheva, O. A., Wajnberg, E., Wirth, B., Yushenova, I., Kellis, M., Kondrashov, A. S., Welch, D. B. M., Pontarotti, P., Weissenbach, J., Wincker, P., Jaillon, O., and Van Doninck, K., "Genomic evidence for ameiotic evolution in the bdelloid rotifer Adineta vaga", 〈Nature〉, 2013을 참조하라.

28. 그렇지만 단백질 같은 분자에서는 실험을 통해 수많은 재조립된 결과물들을 만들어낼 수 있으며 그들 중 몇 퍼센트가 단백질로서 기능하는지 확인할 수 있다. Drummond, D. A., Silberg, J. J., Meyer, M. M., Wilke, C. O., and Arnold, F. H., "On the conservative nature of intragenic recombination", 〈Proceedings of the National Academy of Sciences of the United States of America〉, 2005를 참조하라.

29. Drummond, D. A., Silberg, J. J., Meyer, M. M., Wilke, C. O., and Arnold, F. H., "On the conservative nature of intragenic recombination", 〈Proceedings of the National Academy of Sciences of the United States of America〉, 2005; Martin, O. C., and Wagner, A., "Effects of recombination on complex regulatory circuits", 〈Genetics〉, 2009; Hosseini, S. R., Martin, O. C., and Wagner, A., "Phenotypic innovation through recombination in genome-scale metabolic networks", 〈Proceedings of the Royal Society B-Biological Sciences〉, 2016을 참조하라. 이 작업이 DNA에 대한 재조립의 영향력을 가상으로 구현하는 동안 드러몬드가 실시했던 단백질에 대한 제한된 실험도 같은 결론에 도달할 수 있었다.

5장 다이아몬드와 눈송이

1. Gerst, C., 《Buckminster Fuller: Poet of Geometry》, Overcup Press, Portland, OR, 2013, 81~114쪽을 참조하라.

2. Kroto, H., "Space, stars, C-60, and soot", 〈Science〉, 1988; Kroto, H., Heath, J., O'Brien, S., Curl, R., and Smalley, R., "Long carbon chain molecules in circumstellar shells", 〈The Astrophysical Journal〉, 1987을 참조하라.

3. Smalley, R. E., "Self-assembly of the fullerenes", 〈Accounts of Chemical Research〉, 1992를 참조하라.

4. Kroto, H. W., Heath, J. R., O'Brien, S. C., Curl, R. F., and Smalley, R. E., "C-60: Buckminsterfullerene", 〈Nature〉, 1985에 최초 발견 당시의 과정이 자세하게 나와 있다. 또 다른 관련 내용에 대해서는 Smalley, R. E., "Self-assembly of the fullerenes", 〈Accounts of Chemical Research〉, 1992; Kroto, H., "Space, stars, C-60, and soot", 〈Science〉, 1988을 참조하라. 버키 볼은 다른 물리적 형태를 지닌 여러 탄소 동소체들 중 하나로 흑연과 다이아몬드도 여기에 포함된다.

5. Cami, J., Bernard-Salas, J., Peeters, E., and Malek, S. E., "Detection of C-60 and C-70 in a young planetary nebulat", 〈Science〉, 2010; Berne, O., and Tielens, A., "Formation of buckminsterfullerene (C-60) in interstellar space" 〈Proceedings of the National Academy of Sciences of the United States of America〉, 2012; Garcia-Hernandez, D. A., Manchado, A., Garcia-Lario, P., Stanghellini, L., Villaver, E., Shaw, R. A., Szczerba, R., and Perea-Calderon, J. V., "Formation of fullerenes in H-containing planetary nebulae",

〈Astrophysical Journal Letters〉, 2010을 참조하라.

6. Campbell, E., Holz, M., Gerlich, D., and Maier, J., "Laboratory confirmation of C-60+ as the carrier of two diffuse interstellar bands", 〈Nature〉, 2015를 참조하라.

7. 더 구체적으로 말하자면 네덜란드의 물리학자 판 데르 발스가 최초로 이 힘의 존재를 주장했다.

8. 더 정확하게 말하면 4개의 원자는 사면체, 그리고 5개의 원자는 삼각쌍뿔의 형태를 형성하는데 이 삼각쌍뿔은 사면체 2개를 합쳐서 만들 수 있다. 내가 여기에서 언급한 숫자들은 Meng, G. N., Arkus, N., Brenner, M. P., and Manoharan, V. N., "The free-energy landscape of clusters of attractive hard spheres", 〈Science〉, 2010에 등장하는 실험 결과와 이론적 계산에서 가져온 것이다. 나는 협곡의 숫자와 그 숫자가 원자의 숫자에 따라 달라지는 문제가 원자의 종류와 거기에 작용하는 힘에 의해 달라진다는 점을 강조하고 싶다. 이는 Wales, D. J.,《Energy Landscapes》, Cambridge University Press, Cambridge, UK, 2003; Berry, R. S., "Potential surfaces and dynamics—what clusters tell us", 〈Chemical Reviews〉, 1993을 참조하라. 또한 여기 기록한 숫자들은 위치에너지뿐만 아니라 에너지 지형도와 엔트로피까지 고려한 자유 에너지 지형도 계산을 통해 나온 것이다. 엔트로피란 주어진 숫자의 원자들로 가정할 수 있는 원자 배열의 경우의 수를 의미하며, 열역학법칙은 우리에게 각각의 원자들이 가정할 수 있는 원자 배열의 경우의 수를 최대화하는 경향이 있다는 사실을 알려준다. 다시 말해, 원자들은 위치에너지를 최소화하면서 동시에 자신들의 엔트로피 역시 최대화한다는 것이다. 그리고 이 두 가지 원칙이 합쳐지면 훨씬 더 복잡한 지형도가 만들어진다. 조금 다르게 이야기해보면 가장 안정된 배열은 모든 물질에서 그렇게 규칙적으로 나타나지는 않는다는 사실

을 주목할 필요가 있다. 예를 들어, 금의 경우는 오히려 더 불규칙적으로 나타날 수도 있다. Michaelian, K., Rendon, N., and Garzon, I. L., "Structure and energetics of Ni, Ag, and Au nanoclusters", 〈Physical Review B〉, 1999를 참조하라. 높은 규칙성과 대칭성은 다중 최소치가 똑같은 안정된 원자 배열과 일치하지만 원자에 대한 변화된 정체성, 즉 '표시label'가 만들어질 수 있다는 의미이기도 하다. 힘의 강도, 엔트로피, 대칭성 등과 같은 이런 모든 요소들은 지형도 구성에 영향을 미친다. 하지만 위치 및 자유 에너지 지형도의 복잡성은 원자의 숫자와 더불어 증가한다는 중요한 원칙에는 영향을 미치지 못한다.

9. 예를 들어, 겨우 32개의 염화칼륨 분자가 모여 있을 때에도 비정형 구조에 해당하는 높은 위치에너지의 최소치가 암염과 같은 익숙한 입방체와 유사한 원자 배열의 안정된 구조에 해당하는 낮은 최소치보다 최소한 100억 개 이상 더 많다. Berry, R. S., "Potential surfaces and dynamics: What clusters tell us", 〈Chemical Reviews〉, 1993을 참조하라.

10. Oliver-Meseguer, J., Cabrero-Antonino, J. R., Dominguez, I., Leyva-Perez, A., and Corma, A., "Small gold clusters formed in solution give reaction turnover numbers of 107 at room temperature", 〈Science〉, 2012; Corma, A., Concepcion, P., Boronat, M., Sabater, M. J., Navas, J., Yacaman, M. J., Larios, E., Posadas, A., Lopez-Quintela, M. A., Buceta, D., Mendoza, E., Guilera, G., and Mayoral, A., "Exceptional oxidation activity with size-controlled supported gold clusters of low atomicity" 〈Nature Chemistry〉, 2013; Michaelian, K., Rendon, N., and Garzon, I. L., "Structure and energetics of Ni, Ag, and Au nanoclusters", 〈Physical Review B〉, 1999를 참조하라. 분자

와 원자 집합체 사이의 차이가 정확히 구분되지 않는 점을 주목하고 싶은데, 이 문제에 대해서는 Wales, D. J., 《Energy Landscapes》, Cambridge University Press, Cambridge, UK, 2003, 1~2장에 나오는 사례들을 참조하라. 내가 이야기하는 금 원자 집합체들의 크기는 10^{-9}미터보다 작은 10^{-12}미터 정도이며 이 정도면 나노를 넘어 이른바 '피코 기술picotechnology'의 영역이다. Cartwright, J., "Pico-gold clusters break catalysis record", 〈Chemistry World〉, http://www.rsc.org/chemistryworld/2012/12/nano-gold-catalyst-record-breaking, 2012를 참조하라.

11. Wales, D. J., 《Energy Landscapes》, Cambridge University Press, Cambridge, UK, 2003을 참조하라.

12. 본문에서 지나치게 단순하게 설명한 부분들을 조금 더 찾아보도록 하자. 예를 들어, 이런 결정화에서 온도를 낮추는 일의 중요성은 단지 에너지 지형도의 효율적인 탐험뿐만 아니라 많은 용질의 용해도가 온도가 떨어짐에 따라 결정체의 성장에 영향을 미치는 용질 분자들을 더 많이 만들어낸다는 사실과 관계있다. 바로 그런 이유 때문에 양을 줄이면서 용질의 농도를 높여주는 용매의 증발 작용은 결정화 작업에 일반적으로 흔히 사용되는 방법이 되었다. 만일 온도를 떨어트리거나 증발시키는 일이 너무 빠르게 일어나면 많은 용질 분자들이 불규칙적인 모습의 덩어리가 되어 가라앉게 될 것이다. 또한 결정체가 만들어질 때 그 안의 모든 구성 원자나 분자들이 동시에 결정체의 에너지 지형도를 돌아보게 되는 것은 아니다. 그 대신 결정체는 핵생성 과정, 즉 용질의 일부 분자들이 스스로, 혹은 용액 안의 먼지 입자 같은 불순물에 의해 규칙적인 형태를 만들어가는 과정을 통해 형태를 갖추어나가게 된다. 그러면 결정체는 더 많은 분자들이 모여들면서 핵으로부터 점점 더 성장하게 될 것이다. 다시 말해, 에너지 지형도는 무작위로 탐사되는 것이 아니라 오히려 결정체 성장 발생의 방

식에 따라 주어진 우선 방향 안에서 탐사된다. 이것이 바로 자체적으로 조립되는 분자구조 안에서 조금 더 일반적으로 일어난 현상에 대한 특정한 사례다. 동역학은 분자구조의 형성을 촉진시키거나 방해할 수 있다. 하지만 심지어 우리의 '돌'은 우선 방향을 따라 에너지 지형도를 탐험할 때도 사방에 흩어져 있는 얕은 협곡, 즉 최적화되지 않은 불완전한 분자 배열을 만날 수 있다. 따라서 열로 인해 만들어지는 진동의 역할은 여전히 중요하다.

13. 적어도 일부 원자가 공유결합에 의해 묶여 있는 것을 공유결합결정이라고 한다. 그 대표적인 사례가 다이아몬드다. 각각의 탄소 원자가 다이아몬드의 팔면체 대칭 구조를 이루는 대단히 규칙적인 배열 속에서 네 개의 인접 원자들과 하나로 묶여 있다.

14. 버키 볼이 만들어지는 온도에 대한 논의와 버키 볼이 많이 만들어지는 데 있어 천천히 온도가 떨어지는 조건에 대한 상대적 중요성에 대한 논의는 Smalley, R. E., "Self-assembly of the fullerenes", 〈Accounts of Chemical Research〉, 1992를 참조하라.

15. 버키 볼이 만들어지는 시간에 대해서는 Wales, D. J., 《Energy Landscapes》, Cambridge University Press, Cambridge, UK, 2003, 501쪽을 참조하라. 이 책에는 방향을 따라 에너지 지형도를 탐험하는 조립 운동 역학의 중요성도 언급되고 있는데, 이는 버키 볼이 한 번에 만들어지는 것이 아니라 작지만 이미 규칙적으로 배열된 분자가 한 조각 한 조각이 모여 만들어진다는 관찰 결과에 따른 것이다. Kroto, H., "Space, stars, C-60, and soot", 〈Science〉, 1988; Smalley, R. E., "Self-assembly of the fullerenes", 〈Accounts of Chemical Research〉, 1992를 참조하라.

16. 또 다른 복잡한 문제는 일부 물질이 다형성이라는 것이다. 다시 말해, 이 물질들은 조금 다르지만 유사한 안정된 결정체 구조를 형성할 수 있다.

17. 이 설명은 눈송이가 자라는 수많은 복잡한 과정 중 오직 하나에 불과하다. Libbrecht, K. G., "The physics of snow crystals", 〈Reports on Progress in Physics〉, 2005를 참조하라. 이는 스스로를 조립해 내는 운동 역학의 중요성을 알려주는 또 다른 사례이기도 하다.

18. 버키 볼의 일부 결점들은 Wales, D. J., 《Energy Landscapes》, Cambridge University Press, Cambridge, UK, 2003, 제8장에 그림으로 나와 있다.

19. 대다수 탄소 원자에 대한 이런 설명은 큰 집합체 속에 묶여 있는 일부 탄소 원자들을 뜻한다. 조건만 적당하다면 탄소 원자들의 50퍼센트 이상이 버키 볼이 될 수 있다. Kroto, H. W., Heath, J. R., O'Brien, S. C., Curl, R. F., and Smalley, R. E., "C-60: Buckminsterfullerene", 〈Nature〉, 1985를 참조하라. 실제로는 지금까지 보고된 것처럼 20퍼센트 이상만 되어도 대단한 결과로 간주된다. Smalley, R. E., "Self-assembly of the fullerenes", 〈Accounts of Chemical Research〉, 1992를 참조하라.

6장 창의적인 기계들

1. Biery, M.E., "U.S. trucking companies deliver sales, profit gains", 〈Forbes〉, http://www.forbes.com/sites/sageworks/2014/02/20/sales-profit-trends-trucking-companies/, 2014를 참조하라.

2. n명의 고객에 대한 운송 경로 문제에 있어서, 출발 지점인 화물 창고는 계산에서 제외된다. 그렇다면 기본 경로의 수는 $n!=1 \times 2 \times .. \times n$이 된다. 일반적으로는 화물 창고에서 고객까지의 경로가 반대로 고객에서 출발 지점까지의 경로와 같은 거리가 된다고 추정할 수는 없다.

예를 들어, 창고에서 첫 번째와 마지막 고객까지의 경로가 그 거리가 서로 다르거나 혹은 일방통행 거리가 존재할 수도 있다. 다시 말해 경로 n!은 이런 '대칭성'을 염두에 두고 그 숫자를 더 줄일 수는 없다는 뜻이다. 서로 밀접하게 관련 있는 영업 외판원에 대한 문제와 관련해 경로의 수는 (n-1)!이 된다. 시작점이 같은 n 도시들 중 한 곳, 즉 '창고'에 해당하는 곳을 임의로 선택하고 남아 있는 (n-1) 도시들은 뜻대로 바뀔 수 있기 때문이다. 다만 화물차와 영업 외판원 문제 모두 그 해결 방법의 경우의 수는 기하급수적으로 증가하는 것보다 더 빠르게 증가한다.

3. 이 문제의 역사에 대한 대략적인 설명은 Cook, W. J., 《In Pursuit of the Traveling Salesman》, Princeton University Press, Princeton, NJ, 2012, 2장을 참조하라. '영업 외판원 문제'라는 용어는 사실 20세기 중반부터 사용되었다. 이 문제 자체는 종종 아일랜드의 수학자 윌리엄 로완 해밀턴William Rowan Hamilton과 연결된다. 해밀턴은 이 문제와 관련된 특별한 수학적 사례들을 연구했다. 예컨대 정십이면체의 계속해서 이어지는 모서리를 따라 20개 꼭짓점 모두를 한 번에 다 이어서 연결할 수 있는가 하는 것이었다. 이렇게 어떤 연결망의 각 지점들을 정확히 한 번씩만 거쳐 가며 연결망 전체를 다 돌아볼 수 있는 경로를 그의 이름을 따서 '해밀턴 순회Hamiltonian circuit' 혹은 '해밀턴 회로'라고 부른다. TSP를 해결하는 것은 결국 주어진 연결망 안에서 가장 짧은 해밀턴 회로를 찾아내는 것과 같다.

이 문제가 어려운 것은 단지 관련 해결책이 많기 때문만은 아니다. 그런 모든 해결책들 안에서 최선의 해결책을 찾아내는 것은 그리 어려운 일이 아니며 이런 해결책들을 설명하는 지형도는 대단히 단순하다. 이런 해결하기 쉬운 문제들 중에는 '최소 스패닝 트리 문제the minimum spanning tree problem'라는 것도 있다. 이 문제에 대해서는 Moore, C., and Mertens, S., 《The Nature of Computation》, Oxford

University Press, Oxford, UK, 2011, 3장을 참조하라. 조금 더 일반적으로는 컴퓨터 과학에서 '비결정 다항식 시간non-deterministic polynomial-time' 혹은 NP라고 부르는 문제가 있다. NP는 결국 어려운 문제라는 뜻으로, 문제를 해결하는 데 필요한 시간이 문제의 난이도에 따라 어느 정도 걸리는지, 그리고 역시 문제의 난이도에 따라 다항식으로 판단할 수 있는 시간의 양을 기준으로 쉽게 해결될 수 있는 문제와 그렇지 못한 어려운 문제들을 구분하는 데 사용되는 용어다. 조금 더 어려운 문제들은 지형도의 조금 더 험준한 지형과 같은 것이다. 나로서는 쉬운 문제와 어려운 문제의 차이를 어떻게 엄격하게 구분할 수 있는가 하는 기준 그 자체가 컴퓨터 과학과 수학에서 알려진 가장 어려운 문제 중 하나라고 생각한다. 이에 대한 사례는 Moore, C., and Mertens, S., 《The Nature of Computation》, Oxford University Press, Oxford, UK, 2011, 6장을 참조하라.

4. Matai, R., Singh, S. P., and Mittal, M. L., "Traveling salesman problem: An overview of applications, formulations, and solution approaches" 《Traveling Salesman Problem, Theory, and Applications》, ed. D. Davendra. InTech, Rijeka, Croatia, 2010; Cook, W. J., 《In Pursuit of the Traveling Salesman》, Princeton University Press, Princeton, NJ, 2012, 3장; Rhodes, G., 《Crystallography Made Crystal Clear》, Academic Press, San Diego, CA, 1999, 3장을 참조하라.

5. 특히 자동차 이동 경로의 탄소 발자국을 최소화하는 것을 목표로 하는 알고리즘에 대해서는 Liu, W. Y., Lin, C. C., Chiu, C. R., Tsao, Y. S., and Wang, Q. W., "Minimizing the carbon footprint for the time-dependent heterogeneous-fleet vehicle routing problem with alternative paths", 〈Sustainability〉, 2014를 참조하라.

6. 이런 모습은 해결책 지형도에서 찾아볼 수 있는 가능한 여러 움직임 중 하나에 불과하다. 흔히 2-opt라고 하는 또 다른 경로 변경의 움직임은 서로 교차하는 하나의 경로를 둘로 나누고 두 고객 사이에서 이 부분들을 서로 교환한다. 2-opt는 비효율적인 자체 교차 경로를 피하는데 도움이 된다. Moore, C., and Mertens, S., 《The Nature of Computation》, Oxford University Press, Oxford, UK, 2011, 9.10항을 참조하라.

7. 조금 더 정확하게 말하자면 욕심쟁이 알고리즘은 제한된 선택지 사이에서도 항상 최선의 방법만을 고르려고 하는 알고리즘이다. 원래의 경로와 고객 방문 순서를 바꾼 경로, 이 두 가지 선택지 중에서 알고리즘은 더 나은 해결책이 될 수 있는 쪽을 선택한다. 지형도 탐색이라는 맥락에서 종종 봉우리로 이어지는 가장 가파른 길을 따라 올라가는 알고리즘을 두고 욕심쟁이라고 부르지만 이런 구분은 그 알고리즘이 모든 가능한 다음 걸음을 판단해 결정할 수 있다는 가정 하에 이루어지는 것이다. 이런 경우 가야 할 길이 멀다면 대단히 많은 계산이 먼저 이루어져야 한다. 나는 또한 한 가지 문제에도 많은 욕심쟁이 알고리즘이 있을 수 있다는 사실을 지적하고 싶다. 차량 이동 경로 문제에서 잘 알려진 욕심쟁이 알고리즘은 먼저 창고에서 가장 가까운 고객을 찾아간 후, 거기부터 시작해 그 다음 가장 가까운 고객을 찾아가는 식으로 계속해서 이어진다. 그런데 그렇게 하기 위해서는 먼저 방문해야 할 모든 고객들 사이의 거리를 미리 알고 있어야 할 필요가 있다. 영업을 하는 외판원 문제에서는 많은 대안 경로를 동시에 준비해두는 특정한 알고리즘을 욕심쟁이 알고리즘이라고 부른다. 물론 그런 알고리즘도 수많은 유사한 알고리즘들 중 하나다. Cook, W. J., 《In Pursuit of the Traveling Salesman》, Princeton University Press, Princeton, NJ, 2012, 67쪽을 참조하라.

8. 조합 최적화 문제는 반세기보다 훨씬 더 오래전부터 알려졌다. 앞서

언급했던 것처럼 영업 사원 문제는 19세기부터 언급된 문제였다. 그렇지만 상대적으로 규모가 작은 영업 사원 문제도 컴퓨터와 효율적인 알고리즘이 등장한 후에야 겨우 효율적으로 해결될 수 있었다. 나는 최초의 컴퓨터 관련 작업과 알고리즘이 적용된 것은 1947년 이른바 '심플렉스 알고리즘simplex algorithm'이라는 기술이 발견되면서부터라고 생각한다. 이 알고리즘으로는 그다지 어렵지 않은 많은 조합 최적화 문제들을 해결할 수 있었다. Dantzig, G. B., 《Linear Programming and Extensions》, Princeton University Press, Princeton, NJ, 1963을 참조하라.

9. Sibani, P., Schon, J. C., Salamon, P., and Andersson, J. O., "Emergent hierarchical structures in complex-system dynamics", 〈Europhysics Letters〉, 1993; Hernando, L., Mendiburu, A., and Lozano, J. A., "An evaluation of methods for estimating the number of local optima in combinatorial optimization problems", 〈Evolutionary Computation〉, 2013, 그림 4와 표 5를 참조하라. 이 글들을 보면 영업 사원 문제와 관련된 이런 숫자들을 확인할 수 있다. 동일한 규모의 해당 경로 문제에 더 많은 최소 지점들이 있을 수도 있다.

10. Glover, F., and Kochenberger, G. A., 《Handbook of Metaheuristics》, Kluwer Academic Publishers, New York, 2003, 10장을 참조하라.

11. 진화의 '돌'의 본질에 대해서 실제 혹은 모의라는 두 가지 다른 관점을 가질 수 있다. 돌은 내가 본문에서 소개했던 모습에서와 같은 개별적인 개체를 나타낼 수 있으며 동시에 전체 개체군의 평균 위치 혹은 무게중심을 나타낼 수 있다. 강력한 유전적 부동은 개체군의 무게중심에서 진동을 일으킨다는 점에서 높은 온도와 유사한 역할을 한다고 볼 수 있다.

12. Turing, A. M., "Computing machinery and intelligence", 〈Mind〉, 2013을 참조하라.

13. Holland, J. H., 《Adaptation in Natural and Artificial Systems》, University of Michigan Press, Ann Arbor, 1975; Mitchell, M., 《An Introduction to Genetic Algorithms》, MIT Press, Cambridge, MA, 1998을 참조하라. 사실 이런 알고리즘을 개발한 것은 홀랜드가 처음은 아니었다. 독일의 과학자 잉고 레켄베르그Ingo Rechenberg는 그보다 앞서 중요한 역할을 한 사람이지만 그의 성과는 그리 널리 알려져 있지는 않다. Rechenberg, I., 《Evolutionsstrategie》, Frommann-Holzboog, Stuttgart, Germany, 1973을 참조하라. 그 밖에도 다양한 형태의 알고리즘들이 개발되었고 유전자 프로그래밍이나 진화 알고리즘 역시 다양한 이름으로 세상에 알려졌다. 이에 대한 사례들은 Koza, J. R., 《Genetic Programming: On the Programming of Computers by Means of Natural Selection》, MIT Press, Cambridge, MA, 1992를 참조하라. 다만 설명을 조금 더 간단하게 하기 위해 나는 주로 '유전적 알고리즘genetic algorithms'이라는 용어를 사용했다.

14. 예를 들어, 50개보다 적은 개별 개체들이 등장하는 차량 경로 문제를 해결하기 위해 2개의 유전적 알고리즘을 들어 설명하는 글로 Prins, C., "A simple and effective evolutionary algorithm for the vehicle routing problem", 〈Computers & Operations Research〉, 2004; ; Baker, B. M., and Ayechew, M. A., "A genetic algorithm for the vehicle routing problem", 〈Computers & Operations Research〉, 2003을 참조하라.

15. 확실히 이런 종류의 재조립은 생물학에서는 생각처럼 정확하게 진행되지 않을 수 있다. 예를 들어, 두 개의 DNA 염색체를 재조립하는 일은 하나의 운송 경로의 전반부에 위치한 고객들을 또 다른 운송 경로

후반부의 고객들과 서로 바꾸는 일과 비슷하다. 문제는 그로 인한 결과가 올바른 경로가 되지 못할 수도 있을 뿐더러 심지어 모든 고객들을 다 찾아가지 못하게 되거나 혹은 어떤 고객을 두 번 찾아가게 될 수도 있다는 것이다. 재조립을 모의로 실험하는 최선의 방법은 문제 자체와 알고리즘의 유전체 안에서 일어나는 문제의 암호화에 달려 있다.

16. Koza, J. R., Keane, M. A., and Streeter, M. J., "Evolving inventions", 〈Scientific American〉, 2003을 참조하라. 내가 본문에서 생물학적 진화가 적응 지형도를 탐험하는 것을 돕는 세 번째 요소에 해당하는 내용을 언급하지 않은 것을 알아차린 사람이 있을지도 모르겠다. 그것은 바로 4장에 등장한 내용으로, 대략 비슷한 높이를 가진 능선들의 사방으로 뻗은 연결망이다. 이러한 연결망은 컴퓨터 과학의 해결책 지형도에서 거의 탐색되지 않은 부분으로 남아 있기 때문에 언급하지 않았다. 하지만 우리는 그 연결망 역시 어려운 문제들을 해결하는 데 도움을 준다는 증거를 갖고 있다. Raman, K., and Wagner, A., "The evolvability of programmable hardware", 〈Journal of the Royal Society Interfac〉, 2011; Banzhaf, W., and Leier, A., "Evolution on neutral networks in genetic programming", 《Genetic Programming Theory, and Practice III, Genetic Programming》, eds. T. Yu, R. Riolo, and B. Worzel, Springer, Boston, MA, 2006을 참조하라.

17. Glover, F., and Kochenberger, G. A., 《Handbook of Metaheuristics》, Kluwer Academic Publishers, New York, 2003; Moore, C., and Mertens, S., 《The Nature of Computation》, Oxford University Press, Oxford, UK, 2011을 참조하라. 화물차 경로 문제나 영업 사원 문제 같은 복잡한 사례들은 종종 알고리즘의 조합에 의해 해결되곤 한다. 누군가는 욕심쟁이

알고리즘으로 시작할 수도 있다. 그런 다음 자체적으로 교차하는 길을 피하기 위해 모서리에 대한 전략적 교환을 통해 나온 경로를 바꾸며, 유사하지만 더 쉬운 문제를 해결하기 위해 문제 자체의 구조를 이리저리 바꿔 해결책에 대한 엄격한 상한과 하한을 결정한다. 그리고 더 어려운 문제에 효과적인 해결책을 얻기 위해 이런 더 쉬운 문제들의 해결책을 정리하려고 노력한다. 그러면 결국 해결책은 더욱 나아질 수 있다. 이는 Moore, C., and Mertens, S., 《The Nature of Computation》, Oxford University Press, Oxford, UK, 2011, 9장을 참조하라. 이런 여러 단계의 절차들은 해결책 지형도의 구조를 생각하며 계획되는 경우가 많지는 않지만, 그 단계들은 국소 최소 지점에 갇히는 일을 피하는 데 도움을 준다. 또한 이런 절차들은 문제의 구조에 대한 수학적 통찰력을 이용한다. 반면에 유전적 알고리즘 같은 다목적의 알고리즘들은 모든 문제들에 다 적용될 수 있다. 물론 거기에는 장점과 단점이 함께 존재한다. 다목적 알고리즘은 보통 대단히 특별한 문제들을 위한 맞춤형 알고리즘만큼이나 효율적이지는 못하다.

18. 여기서 이야기하는 문제의 조건은 특별한 다른 제약 없이 한 대의 차량이 한 곳의 출발 지점을 중심으로 움직인다는 것이다. 666곳의 관광지와 관련된 문제는 Holland, J. H., 《Adaptation in Natural and Artificial Systems》, University of Michigan Press, Ann Arbor, 1975를 참조하라. 이 문제를 비롯해 또 다른 인상적인 연산 능력 관련 기록에 대해서는 Cook, W. J., 《In Pursuit of the Traveling Salesman》, Princeton University Press, Princeton, NJ, 2012, 8장을 참조하라.

19. 일단 이 구성 요소들이 선택되면 유전적 알고리즘을 설계하는 기술자들은 또 다른 중요하고 어려운 선택을 내려야 한다. 즉, 올바른 '적합성 기능'을 선택해서 해결책의 역량을 평가하는 방법이다. 이러한

선택은 화물차 운송 경로와 같은 문제들에 대해서는 간단할 수 있지
만 다른 문제들, 특히 그 역량이 다양한 측면을 가지고 있는 엔진이나
비행기 같은 복잡한 기술 같은 문제에 있어서는 더 어려워질 수 있다.

20. Koza, J. R., Bennett III, F. H., Andre, D., and Keane, M. A., "The
    design of analog circuits by means of genetic programming",
    《Evolutionary Design by Computers》, ed. P. J. Bentley,
    Morgan Kaufman, San Francisco, 1999를 참조하라.

21. Keane, M. A., Koza, J. R., and Streeter, M. J, "Apparatus for
    improved general purpose PID and non-PID controllers",
    〈U.S. patent〉, 2005; Keats, J., "John Koza has built an invention
    machine", 〈Popular Science〉, http://www.popsci.com/
    scitech/article/2006-04/john-koza-has-built-invention-
    machine, 2006; Koza, J. R., Keane, M. A., and Streeter, M. J.,
    "Evolving inventions", 〈Scientific American〉, 2003을 참조하라.
    창의적 기계가 특허와 지적재산권 관련 법률에 미친 영향에 대해서
    는 Plotkin, R.,《The Genie in the Machine》, Stanford University
    Press, Stanford, CA, 2009를 참조하라.

22. Wang, C., Yu, S. C., Chen, W., and Sun, C., "Highly efficient
    light-trapping structure design inspired by natural evolution",
    〈Scientific Reports〉, 2013을 참조하라.

23. Keats, J., "John Koza has built an invention machine", 〈Popular
    Science〉, http://www.popsci.com/scitech/article/2006-04/
    john-koza-has-built-invention-machine, 2006을 참조하라.

24. Hornby, G. S., Lohn, J. D., and Linden, D. S., "Computer-
    automated evolution of an X-band antenna for NASA's space
    technology 5 mission", 〈Evolutionary Computation〉, 2011을
    참조하라.

25. Schmidt, M., and Lipson, H., "Distilling free-form natural laws from experimental data", 〈Science〉, 2009를 참조하라. 두 사람은 '기호 회귀symbolic regression'라고 불리는 진화적 연산 방식을 사용해서 수학적 구성 요소들을 조합해 실험 자료를 설명하는 방정식을 만들어냈다.

26. Plotkin, R., 《The Genie in the Machine》, Stanford University Press, Stanford, CA, 2009, 1쪽을 참조하라.

27. 물론 모두가 다 그렇게 특별하고 독특한 것만은 아니다. 그렇지만 생물학적 진화는 생물학자들이 수렴 진화라고 부르는 과정을 통해 여러 차례 일부 문제들에 대해 비슷한 해결책을 제시해왔으며, 거기에도 같은 상황이 적용될 수 있다.

28. Van Tonder, G. J., Lyons, M. J., and Ejima, Y., "Perception psychology: Visual structure of a Japanese Zen gard", 〈Nature〉, 2002; Taylor, R. P., Spehar, B., Donkelaar, P. V., and Hagerhall, C. M., "Perceptual and physiological responses to Jackson Pollock's fractals", 〈Frontiers in Human Neuroscience〉, 2011을 참조하라.

29. Fernandez, J. D., and Vico, F., "AI methods in algorithmic composition: A comprehensive surve", 〈Journal of Artificial Intelligence Research〉, 2013을 참조하라.

30. Muscutt, K., "Composing with algorithms: An interview with David Cope", 〈Computer Music Journal〉, 2007; Cope, D., "Recombinant music: Using the computer to explore musical style", 〈Computer〉, 1991; Adams, T., "David Cope: You pushed the button and out came hundreds and thousands of sonatas", 〈Guardian〉, 2010을 참조하라.

31. Adams, T., "David Cope: "You pushed the button and out

came hundreds and thousands of sonatas", 〈Guardian〉,
2010을 참조하라.

32. Muscutt, K., "Composing with algorithms: An interview with
    David Cope", 〈Computer Music Journal〉, 2007을 참조하라.

33. Johnson, G., "Undiscovered Bach? No, a computer wrote it",
    〈New York Times〉, 1997을 참조하라.

34. Muscutt, K., "Composing with algorithms: An interview with
    David Cope", 〈Computer Music Journal〉, 2007을 참조하라.

35. Cope, D., "Recombinant music: Using the computer to
    explore musical style", 〈Computer〉, 1991; Adams, T., "David
    Cope: 'You pushed the button and out came hundreds and
    thousands of sonatas", 〈Guardian〉, 2010을 참조하라.

36. Fernandez, J. D., and Vico, F., "AI methods in algorithmic
    composition: A comprehensive surve", 〈Journal of Artificial
    Intelligence Research〉, 2013과 인터넷 웹사이트 http://www.
    geb.uma.es/melomics/melomics.html을 참조하라. 그 밖에 관련
    컴퓨터 및 알고리즘 기술에 대한 언론 보도 내용에 대해서는 스미스
    Smith의 책(2013)과 볼Ball의 책(2012) 참조.

37. 파셰의 책(2008)과 인터넷 웹사이트 https://www.francoispachet.
    fr/continuator 참조. 나로서는 처음부터 완전히 새롭게 음악
    을 만들어내는 것보다는 다른 사람의 음악을 듣고 따라서 비슷하
    게 만드는 일이 더 쉽다고 생각한다. 이와 관련된 사례에 대해서
    는 Fernandez, J. D., and Vico, F., "AI methods in algorithmic
    composition: A comprehensive surve", 〈Journal of Artificial
    Intelligence Research〉, 2013을 참조하라.

38. Levy, S., "Can an algorithm write a better news story than a
    human reporter?", 〈WIRED〉, 2012를 참조하라.

39. Podolny, S., "If an algorithm wrote this, how would you even know?", 〈New York Times〉, 2015를 참조하라.

40. Levy, S., "Can an algorithm write a better news story than a human reporter?", 〈WIRED〉, 2012를 참조하라.

41. Clerwall, C., "Enter the robot journalist. Users' perceptions of automated content", 〈Journalism Practice〉, 2014를 참조하라.

42. Constine, J., "Need music for a video? Jukedeck's AI composer makes cheap, custom soundtracks", 〈TechCrunch〉, https://techcrunch.com/2015/12/07/jukedeck, 2015를 참조하라.

7장 인간의 정신과 다윈 진화

1. 〈게르니카〉의 자세한 후일담과 역사적 배경에 대해서는 Chipp, H. B., 《Picasso's Guernica》, University of California Press, Berkeley, CA, 1988을 참조하라.

2. Chipp, H. B., 《Picasso's Guernica》, University of California Press, Berkeley, CA, 1988; Weisberg, R. W., and Hass, R., "We are all partly right: Comment on Simonton", 〈Creativity Research Journal〉, 2007; Weisberg, R. W., "On structure in the creative process: A quantitative case-study of the creation of Picasso's Guernica", 〈Empirical Studies of the Arts〉, 2004; Simonton, D. K., "The creative process in Picasso's Guernica sketches: Monotonic improvements versus nonmonotonic variants", 〈Creativity Research Journal〉, 2007a를 참조하라.

3. Simonton, D. K., 《Origins of Genius: Darwinian Perspectives

on Creativity》, Oxford University Press, New York, 1999; "The creative process in Picasso's Guernica sketches: Monotonic improvements versus nonmonotonic variants", 〈Creativity Research Journal〉, 2007a를 참조하라.

4. 다윈 창의성에 대한 베인과 초기 사상가들의 생각은 Campbell, D. T., "Blind variation and selective retention in creative thought as in other knowledge processes", 〈Psychological Review〉, 1960에 요약되어 있다. 다윈의 크나큰 업적은 자연선택과 공통 조상의 중요성을 인지한 데 있지만, 무작위 돌연변이에 의한 새로운 변이의 기원을 설명하는 문제와는 관련이 없다. 다윈은 새로운 변이가 어디에서부터 시작되는지 몰랐으며 자신의 그런 무지를 숨기지 않고 인정했다.

5. James, W., "Great men, great thoughts, and the environment", 〈Atlantic Monthly〉, 1880을 참조하라.

6. Campbell, D. T., "Blind variation and selective retention in creative thought as in other knowledge processes", 〈Psychological Review〉, 1960을 참조하라. 캠벨이 소개한 용어는 인간 정신 내부에서 일어나고 있는 작업을 표현하고 있지만 인간 지식의 성장에도 동일한 척도로 적용될 수 있다. 철학자 칼 포퍼Karl Popper는 이에 대해 "우리 지식의 성장은 다윈이 말한 자연선택의 과정에 의한 결과와 대단히 유사점이 많다"라고 말했다. Simonton, D. K.,《Origins of Genius: Darwinian Perspectives on Creativity》, Oxford University Press, New York, 1999, 26쪽을 참조하라.

7. Dehaene, S.,《Consciousness and the Brain》, Penguin, New York, 2014를 참조하라.

8. 피카소의 〈게르니카〉에 대한 사이먼튼의 분석은 논쟁의 여지가 있다. 문제가 되는 상당 부분의 중심에는 밑그림이나 형상들이 그

전에 있었던 일들과는 전혀 상관이 없는지, 그래서 피카소의 연상 과정은 과거의 다른 사건들로부터 얼마나 자유로운지 하는 문제들이 자리하고 있다. Weisberg, R. W., "On structure in the creative process: A quantitative case-study of the creation of Picasso's Guernica", ⟨Empirical Studies of the Arts⟩, 2004; Dasgupta, S., "Is creativity a Darwinian process?", ⟨Creativity Research Journal⟩, 2004; Simonton, D. K., "Picasso's Guernica creativity as a Darwinian process: Definitions, clarifications, misconceptions, and applications", ⟨Creativity Research Journal⟩, 2007b; Weisberg, R. W., and Hass, R., "We are all partly right: Comment on Simonton", ⟨Creativity Research Journal⟩, 2007을 참조하라. 그렇지만 내가 본문에서 제시하고 있는 것처럼 심지어 생물학적 진화 속의 맹목적 변이 또한 이전에 발생했던 변이를 바탕으로 하고 있으므로, 이런 맥락에서라면 자유롭다고 말할 수 없다. Wagner, A., "The role of randomness in Darwinian Evolution", ⟨Philosophy of Science⟩, 2012를 참조하라. 나는 진화 생물학에 유사한 긴장 상태가 존재하고 있는 것에 주목한다. 유기체의 발달을 공부하는 학생들은 그러한 발달이 DNA 돌연변이가 만들어낼 수 있는 변이를 제한하고 있다고 주장하고 있다. 그런 제한된 진화의 개념에 대해서는 Maynard-Smith, J., Burian, R., Kauffman, S., Alberch, P., Campbell, J., Goodwin, B., Lande, R., Raup, D., and Wolpert, L., "Developmental constraints and evolution", ⟨Quarterly Review of Biology⟩, 1985를 참조하라.

9. Weisberg, R. W., and Hass, R., "We are all partly right: Comment on Simonton", ⟨Creativity Research Journal⟩, 2007을 참조하라.

10. Simonton, D. K., "The creative process in Picasso's Guernica

sketches: Monotonic improvements versus nonmonotonic variants", 〈Creativity Research Journal〉, 2007a, 331쪽과 340쪽을 참조하라.

11. John-Steiner, V., 《Notebooks of the Mind: Explorations of Thinking》, Oxford University Press, Oxford, UK, 1997을 참조하라.

12. 관련 인용문들은 Simonton, D. K., 《Origins of Genius: Darwinian Perspectives on Creativity》, Oxford University Press, New York, 1999, 26~34쪽에서 확인할 수 있다.

13. Lohr, S., "John W. Backus, 82, Fortran developer, dies", 〈New York Times〉, 2007에서 인용했다.

14. Plunkett, R. J., 《The history of polytetrafluoroethylene: Discovery and development", in High Performance Polymers: Their Origin and Development. Proceedings of the Symposium on the History of High Performance Polymers at the American Chemical Society Meeting》, eds. R. B. Seymour and G. S. Kirshenbaum, Elsevier, New York, 1986; Rosen, W., 《The Most Powerful Idea in the World》, University of Chicago Press, Chicago, 2010을 참조하라. 또 다른 사례들에 대해서는 Wagner, A., 《Arrival of the Fittest: Solving Evolution's Greatest Puzzle》, Current, New York, 2014와 Simonton, D. K., 《Origins of Genius: Darwinian Perspectives on Creativity》, Oxford University Press, New York, 1999, 35~39쪽을 참조하라.

15. Simonton, D. K., 《Scientific Genius》, Cambridge University Press, New York, 1988, 84쪽을 참조하라. 당연한 이야기겠지만, 대중의 선호도나 인기를 영향력의 척도로 삼는 것은 대단히 큰 오해로 이어질 수도 있다. 어떤 성과나 결과 들이 사람들 사이에서 회자되

는 평균적인 회수는 해당 분야에 따라 크게 차이가 난다. 예를 들어, 수학 연구보다는 생물학 연구가 사람들의 주목을 더 많이 받으며, 연구 자체보다 새로운 연구 방법에 대한 관심이 더 큰 경우도 많다. 또한 일부 불운한 창작자나 연구자들은 아예 자신들이 이루어낸 성과에 대해 세상에 나올 필요가 없는 것이라는 식의 부정적인 언급의 대상이 되기도 한다. 이렇게 일반 대중의 인용이나 언급의 정도를 어떻게 이용해야 하는지에 대한 문제는 Simonton, D. K., 《Scientific Genius》, Cambridge University Press, New York, 1988, 85쪽에 요약되어 있다.

16. 같은 책을 참조하라.

17. Lariviere, V., Gingras, Y., and Archambault, E., "The decline in the concentration of citations, 1900~2007", 〈Journal of the American Society for Information Science and Technology〉, 2009를 참조하라.

18. Simonton, D. K., "Creative productivity, age, and stress: Biographical time-series analysis of 10 classical composers", 〈Journal of Personality and Social Psychology〉, 1977을 참조하라. 이른바 게슈탈트 심리학의 창시자들 중 한 사람인 볼프강 쾰러 Wolfgang Koehler가 '시행착오 개념'으로는 자신의 침팬지 문제 해결 실험을 설명할 수 없을 것이라고 생각한 것은 주목할 만하다. 그가 왜 반대를 했는지, 그리고 그 밖에도 다윈 창의성에 대해 반대했던 또 다른 학자들에 대해서는 Campbell, D. T., "Blind variation and selective retention in creative thought as in other knowledge processes", 〈Psychological Review〉, 1960, 389쪽을 참조하라. 가능한 것처럼 여겨지는 여러 해결책들이 기존의 해결책을 바탕으로 하고 있는지 아니면 완전히 새로 만들어진 것인지가 문제의 핵심인 것으로 보인다. 예를 들어, 이미 존재하고 있는 개념들이 해결되어야

할 문제에 관해 기존의 통찰력 중 어떤 것을 필요로 하는가 역시 여기에 포함된다.

19. Simonton, D. K., "Creative productivity, age, and stress: Biographical time-series analysis of 10 classical composers", 〈Journal of Personality and Social Psychology〉, 1977을 참조하라.

20. Simonton, D. K., 《Scientific Genius》, Cambridge University Press, New York, 1988, 92쪽을 참조하라. 이 문제를 비롯한 다른 사례들을 다루고 있다.

21. 같은 책 93쪽을 참조하라.

22. Simonton, D. K., 《Origins of Genius: Darwinian Perspectives on Creativity》, Oxford University Press, New York, 1999, 154~155쪽을 참조하라.

23. Simonton, D. K., 《Greatness: Who Makes History and Why》, Guilford Press, New York, 1994, 186쪽에서 인용했다.

24. Stern, N., "Age and achievement in mathematics: A case study in the sociology of science", 〈Social Studies of Science〉, 1978을 참조하라.

25. Simonton, D. K., 《Greatness: Who Makes History and Why》, Guilford Press, New York, 1994; Stern, N., "Age and achievement in mathematics: A case study in the sociology of science", 〈Social Studies of Science〉, 1978; Sinatra, R., Wang, D., Deville, P., Song, C., and Barabasi, A. L., "Quantifying the evolution of individual scientific impact", 〈Science〉, 2016을 참조하라. 다른 연구들 역시 비록 연구 결과가 좋은 쪽으로도 이어질 수 있고 또 나쁜 쪽으로도 이어질 수 있다. 하지만 각각의 과학자들은 대단히 중요한 결과를 만들어낼 수 있는 잠재력 또한 각각 다르게 가

지고 있다는 사실을 보여주고 있다.

26. 나는 여기서 이른바 '영-헬름홀츠 이론Young-Helmholtz theory'으로 알려진 가장 초창기의 유명한 색상에 대한 감각 이론을 말하고 있다. 이 이론은 우리 시각이 삼원색을 판별할 수 있다고 주장했다.

27. Palmer, S. E., 《Vision Science》, MIT Press, Cambridge, MA, 1999, 3장과 Gärdenfors, P., 《Conceptual Spaces: The Geometry of Thought》, MIT Press, Cambridge, MA, 2000, 1장을 참조하라.

28. Kandel, E. R., Schwartz, J. H., and Jessell, T. M., 《Principles of Neural Science》, McGraw-Hill, New York, 2013, 31장과 Gärdenfors, P., 《Conceptual Spaces: The Geometry of Thought》, MIT Press, Cambridge, MA, 2000, 2장을 참조하라.

29. Gärdenfors, P., 《Conceptual Spaces: The Geometry of Thought》, MIT Press, Cambridge, MA, 2000을 참조하라.

30. Simonton, D. K., "The creative process in Picasso's Guernica sketches: Monotonic improvements versus nonmonotonic variants", 〈Creativity Research Journal〉, 2007a를 참조하라.

31. Weisberg, R. W., and Hass, R., "We are all partly right: Comment on Simonton", 〈Creativity Research Journal〉, 2007, 356쪽을 참조하라.

32. Padel, R., 《The Poem and the Journey: 60 Poems for the Journey of Life》, Vintage Books, New York, 2008, 45~46쪽을 참조하라.

33. Hadamard, J., 《The Psychology of Invention in the Mathematical Field》, Dover, New York, 1945, 14쪽을 참조하라.

34. Campbell, D. T., "Blind variation and selective retention in creative thought as in other knowledge processes",

⟨Psychological Review⟩, 1960을 참조하라.

35. Wales, D. J., ⟪Energy Landscapes⟫, Cambridge University Press, Cambridge, UK, 2003, 1장을 참조하라.

36. von Helmholtz, H., ⟪Popular Lectures on Scientific Subjects⟫, Second Series(translated by E.Atkinson), Longmans, Green, and Co., London, 1908, 282쪽을 참조하라.

8장 헤매이는 이 모두 길을 잃은 것은 아니니

1. Bateson, P., and Martin, P., ⟪Play, Playfulness, Creativity and Innovation⟫, Cambridge University Press, Cambridge, UK, 2013, 16쪽을 참조하라.

2. 같은 책 17쪽을 참조하라.

3. Caro, T. M., "Short-term costs and correlates of play in Cheetahs", ⟨Animal Behaviour⟩, 1995; Henig, R. M., "Taking play seriously", ⟨New York Times⟩, 2008을 참조하라.

4. Caro, T. M., "Short-term costs and correlates of play in Cheetahs", ⟨Animal Behaviour⟩, 1995, 342쪽 주석을 참조하라.

5. Harcourt, R., "Survivorship costs of play in the South-American fur seal", ⟨Animal Behaviour⟩, 1991을 참조하라.

6. Cameron, E. Z., Linklater, W. L., Stafford, K. J., and Minot, E. O., "Maternal investment results in better foal condition through increased play behaviour in horses", ⟨Animal Behaviour⟩, 2008을 참조하라.

7. Fagen, R., and Fagen, J., "Play behaviour and multi-year juvenile survival in free-ranging brown bears, Ursus arctos",

〈Evolutionary Ecology Research〉, 2009를 참조하라.

8. 이런 연습에는 또 다른 유리한 점이 있다. 암컷들은 이런 교미 놀이를 함께 하면서 처음 낳는 알에 대해 더 많은 신경을 쓸 수 있다. Pruitt, J. N., and Riechert, S. E., "Nonconceptive sexual experience diminishes individuals' latency to mate and increases maternal investment", 〈Animal Behaviour〉, 2011을 참조하라.

9. Spinka, M., Newberry, R. C., and Bekoff, M., "Mammalian play: Training for the unexpected", 〈Quarterly Review of Biology〉, 2001; Henig, R. M., "Taking play seriously", 〈New York Times〉, 2008을 참조하라. 두 글 모두 대단히 이질적인 활동으로 구성된 동물들의 놀이가 어떤 목적을 가지고 있는지, 그와 관련된 또 다른 가설들을 소개하고 있다.

10. Wenner, M., "The serious need for play", 〈Scientific American Mind〉, 2009를 참조하라.

11. Bateson, P., and Martin, P., 《Play, Playfulness, Creativity and Innovation》, Cambridge University Press, Cambridge, UK, 2013, 31쪽을 참조하라.

12. Root-Bernstein, R. S., and Root-Bernstein, M., 《Sparks of Genius》, Houghton Mifflin, New York, 1999, 247쪽에서 인용했다.

13. Bateson, P., and Martin, P., 《Play, Playfulness, Creativity and Innovation》, Cambridge University Press, Cambridge, UK, 2013, 58~61쪽에서 인용했다.

14. Jung, C. G., 《Psychological Types》, Volume 6 of the Collected Works of C. G. Jung, Princeton University Press, Princeton, NJ, 1971을 참조하라.

15. Martin, P., 《Counting Sheep: The Science and Pleasures of Sleep and Dreams》, Harper Collins, London, UK, 2002, 198쪽

을 참조하라.

16. 또 다른 사례들에 대해서는 같은 책 198~204쪽을 참조하라.

17. 휴대전화뿐만 아니라 다른 디지털 보조 장비들도 충분히 이런 실험에 사용될 수 있다. 조금 더 정교하게 반응 시간을 확인하는 실험에도 아무 문제 없이 사용 가능하다. Jackson, J. D., and Balota, D. A., "Mind-wandering in younger and older adults: Converging evidence from the Sustained Attention to Response Task and reading for comprehension", 〈Psychology and Aging〉, 2012를 참조하라.

18. Kane, M. J., Brown, L. H., McVay, J. C., Silvia, P. J., Myin-Germeys, I., and Kwapil, T. R., "For whom the mind wanders, and when: An experience-sampling study of working memory and executive control in daily life", 〈Psychological Science〉, 2007; Jackson, J. D., and Balota, D. A., "Mind-wandering in younger and older adults: Converging evidence from the Sustained Attention to Response Task and reading for comprehension", 〈Psychology and Aging〉, 2012; Killingsworth, M. A., and Gilbert, D. T., "A wandering mind is an unhappy mind", 〈Science〉, 2010; Christoff, K., "Undirected thought: Neural determinants and correlates", 〈Brain Research〉, 2012를 참조하라.

19. Mooneyham, B. W., and Schooler, J. W., "The costs and benefits of mind-wandering: A review", 〈Canadian Journal of Experimental Psychology: Revue Canadienne De Psychologie Experimentale〉, 2013을 참조하라.

20. Hadamard, J., 《The Psychology of Invention in the Mathematical Field》, Dover, New York, 1945, 13~14쪽을 참조

하라.

21. Baird, B., Smallwood, J., Mrazek, M. D., Kam, J. W. Y., Franklin, M. S., and Schooler, J. W., "Inspired by distraction: Mind wandering facilitates creative incubation", 〈Psychological Science〉, 2012를 참조하라.

22. Mrazek, M. D., Franklin, M. S., Phillips, D. T., Baird, B., and Schooler, J. W., "IMindfulness training improves working memory capacity and GRE performance while reducing mind wandering", 〈Psychological Science〉, 2013을 참조하라

23. Schooler, J. W., Mrazek, M. D., Franklin, M. S., Baird, B., Mooneyham, B. W., Zedelius, C., and Broadway, J. M., "The middle way: Finding the balance between mindfulness and mind-wandering", 〈Psychological Science〉, 2014를 참조하라.

24. 같은 글을 참조하라. 누군가는 서로 반대되는 두 가지 정신적 과정을 자연선택과 돌연변이에 비교하기도 한다. 그렇지만 우리의 정신은 둘 사이의 자발적인 제휴를 끊임없이 만들어내는 것처럼 보이며, 정신의 방랑을 통해 긴밀한 제휴보다는 어느 정도 거리를 둔 제휴가 중요한 역할을 맡게 된다. Baror, S., and Bar, M., "Associative activation and its relation to exploration and exploitation in the brain", 〈Psychological Science〉, 2016을 참조하라. 서로 반대되는 힘 사이에서 균형을 잡는 것이 얼마나 중요한지는 조현병 같은 정신질환이 심각하게 악화될 때 더 확실히 알 수 있다. 이런 질환의 증상 중에는 이른바 '말비빔word salad'으로 알려진 말이 마구 뒤섞이는 사고 장애 등이 있다. 일부 실험에서 창의적인 성격적 특성과 연관된 현상으로 잠재 능력 억제와 주적 점화 억제가 발견되었는데, 이 또한 조현병과 관련이 있다. Lubow, R. E., and Gewirtz, J. C., "Latent inhibition in humans: Data, theory, and

implications for schizophrenia", 〈Psychological Bulletin〉, 1995; Beech, A., and Claridge, G., "Individual differences in negative priming: Relations with schizotypal personality traits", 〈British Journal of Psychology〉, 1987; Lubow, R. E., Ingbergsachs, Y., Zalsteinorda, N., and Gewirtz, J. C., "Latent inhibition in low and high psychotic-prone normal subjects", 〈Personality and Individual Differences〉, 1992를 참조하라. 조금 더 일반적으로 말하면 창의성은 실제로 정신증적 경향, 즉 정신병적 증상에 대한 감수성을 이끌어내는 성향적 특성과 관련 있다. Eysenck, H. J., "Creativity and personality: Suggestions for a theory", 〈Psychological Inquiry〉, 1993을 참조하라. 아마 더 빈번하게 나타나는 것은 우울증 등의 감정 장애가 아닐까 생각한다. Jung, C. G., 《Psychological Types》, Volume 6 of the Collected Works of C. G. Jung, Academic Press, London, 2014, 4장을 참조하라. 실제로 수 세기 동안 사람들은 뛰어난 창의성은 광기를 동반한다고 믿어왔다. 이에 대해 17세기의 시인 존 드라이든John Dryden은 이렇게 말하기도 했다. "위대한 지혜는 분명 광기와 아주 가까운 동맹 관계이며 그 사이를 가로막고 있는 것은 그야말로 얇은 경계선일 뿐이다." 다만 그런 말은 이제는 조금 시대에 뒤떨어진 것이 되었는데, 수많은 저명한 창작자들과 대담을 가졌던 심리학자 미하이 칙센트미하이Mihaly Csikszentmihalyi에 따르면 "정신적으로 고통 받는 천재라는 널리 알려진 선입견은 상당 부분 만들어진 신화에 가깝다"라는 것이다. Csikszentmihalyi, M., 《Creativity: The Psychology of Discovery and Invention》, Harper Collins, New York, 1996; Simonton, D. K., "The mad-genius paradox: Can creative people be more mentally healthy but highly creative people more mentally ill?", 〈Perspectives on Psychological Science〉,

2014를 참조하라. 심지어 엄청난 창의력을 자랑하는 사람도 정신적
으로 건강하고 행복할 수 있다.

25. Bateson, P., and Martin, P., 《Play, Playfulness, Creativity and
    Innovation》, Cambridge University Press, Cambridge, UK,
    2013, 2쪽을 참조하라.

26. 디자인 전문 기업 'IDEO'의 CEO 팀 브라운Tim Brown의 TED 강연 〈
    창의성과 놀이에 대한 이야기Tales of Creativity and Play〉에서 인용했다. 이
    강연은 다음 인터넷 웹사이트 http://www.ted.com/talks/tim_
    brown_on_creativity_and_play에서 확인할 수 있다.

27. 창의적 발상을 자유롭게 내놓는 집단들은 보통 심리적 안정감이라고
    부르는 공통적인 특성을 갖고 있다. 이 심리적 안정감을 통해 집단에
    소속된 개인들은 자유롭게 자신들의 생각을 표현할 수 있는 것이다.
    Duhigg, C., "What Google learned from its quest to build the
    perfect team", 〈New York Times〉, 2016을 참조하라.

28. Martin, P., 《Counting Sheep: The Science and Pleasures
    of Sleep and Dreams》, Harper Collins, London, UK,
    2002, 199~200쪽; Sessa, B., "Is it time to revisit the role of
    psychedelic drugs in enhancing human creativity?", 〈Journal
    of Psychopharmacology〉, 2008; Grim, R., "Read the never-
    before-published letter from LSD-inventor Albert Hofmann
    to Apple CEO Steve Jobs", 〈Huffington Post〉, 2009; Isaacson,
    W., 《Steve Jobs》, Simon and Schuster, New York, 2011을 참조
    하라. 잡스의 첫 매킨토시 컴퓨터는 뉴욕 현대미술관의 전시품 중 하
    나다. 뉴욕 현대미술관 인터넷 홈페이지 https://www.moma.org/
    collection/works/142218에서 볼 수 있다.

29. Harman, W. W., McKim, R. H., Mogar, R. E., Fadiman, J., and
    Stolaroff, M. J., "Psychedelic agents in creative problem

solving: A pilot study", 〈Psychological Reports〉, 1966을 참조하라.

30. Sessa, B., "Is it time to revisit the role of psychedelic drugs in enhancing human creativity?", 〈Journal of Psychopharmacology〉, 2008에서는 고대 로마 제국의 시인 오비디우스Ovidius의 말이라고 소개하고 있지만 사실 정확하지는 않다. 비슷한 말을 오비디우스와 동시대를 살았던 시인 호라티우스Horatius가 했다는 기록은 있다. 호라티우스는《서간문》1권에서 이렇게 말하고 있다. "물만 마시는 사람이 쓴 시는 결코 좋은 시가 될 수 없을뿐더러 후세까지 전해지지도 못할 것이다."

31. Jarosz, A. F., Colflesh, G. J. H., and Wiley, J., "Uncorking the muse: Alcohol intoxication facilitates creative problem solving", 〈Consciousness and Cognition〉, 2012를 참조하라. 다른 연구들에 대해서는 Bateson, P., and Martin, P., 《Play, Playfulness, Creativity and Innovation》, Cambridge University Press, Cambridge, UK, 2013, 116~117쪽에서 다루고 있다.

32. Rees, J., 《Künstler auf Reisen》, Wissenschaftliche Buchgesellschaft, Darmstadt, Germany, 2010을 참조하라.

33. Holberton, P., 《Bellini and the East》, National Gallery Company Limited, London, 2005를 참조하라.

34. Bailey, G. A., 《Art on the Jesuit Missions in Asia and Latin America》, University of Toronto Press, Toronto, 2001을 참조하라. 서로 다른 미술 양식을 하나로 합친 또 다른 사례들에 대해서는 Kaufmann, T. D., 《Toward a Geography of Art》, University of Chicago Press, Chicago, 2004; Burke, P., 《Kultureller Austausch》, Suhrkamp, Frankfurt am Main, 2000을 참조하라.

35. 고딕 건축 양식에 대해서는 Scott, R. A., 《The Gothic Enterprise》,

University of California Press, Berkeley, 2003을 참조하라. 천
장이 뾰족한 아치 형태에 대한 역사적 유래에 대해서는 Verde,
T., "The point of the arch", 〈Aramco World〉, http://archive.
aramcoworld.com/issue/201203/the.point.of.the.arch.htm,
2012를 참조하라.

36. Csikszentmihalyi, M., 《Creativity: The Psychology of
Discovery and Invention》, Harper Collins, New York, 1996,
160~161쪽을 참조하라.

37. 같은 책 194~295쪽을 참조하라.

38. Simonton, D. K., 《Scientific Genius》, Cambridge University
Press, New York, 1988, 127쪽을 참조하라.

39. Hein, G. E., "Kekule and the architecture of molecules",
〈Advances in Chemistry Series〉, 1966을 참조하라.

40. 쾨슬러는 대담하게 이렇게 선언했다. "과학 사상의 역사에서 모든 결
정적 진보는 각기 다른 학문 분야 사이의 정신적 상호 교류의 결과로
설명할 수 있다." Koestler, A., 《The Act of Creation》, MacMillan,
New York, 1964, 230쪽을 참조하라.

41. Simonton, D. K., 《Greatness: Who Makes History and Why》,
Guilford Press, New York, 1994, 163~165, 173쪽을 참조하라.

42. Isaacson, W., 《Steve Jobs》, Simon and Schuster, New York,
2011; Appelo, T., "How a calligraphy pen rewrote Steve Jobs'
life", 〈Hollywood Reporter〉, www.hollywoodreporter.com,
2011을 참조하라.

43. Curtin, D. W., 《The Aesthetic Dimension of Science》,
Philosophical Library, New York, 1980, 84쪽을 참조하라.

44. Wilson, R. R., "Starting Fermilab", http://history.fnal.gov/
GoldenBooks/gb_wilson2.html, 1992를 참조하라.

45. Root-Bernstein, R., Allen, L., Beach, L., Bhadula, R., Fast, J., Hosey, C., Kremkow, B., Lapp, J., Lonc, K., Pawelec, K., Podufaly, A., Russ, C., Tennant, L., Vrtis, E., and Weinlander, S., "Arts foster scientific success: Avocations of Nobel, National Academy, Royal Society, and Sigma Xi members", 〈Journal of Psychology of Science and Technology〉, 2008을 참조하라.

46. Simonton, D. K., 《Greatness: Who Makes History and Why》, Guilford Press, New York, 1994; Csikszentmihalyi, M., 《Creativity: The Psychology of Discovery and Invention》, Harper Collins, New York, 1996을 참조하라.

47. 그런데 이 말을 마크 트웨인이 아닌 소설가 그랜트 알랜Grant Allen이 했다는 이야기도 있다.

48. 쾨슬러는 이 과정을 이연연상bisociation, 二連聯想이라 불렀다. Koestler, A., 《The Act of Creation》, MacMillan, New York, 1964를 참조하라.

49. 같은 책 121쪽을 참조하라.

50. Root-Bernstein, R. S., and Root-Bernstein, M., 《Sparks of Genius》, Houghton Mifflin, New York, 1999, 8장; Schiappa, J., and Van Hee, R., "From ants to staples: History and ideas concerning suturing techniques", 〈Acta Chirurgica Belgica〉, 2012를 참조하라.

51. Arthur, W. B., 《The Nature of Technology: What It Is and How It Evolves》, Free Press, New York, 2009, 19쪽을 참조하라.

52. Padel, R., 《The Poem and the Journey: 60 Poems for the Journey of Life》, Vintage Books, New York, 2008, 34쪽을 참조하라.

53. 다만 아리스토텔레스가 설명했던 몇 가지 은유의 함축적인 내용들은 더 이상 현대적인 의미의 은유와는 상관이 없다. Levin, S. R.,

"Aristotle's theory of metaphor", 〈Philosophy and Rhetoric〉, 1982를 참조하라.

54. Root-Bernstein, R. S., and Root-Bernstein, M., 《Sparks of Genius》, Houghton Mifflin, New York, 1999, 145~146쪽을 참조하라.

55. Pinker, S., 《The Stuff of Thought》, Penguin, New York, 2007, 6쪽을 참조하라.

56. Tourangeau, R., and Rips, L, "Interpreting and evaluating metaphors", 〈Journal of Memory and Language〉, 1991을 참조하라.

57. Padel, R., 《The Poem and the Journey: 60 Poems for the Journey of Life》, Vintage Books, New York, 2008, 35쪽을 참조하라.

58. Csikszentmihalyi, M., 《Creativity: The Psychology of Discovery and Invention》, Harper Collins, New York, 1996, 93쪽을 참조하라.

59. Simonton, D. K., 《Origins of Genius: Darwinian Perspectives on Creativity》, Oxford University Press, New York, 1999를 참조하라.

60. Guilford, J. P., "Three faces of intellect", 〈American Psychologist〉, 1959; Guilford, J. P., 《The Nature of Human Intelligence》, McGraw-Hill, New York, 1967을 참조하라.

61. 이런 종류의 검사나 시험은 길퍼드 이전에도 존재했지만 창의성을 측정하기 위해 사용된 것은 아니었다. Kent, G. H., and Rosanoff, A. J., "A study of association in insanity", 〈American Journal of Psychiatry〉, 1910을 참조하라.

62. 물론 이 단어 연상 검사에서 이런 두 가지 측면만 확인하는 것은 아니

며, 성냥을 어떤 물체를 만드는 데 쓰는지 불을 붙이는 데 쓰는지와 같은 서로 다른 개념의 범주에 속하는 대답을 만들어내는 유연성 같은 것도 확인한다. Simonton, D. K., 《Origins of Genius: Darwinian Perspectives on Creativity》, Oxford University Press, New York, 1999; Kim, K. H., "Can we trust creativity tests? A review of the Torrance tests of Creative Thinking(TTCT)", 〈Creativity Research Journal〉, 2006을 참조하라.

63. Mednick, S. A., "The associative basis of the creative process", 〈Psychological Review〉, 1962를 참조하라.

64. 이 검사는 세 단어에 대한 한 가지 '해결책'을 요구하고 있다. 하지만 전혀 무관해 보이는 개념들을 서로 묶을 수 있는 능력, 즉 창의적 사고에서 중요한 부분을 가리키고 있는 것은 분명하다. 이 검사의 유용성은 여러 중요 연구에서 이미 입증되었다. Simonton, D. K., 《Origins of Genius: Darwinian Perspectives on Creativity》, Oxford University Press, New York, 1999, 81쪽; Mednick, S. A., "The associative basis of the creative process", 〈Psychological Review〉, 1962를 참조하라.

65. Zeng, L. A., Proctor, R. W., and Salvendy, G., "Can traditional divergent thinking tests be trusted in measuring and predicting real-world creativity?", 〈Creativity Research Journal〉, 2011; Guilford, J. P., 《The Nature of Human Intelligence》, McGraw-Hill, New York, 1967, 6장을 참조하라.

66. Torrance, E. P., 《The Torrance Tests of Creative Thinking—Norms—Technical Manual Research Edition—Verbal Tests, Forms A and B—Figural Tests, Forms A and B》, Personnel Press, Princeton, NJ, 1966; Kim, K. H., "Can we trust creativity tests? A review of the Torrance tests of Creative

Thinking(TTCT)", ⟨Creativity Research Journal⟩, 2006을 참조하라. 나는 단지 문제를 해결하는 것이 아니라 문제를 찾아내는 능력과 관련된 중요한 검사나 연구들은 여기에서 언급하지 않았다. Csikszentmihalyi, M., and Getzels, J. W., "Discovery-oriented behavior and the originality of creative products: A study with artists", ⟨Journal of Personality and Social Psychology⟩, 1971을 참조하라.

67. Kim, K. H., "Can we trust creativity tests? A review of the Torrance tests of Creative Thinking(TTCT)", ⟨Creativity Research Journal⟩, 2006, 4쪽을 참조하라.

68. 본문에 여러 창의성 검사와 함께 그 한계도 같이 소개했다. 물론 그것이 전부는 아니다. 일부 검사들은 창의성을 더 쉽게 알아볼 수 있도록 점수를 매기려 노력한다. 하지만 창의성이라는 것 자체가 애초에 다양한 측면을 가지고 있기 때문에 그렇게 할 수 없는 경우가 더 많다. 그렇지만 가장 일반적으로 부딪치게 되는 한계는 성향적 특성으로서 창의성 자체를 구성하는 일이 대단히 어렵다는 사실이다. 가장 널리 사용되는 창의성 검사를 개발한 토런스는 이렇게 말했다. "창의성은 정확하게 정의를 내릴 수 없는 부분이 있다. 그렇다고 그런 부분이 나를 곤란하게 만들지는 않는다. 사실은 그런 부분이 있다는 것에 나는 지극히 만족하고 있다. 그렇지만 만일 우리가 과학적으로 연구를 하려고 한다면 어느 정도 정의 비슷한 것은 내려야 하지 않을까." Torrance, E. P., "The nature of creativity as manifest in its testing", in ⟪The Nature of Creativity⟫, ed. R. J. Sternberg, Cambridge University Press, Cambridge, UK, 1988, 43쪽을 참조하라. 일반적으로 말해서 검사 이론은 심리학적 검사가 '제대로 이루어지고 있는지'를 판단할 수 있는 두 가지 기본적인 기준에 대해서는 명확하다. 그 첫 번째 기준은 신뢰도다. 즉, 해당 검사가 각기 다른 판정단이나 다른 다양한 맥

락 사이에서 반복되는 검사를 통해 얻은 유사한 결과들을 근거로 지성이나 창의성 같은 복잡한 개념을 측정할 수 있는가에 대한 기준이다. 두 번째 기준은 검사의 타당성, 특히 '구성의 타당성construct validity'으로 검사가 정확히 어떤 부분을 측정하는 것을 목표로 하고 있는지를 확인하는 기준이다. 이런 검사 구성의 타당성을 확인하려는 노력의 일환으로 종종 검사의 결과를 창의적 결과물과 같은 독립적인 창의성 평가의 결과와 비교하기도 한다. 창의성 검사에 대한 신뢰도와 타당성에 대한 자료는 Zeng, L. A., Proctor, R. W., and Salvendy, G., "Can traditional divergent thinking tests be trusted in measuring and predicting real-world creativity?", 〈Creativity Research Journal〉, 2011; Kim, K. H., "Can we trust creativity tests? A review of the Torrance tests of Creative Thinking(TTCT)", 〈Creativity Research Journal〉, 2006; Runco, M. A., "Children's divergent thinking and creative ideation", 〈Developmental Review〉, 1992; Torrance, E. P., "The nature of creativity as manifest in its testing", in 《The Nature of Creativity》, ed. R. J. Sternberg, Cambridge University Press, Cambridge, UK, 1988; Upmanyu, V. V., Bhardwaj, S., and Singh, S., "Word-association emotional indicators: Associations with anxiety, psychoticism, neuroticism, extraversion, and creativity", 〈Journal of Social Psychology〉, 1996; Mednick, S. A., "The associative basis of the creative process", 〈Psychological Review〉, 1962; Gough, H. G., "Studying creativity by means of word-association tests", 〈Journal of Personality and Social Psychology〉, 1976을 참조하라.

69. Amabile, T. M., "Social psychology of creativity: A consensual assessment technique", 〈Journal of Personality and Social

Psychology〉, 1982를 참조하라.

70. 창의성의 평가가 결국 사람들에 의해 이루어진다는 결론은 '합의 적 평가 기법Consensual Assessment Technique'을 통해 실제로 확인된 사실이 다. 합의적 평가 기법은 전문적 평가를 근거로 광범위하게 사용된다. Amabile, T. M., "Social psychology of creativity: A consensual assessment technique", 〈Journal of Personality and Social Psychology〉, 1982를 참조하라.

71. Bronson, P., and Merryman, A., "The creativity crisis", 〈Newsweek〉, https://www.newsweek.com/creativity-crisis-74665, 2010을 참조하라.

72. Torrance, E. P., "The nature of creativity as manifest in its testing", in 《The Nature of Creativity》, ed. R. J. Sternberg, Cambridge University Press, Cambridge, UK, 1988; Plucker, J. A., "Is the proof in the pudding? Reanalyses of Torrance's (1958 to present) longitudinal data", 〈Creativity Research Journal〉, 1999를 참조하라.

73. 그런 이유 때문에 일부 연구자들은 '창의성 검사'라는 말보다는 '관념 화 검사ideation test'라는 말을 더 선호한다.

74. 이러한 거리를 측정하거나 추정하는 과정은 내가 생각했던 것보다 훨씬 더 복잡했다. 지나치게 전문적인 내용들이 많거나 모두가 공감 할 수 있는 기준도 아직 없기 때문에 여기에서 그 내용들을 다 소개 하지는 않았다. 다만 실제로 거리를 측정하는 방법 자체는 내가 본 문에 언급했던 것보다 복잡하다고만 말해두기로 하자. 그리고 이 른바 의미 공간은 우리가 흔히 접하는 3차원 지속 공간처럼 차원 이 낮지는 않다. Landauer, T. K., and Dumais, S. T., "A solution to Plato's problem: The latent semantic analysis theory of acquisition, induction, and representation of knowledge",

〈Psychological Review〉, 1997을 참조하라. 저차원 공간에서의 일반적인 거리 측정법은 개념 그대로 적용될 경우 종종 거리 측정을 위해 수학적 원칙을 위반하게 된다. 이 수학적 원칙은 먼저 전제되는 조건을 충족시켜야만 하는데, 그 조건이란 두 물체 A와 B 사이의 거리 $d(A,B)$는 대칭($d(A,B)=d(B,A)$)이며, 이른바 삼각부등식 $d(A,B) \leq d(A,C)+d(C,B)$이다. 또한, 관련 공간은 연속적일 필요는 없지만 우리가 앞서 살펴보았던 유전자형의 공간처럼 불연속적일 수도 있다. 예를 들어, 많은 연구자들이 도표로서의 단어의 의미의 연결을 연구해왔는데, 만일 어떤 물체의 의미가 서로 밀접하게 연결되어 있다면 그 물체는 끝이 연결될 수 있는 마디 혹은 개념들로 구성되어 있다고 볼 수 있다. 그런 내용을 나타내는 도표는 그 끝을 따라 주어진 경로로 이동할 수 있으며 바로 이런 이유 때문에 나는 가장 일반적인 의미에서 지형도라는 개념, 다시 말해 특별한 목적을 위해 물체의 타당성을 가리키는 실수와 양수의 설정에서 비롯된 수학적 함수와 물체들의 집합을 암묵적으로 사용하고 있다. 내가 7장에서 언급했던 것처럼 우리는 우리의 정신이 그런 물체들의 집합을 어떻게 표현하고 있는지, 그리고 어떤 식으로 탐구해야 하는지에 대해 아직도 이해하지 못하고 있는 부분이 많다. Jones, M. N., Gruenenfelder, T. M., and Recchia, G., "In defense of spatial models of lexical semantics", in 《Proceedings of the 33rd Annual Conference of the Cognitive Science Society》, eds. L. Carlson, C. Holscher, and T. Shipley, Cognitive Science Society, Austin, TX, 2011; Griffiths, A., Wessler, S., Lewontin, R., Gelbart, W., Suzuki, D., and Miller, J., 《An Introduction to Genetic Analysis》, Freeman, New York, 2004; Landauer, T. K., and Dumais, S. T., "A solution to Plato's problem: The latent semantic analysis theory of acquisition, induction, and representation of knowledge", 〈Psychological Review〉, 1997; Gärdenfors, P., 《Conceptual Spaces: The Geometry of Thought》, MIT Press, Cambridge, MA, 2000을 참조하라.

75. Sobel, R. S., and Rothenberg, A, "Artistic creation as stimulated by superimposed versus separated visual images", 〈Journal of Personality and Social Psychology〉, 1980; Rothenberg, A. "Artistic creation as stimulated by superimposed versus combined composite visual images", 〈Journal of Personality and Social Psychology〉, 1986을 참조하라.

76. Rothenberg, A., "Homospatial thinking in creativity", 〈Archives of General Psychiatry〉, 1976; "Visual art: Homospatial thinking in the creative process", 〈Leonardo〉, 1980; 《Flight from Wonder》, Oxford University Press, Oxford, UK, 2015를 참조하라.

77. Rothenberg, A., "Creative cognitive-processes in Kekule's discovery of the structure of the benzene molecule", 〈American Journal of Psychology〉, 1995를 참조하라.

78. Norton, J. D., "Chasing the light. Einstein's most famous thought experiment", in 《Thought Experiments in Philosophy, Science, and the Arts》, eds. J. R. Brown, M. Frappier, and L. Meynell, Routledge, New York, 2012; Rothenberg, A., 《Flight from Wonder》, Oxford University Press, Oxford, UK, 2015, 10장을 참조하라.

79. Ansburg, P. I., and Hill, K., "Creative and analytic thinkers differ in their use of attentional resources", 〈Personality and Individual Differences〉, 2003을 참조하라.

80. IEEE Professional Communication Society., "Bridging the

present and the future: IEEE Professional Communication Society conference record, Williamsburg, Virginia, October 16-18, 1985", 〈Personality and Individual Differences〉, Institute of Electrical and Electronics Engineers, New York, 2003, 14쪽에 나오는 센트죄르지에 대한 내용을 참조하라. 80명의 하버드대학교 학부생들을 대상으로 했던 또 다른 중요한 연구에서는 일부 학생들이 이전의 지식들을 더 크게 무시하는 것으로 밝혀졌는데, 바로 그 학생들이 창의성 검사에서 더 높은 평가를 받았다. 그뿐만 아니라 그들은 예술 작품으로 유수의 상을 수상하는 등 더 창의적인 결과물들을 내놓았다. Carson, S. H., Peterson, J. B., and Higgins, D. M., "Decreased latent inhibition is associated with increased creative achievement in high-functioning individuals", 〈Journal of Personality and Social Psychology〉, 2003을 참조하라. 이 연구는 잠재적 억제 상태에 있는 개인 간의 차이를 측정하기도 했다. 잠재적 억제란 고전적인 조건 형성과 관련된 용어로, 새로운 자극보다는 익숙한 자극과 관련해 새로운 연상을 하기가 더 어렵다는 뜻이다. 잠재적 억제 상태는 쥐와 개, 금붕어를 비롯한 많은 동물들에게서 찾아볼 수 있다. Lubow, R. E., "Latent inhibition", 〈Psychological Bulletin〉, 1973을 참조하라. 일부 사람들은 낮은 잠재적 억제 상태를 보이며, 다른 사람들이 당면한 문제와 관계가 없어 걸러내는 정보를 무시하지 못한다. 잠재적 억제 상태는 부적 점화 현상phenomenon of negative priming과 밀접한 관련이 있다. Eysenck, H. J., "Creativity and personality: Suggestions for a theory" 〈Psychological Inquiry〉, 1993을 참조하라.

9장 한 명의 아이에서 문명에 이르기까지

1. "Test-taking in South Korea: Point me at the SKY", 〈Economist〉, 2013; Lee, S. S., "South Korea's dreaded college entrance is the stuff of high school nightmares, but is it producing 'robots'", 〈CBS News〉, 2013; Koo, S. W., "An assault upon our children", 〈New York Times〉, 2014를 참조하라. 한국의 수능 시험은 다시 응시할 수 있지만 일 년을 더 기다려야 하기 때문에, 학생들은 같은 고생을 일 년 더 견디어야 한다.

2. Walworth, C., "Paly school board rep: 'The sorrows of young Palo Altans'", 〈Palo Alto Online〉, https://www.paloaltoonline.com/news/2015/03/25/guest-opinion-the-sorrows-of-young-palo-altans, 2015를 참조하라.

3. Larmer, B., "Inside a Chinese test-prep factory", 〈New York Times〉, 2014; Zhao, Y., 《Who's Afraid of the Big Bad Dragon? Why China Has the Best (and Worst) Education System in the World》, Jossey-Bass, San Francisco, 2014; Walworth, C., "Paly school board rep: 'The sorrows of young Palo Altans'", 〈Palo Alto Online〉, https://www.paloaltoonline.com/news/2015/03/25/guest-opinion-the-sorrows-of-young-palo-altans, 2015; Bruni, F., "Best, brightest and saddest?", 〈New York Times〉, 2015를 참조하라.

4. '2012 PISA 평가 결과'에 대한 보고서를 참조하라. 보고서는 인터넷 웹사이트 http://www.oecd.org/pisa/keyfindings/pisa-2012-results.htm에서 확인할 수 있다.

5. 그 대표적인 사례가 2010년부터 2014년까지 영국의 교육부 장관을 역임했던 마이클 고브Michael Gove다. Gove, M., "Michael Gove: My

revolution for culture in the classroom", 〈Telegraph〉, 2010을 참조하라.

6. IBM survey, "Capitalizing on Complexity", https://www-01.ibm.com/common/ssi/cgi-bin/ssialias?htmlfid=GBE03297USEN; Pappano, L., "Learning to think outside the box", 〈New York Times〉, 2014를 참조하라.

7. Runco, M. A., "Children's divergent thinking and creative ideation", 〈Developmental Review〉, 1992, 305쪽에서 인용했다.

8. Bassok, D., and Rorem, A., "Is kindergarten the new first grade? The changing nature of kindergarten in the age of accountability", 〈EdPolicyWorks Working Paper Series〉, http://curry.virginia.edu/uploads/resourceLibrary/20_Bassok_Is_Kindergarten_The_New_First_Grade.pdf, 2014, 표 5를 참조하라.

9. Zhao, Y., 《Who's Afraid of the Big Bad Dragon? Why China Has the Best (and Worst) Education System in the World》, Jossey-Bass, San Francisco, 2014, 2장을 참조하라.

10. 같은 책 40~41쪽을 참조하라.

11. 같은 책 139쪽; Zhao, Y., and Gearin, B., "Squeezed out", in 《Creative Intelligence in the 21st Century》, eds. D. Ambrose and R J. Sternberg, Sense Publications, Rotterdam, 2016을 참조하라.

12. Kim, K. H., "Can we trust creativity tests? A review of the Torrance tests of Creative Thinking(TTCT)", 〈Creativity Research Journal〉, 2006; Bronson, P., and Merryman, A., "The creativity crisis", 〈Newsweek〉, https://www.newsweek.com/creativity-crisis-74665, 2010을 참조하라.

13. Niu, W. H., and Sternberg, R. J., "Cultural influences on artistic creativity and its evaluation", 〈International Journal of Psychology〉, 2001; Niu, W. H., and Sternberg, R. J., "Societal and school influences on student creativity: The case of China", 〈Psychology in the Schools〉, 2003을 참조하라.

14. Marcon, R. A., "Moving up the grades: Relationship between preschool model and later school success", 〈Early Childhood Research and Practice〉, 2002를 참조하라.

15. Kohn, D., "Let the kids learn through play'", 〈New York Times〉, 2016; Rich, M., "Out of the books in kindergarten, and into the sandbox", 〈New York Times〉, 2015; Marcon, R. A., "Moving up the grades: Relationship between preschool model and later school success", 〈Early Childhood Research and Practice〉, 2002를 참조하라.

16. Ruef, K., "Research basis of the Private Eye", http://www.the-private-eye.com/pdfs/ResearchBasis.pdf, 2005; 웹사이트 The Private Eye at http://www.the-private-eye.com/을 참조하라.

17. Arieff, A., "Learning through tinkering", 〈New York Times〉, 2015와 그녀의 웹사이트 http://www.projecthdesign.org를 참조하라.

18. Garaigordobil, M., "Intervention in creativity with children aged 10 and 11 years: Impact of a play program on verbal and graphic-figural creativity", 〈Creativity Research Journal〉, 2006을 참조하라. 이 연구에 참여한 아이들은 열 살에서 열한 살 정도였지만 창의성을 겨냥한 놀이의 영향은 그보다 더 어린 나이에서도 분명하게 드러난다. 예를 들어, 운동장에서 서로 몸을 부딪치며 보내는 시간이 많은 초등학교 남학생들의 경우 나중에 사회적으로 마주

하게 되는 문제들을 더 잘 해결하게 되었다. 또 이제 막 걸음마를 시작한 아이들 중 텔레비전을 보는 대신 장난감 블록을 쥐고 논 아이들은 말을 더 빨리 배우기도 했다. Pellegrini, A. D., "Elementary school childrens' rough-and-tumble play and social competence", 〈Developmental Psychology〉, 1988; Christakis, D. A., Zimmerman, F. J., and Garrison, M. M., "Effect of block play on language acquisition and attention in toddlers—A pilot randomized controlled trial", 〈Archives of Pediatrics and Adolescent Medicine〉, 2007을 참조하라.

19. Scott, G., Leritz, L. E., and Mumford, M. D., "The effectiveness of creativity training: A quantitative review", 〈Creativity Research Journal〉, 2004; Runco, M. A., "Creativity training", in 《International Encyclopedia of the Social & Behavioral Sciences》, eds N. J. Smelser and P. B. Baltes, Elsevier, Oxford, UK, 2001; Niu, W. H., and Sternberg, R. J., "Societal and school influences on student creativity: The case of China", 〈Psychology in the Schools〉, 2003을 참조하라.

20. Kamenetz, A., 《The Test: Why Our Schools Are Obsessed with Standardized Testing: But You Don't Have to Be》, PublicAffairs, New York, 2015; Grant, A., "Throw out the college application system", 〈New York Times〉, 2014를 참조하라. 또한 학생들을 평가하는 다른 방법들이 있는 것처럼 교사들을 평가할 수 있는 다른 방법들도 있다는 사실을 유의해야 한다. Nocera, J., "How to grade a teacher", 〈New York Times〉, 2015를 참조하라.

21. Hiss, W.C., and Franks, V.W., "Defining promise: Optional standardized testing policies in American college and

university admissions", 〈Report of the National Association for College Admission Counseling(NACAC)〉, http://www.nacacnet.org/research/research-data/nacac-research/Documents/DefiningPromise.pdf, 2014; National Association for College Admission Counseling, "Report of the commission on the use of standardized tests in undergraduate admissions", http://www.nacacnet.org/research/PublicationsResources/Marketplace/research/Pages/TestingCommissionReport.aspx, 2008을 참조하라.

22. Gaugler, B. B., Rosenthal, D. B., Thornton III, G. C., and Bentson, C., "Meta-analysis of assessment center validity", 〈Journal of Applied Psychology〉, 1987; Grant, A., "Throw out the college application system", 〈New York Times〉, 2014를 참조하라.

23. 나는 여기에서 대학 입학시험에 초점을 맞추고 있지만 예컨대 교사의 효용성을 판단하기 위해서 학년 내내 일괄적인 시험이 계속되는 것은 분명 문제라고 볼 수 있다. 자주 치러지는 시험은 중요한 교육 목표를 지속적으로 방해하기 때문이다.

24. 일괄적으로 획일화된 시험을 지양하며 세계 최고 수준으로 평가받는 핀란드의 교육 제도가 교사와 학교의 자율권을 보장하고 있는 것은 우연의 일치가 아니다. 핀란드 교육의 성공을 이끈 또 다른 요소로는 교사의 높은 사회적 지위와 높은 수준의 교사 교육 과정이 있다. Sahlberg, P., 《Finnish Lessons 2.0》, Teachers College Press, New York, 2015를 참조하라.

25. Amabile, T. M., "Motivation and creativity: Effects of motivational orientation on creative writers", 〈Journal of Personality and Social Psychology〉, 1985; Hennessey, B.

A., and Amabile, T. M., "Reward, intrinsic motivation, and creativity", 〈American Psychologist〉, 1998을 참조하라.

26. 물론 그 반대의 경우도 존재한다. 어떤 활동을 할 때 단순히 내적인 이유를 생각하는 것만으로도 그 활동에서의 창의성이 올라가는데 충분한 역할을 할 수 있다. 조금 더 일반적으로 말하자면 창의성에 좋지 못한 영향을 미치는 외부적인 동기는 극히 일부일 수 있으며 특히 외적인 요인으로 인해 통제를 받는 느낌이 들거나 작업 과정에서 자율성을 잃어버렸다는 생각이 들 때에만 그렇다고 볼 수 있다. Collins, M. A., and Amabile, T. M., "Motivation and creativity", in 《Handbook of creativity》, ed. R. J. Sternberg, Cambridge University Press, Cambridge, UK, 1999를 참조하라.

27. Csikszentmihalyi, M., 《Creativity: The Psychology of Discovery and Invention》, Harper Collins, New York, 1996, 328쪽을 참조하라.

28. 같은 책 335쪽을 참조하라.

29. Simonton, D. K., 《Greatness: Who Makes History and Why》, Guilford Press, New York, 1994, 158쪽을 참조하라.

30. Kim, K. H., "Can we trust creativity tests? A review of the Torrance tests of Creative Thinking(TTCT)", 〈Creativity Research Journal〉, 2006; Westby, E. L., and Dawson, V. L., "Creativity: Asset or burden in the classroom?", 〈Creativity Research Journal〉, 1995; Torrance, E. P., "Can we teach children to think creatively?", 〈Journal of Creative Behavior〉, 1972; Runco, M. A. 《Creativity: Theories and Themes: Research, Development, and Practice》, Academic Press, London, 2014, 173쪽을 참조하라. 조금 더 예전 연구들에서는 심지어 친부모라 하더라도 자녀들의 창의성을 좋게 바라보지 않았다

는 내용들이 있다. Raina, M., "Parental perception about ideal child: A cross-cultural study", 〈Journal of Marriage and the Family〉, 1976을 참조하라.

31. Pomerantz, E. M., Ng, F. F. Y., Cheung, C. S. S., and Qu, Y., "Raising happy children who succeed in school: Lessons from China and the United States", 〈Child Development Perspectives〉, 2014를 참조하라.

32. 여기서는 가명을 썼다.

33. 나는 미국의 생물학 전공 학생들을 지도할 기회도 있었는데 유럽의 학생들과 비교해 그들의 생물학 관련 지식이 상당히 제한적인 것을 보고 충격 받았다. 이런 지식의 차이는 미국의 몰락을 예견하는 증상으로 종종 언급되며 중부 유럽과 미국 고등학교 사이의 차이를 반영하고 있다. 놀라운 일이지만 이런 모습은 1916년 미국을 방문했던 프랑스인의 기록에도 나와 있다. Rosenberg, N., and Nelson, R. R., "American universities and technical advance in industry", 〈Research Policy〉, 1994를 참조하라. 청소년의 머릿속에 최대한 많은 지식을 욱여넣는 것은 분명 가장 중요한 교육적 성취와는 거리가 멀다.

34. Ramon y Cajal, S., 《Precepts and Counsels on Scientific Investigation: Stimulants of the Spirit》, Pacific Press Publishing Association, Mountain View, CA, 1951, 170~171쪽을 참조하라.

35. Wuchty, S., Jones, B. F., and Uzzi, B., "The increasing dominance of teams in production of knowledge", 〈Science〉, 2007을 참조하라. 우리가 지금은 최고로 치켜세우는 연구 결과들 중에도 오랫동안 묻혀 있었던 것들이 있다. 때문에 당대의 영향력보다는 역시 실제 평가가 더 중요하다. 그 대표적인 사례가 바로 19세

기 그레고어 멘델의 연구 성과다. 그의 연구는 반세기가 넘도록 세상에 알려지지 않았지만 결국 20세기 유전학 혁명의 시발점이 되었다. 또한 어느 과학자의 연구가 많이 인용된다고 해서 무조건 뛰어난 성과라고 할 수 없는데, 예컨대 논쟁의 여지가 있는 연구의 경우 부정적인 의미로 많은 사람들의 입에 오르내릴 수도 있는 것이다. 그렇기 때문에 과학자들의 업적을 전적으로 인용이나 출판을 근거로만 해서 평가하는 것은 권할 만한 일은 되지 못한다. 물론 그런 인용이나 출판 현황이 더 넓은 범위의 역사적 추세를 파악하는 데는 도움될 수는 있다. Adler, R., Ewing, J., Taylor, P., and Hall, P. G., "A report from the International Mathematical Union(IMU) in cooperation with the International Council of Industrial and Applied Mathematics(ICIAM) and the Institute of Mathematical Statistics(IMS)", 〈Statistical Science〉, 2009.

36. 이렇게 크게 영향을 미친 출판물의 사례로는 Newman, M. E. J., Strogatz, S. H., and Watts, D. J., "Random graphs with arbitrary degree distributions and their applications", 〈Physical Review〉, 2001; West, G. B., Brown, J. H., and Enquist, B. J., "A general model for the origin of allometric scaling laws in biology", 〈Science〉, 1997이 있다.

37. Bush, V., "Science: The endless frontier", 〈Academy of Science〉, 1945, 238쪽을 참조하라. 이 책은 미국 정부 인쇄국에서 출간한 원본을 다시 찍어낸 것이다.

38. 미국 국립 과학재단 인터넷 웹사이트의 "노벨상" 항목을 참조하라. https://www.nsf.gov/news/special_reports/nobelprizes

39. National Institutes of Health, "Biomedical research workforce working group report", Bethesda, MD, 2012, 표 1, 5, 13; Alberts, B., Kirschner, M. W., Tilghman, S., and Varmus, H.,

"Rescuing US biomedical research from its systemic flaws",
〈Proceedings of the National Academy of Sciences of the
United States of America〉, 2014를 참조하라.

40. 전체적으로 보면 제안서를 통해 자금을 지원 받게 될 확률은 20퍼
센트 정도다. 그렇지만 정식 제안서 제출은 국립과학재단 산하 생물
과학 부서의 몇 가지 계획에 따른 규정에 의해 사전에 먼저 확인받
는 식으로 진행된다. 이 과정을 거쳐 정식으로 받아들여지는 제안서
의 비율은 실제로 그만큼 떨어지며 전체적으로 극소수의 연구자들만
이 자금을 지원받을 수 있게 된다. National Science Foundation,
"Report to the National Science Board on the National
Science Foundation's merit review process. Fiscal Year 2013",
Washington, DC., 2014, 부록 2를 참조하라.

41. Adler, R., Ewing, J., Taylor, P., and Hall, P. G., "A report from
the International Mathematical Union(IMU) in cooperation
with the International Council of Industrial and Applied
Mathematics(ICIAM) and the Institute of Mathematical
Statistics (IMS)", 〈Statistical Science〉, 2009를 참조하라.

42. Lee, F. S., Pham, X., and Gu, G., "The UK research assessment
exercise and the narrowing of UK economics", 〈Cambridge
Journal of Economics〉, 2013을 참조하라.

43. Alberts, B., Kirschner, M. W., Tilghman, S., and Varmus, H.,
"Rescuing US biomedical research from its systemic flaws",
〈Proceedings of the National Academy of Sciences of the
United States of America〉, 2014를 참조하라.

44. 이 연구자들은 이미 대학 평가단에 의해 어느 정도 인정을 받아 수많
은 다른 지원자들과의 비교는 물론 여러 점검과 논의라는 어려운 관
문을 정식으로 통과해서 선택받은 사람들이다. 또한 젊은 미국의 연

구자들이 소속 대학들로부터 경쟁이나 실적에 신경 쓰지 않는 '연구 시작' 자금을 지원 받을 수는 있지만 그 자금은 필요한 준비를 갖추고 연구소를 시작하도록 지원되는 자금이다. 그것은 몇 년 뒤면 고갈되기 때문에 결국 장기적으로 보면 또 다른 극심한 경쟁을 피할 만한 해결책은 되지 못한다는 사실을 지적하지 않을 수 없다.

45. 확실히 하워드 휴스 의학 연구소HHMI, Howard Hughes Medical Institute 같은 미국의 연구 기관들은 연구 계획이 아닌 개인에게 자금을 지원하는 식으로 비슷한 전략을 조금 더 효율적으로 사용하고 있다. 창의성과 관련해 다원주의적 관점과 일치하는 이러한 미국의 전략은 조금 더 많은 실패를 감수해야 하지만 동시에 더 큰 혁신으로 이어질 가능성도 크며 이런 가능성에 대해서는 HHMI와 미국 국립 보건원이 각각 자금을 지원하는 연구 결과에 대한 비교를 통해 확인할 수 있다. Azoulay, P., Graff Zivin, J. S., and Manso, G., "Incentives and creativity: Evidence from the academic life sciences", 〈The RAND Journal of Economics〉, 2011을 참조하라. 하지만 생체 의학과 같은 제한된 분야에서 소수의 재능을 인정받은 인재들만 이용 가능한 이런 자금은 실제로는 언 발에 오줌 누기에 불과하다.

46. 비교와 관련된 통계에 대해서는 State Secretariat for Education and Research, "Higher education and research in Switzerland", https://www.sbfi.admin.ch/dam/sbfi/en/dokumente/hochschulen_und_forschunginderschweiz.pdf.download.pdf/higher_educationandresearchinswitzerland.pdf, 2011을 참조할 것. 통계 자료에 영향을 미칠 수 있는 요소들이 몇 년에 걸쳐 많은 변동을 겪기는 했지만 스위스의 과학 수준은 그런 변동을 감안하더라도 여전히 높은 수준을 유지하고 있다. 스위스의 과학 수준이 높은 또 다른 이유들로는 우수한 공립학교들과 연구 및 개발 분야에 대한 높은 투자를 들 수 있다. 스위스는 2015년 OECD

통계에 따르면 국내 총생산GDP, gross domestic product의 3.4퍼센트를 연구
와 개발 분야에 투자하고 있으며 이는 미국의 2.7퍼센트보다도 더 높
은 수준이다. 해당 통계 자료는 다음 인터넷 웹사이트를 참조하라.
https://data.oecd.org/rd/gross-domestic-spending-on-r-d.
htm. 또한 국가의 부패 지수가 낮고 일부 선진국 학계에서도 여전히
문제되고 있는 자기 편 사람 챙기기가 거의 없는 것도 이유가 된다.

47. Zappe, H., "Bridging the market gap", 〈Nature〉, 2013;
    Rosenberg, N., and Nelson, R. R., "American universities and
    technical advance in industry", 〈Research Policy〉, 1994;
    Porter, E., "American innovation lies on a weak foundation",
    〈New York Times〉, 2015를 참조하라.

48. 대학으로부터 제공받을 수 있는 추가적인 유익에는 직업적 훈련
    뿐만 아니라 가장 최근의 과학적 발견들을 활용하는 데 필요한 지
    식적 기반도 포함된다. Pavitt, K., "Public policies to support
    basic research: What can the rest of the world learn from US
    theory and practice?(And what they should not learn)", 〈Industrial
    and Corporate Change〉, 2001; Callon, M., "Is science a public
    good: 5th Mullin lecture, Virginia Polytechnic Institute, 23
    March 1993", 〈Science Technology and Human Values〉,
    1994; Salter, A. J., and Martin, B. R., "The economic benefits of
    publicly funded basic research: A critical review", 〈Research
    Policy〉, 2001; Rosenberg, N., and Nelson, R. R., "American
    universities and technical advance in industry", 〈Research
    Policy〉, 1994를 참조하라.

49. 근본적인 발견들을 상업화하는 데는 오랜 시간이 소요된다.
    Rosenberg, N., and Nelson, R. R., "American universities and
    technical advance in industry", 〈Research Policy〉, 1994;

Pavitt, K., "Public policies to support basic research: What can the rest of the world learn from US theory and practice?(And what they should not learn)", ⟨Industrial and Corporate Change⟩, 2001; Zappe, H., "Bridging the market gap", ⟨Nature⟩, 2013을 참조하라.

50. Gertner, J., 《The Idea Factory: Bell Labs and the Great Age of American Innovation》, Penguin, New York, 2012a; Gertner, J., "True innovation", ⟨New York Times⟩, 2012b를 참조하라.

51. 거대 기업들이 연구 부분을 축소하고 있는 상황에서는 '구글' 같은 기업도 어쩌면 예외에 속할지도 모른다. Arora, A., Belenzon, S., and Patacconi, A., "Killing the golden goose? The decline of science in corporate R&D(NBER working paper no. 20902)", ⟨National Bureau of Economic Research⟩, 2015를 참조하라.

52. Amabile, T. M., Hadley, C. N., and Kramer, S. J., "Creativity under the gun", ⟨Harvard Business Reviewh⟩, 2002를 참조하라.

53. 창의적인 사람들은 일이 바빠지면 각기 다른 지식 분야를 연결하는 또 다른 방법으로 여러 일을 한꺼번에 진행한다. Schwartz, T., "Relax! You'll be more productive", ⟨New York Times⟩, 2013; Sawyer, K., 《Zig-zag: The Surprising Path to Greater Creativity》, Jossey-Bass, San Francisco, 2013, 113쪽을 참조하라.

54. Schwartz, T., "Relax! You'll be more productive", ⟨New York Times⟩, 2013을 참조하라.

55. Amabile, T. M., "Reward, intrinsic motivation, and creativity", ⟨American Psychologist⟩, 1998을 참조하라.

56. Kelley, T., 《The Art of Innovation: Lessons in Creativity from

IDEO, America's Leading Design Firm》, Doubleday, New York, 2001을 참조하라. 심리학적 연구에 따르면 다양성을 갖춘 조직이 최고의 성과를 내는 여러 놀라운 이유를 찾아낼 수 있다. 그중 하나는 이미 잘 알려진 브레인스토밍, 즉 창의적인 집단 사고의 효과다. 다만 이 방법은 다양한 생각들을 취합하는 데 가장 좋은 방법이라고는 할 수 없다. 집단 안에서 나오는 생각들에 대해 평가하는 것을 완전히 무시하기가 대단히 어렵기 때문이다. 그런 평가는 대개 대단히 미묘한 형태로 어떻게든 불거져 나오게 마련이다. 어쩌면 때로는 어떤 문제가 있을 때 구성원들이 각자 자신들의 생각을 정리한 후 다 함께 비교하며 해결책에 대해 논의하는 것이 더 나은 방법일지도 모른다. Runco, M. A.,《Creativity: Theories and Themes: Research, Development, and Practice》, Academic Press, London, 2014, 158~159, 188~189쪽을 참조하라.

57. Amabile, T. M., "Reward, intrinsic motivation, and creativity", 〈American Psychologist〉, 1998을 참조하라.

58. Amabile, T. M., Hadley, C. N., and Kramer, S. J.,"Creativity under the gun", 〈Harvard Business Reviewh〉, 2002를 참조하라.

59. Frese, M., and Keith, N., "Action errors, error management, and learning in organizations", 〈Annual Review of Psychology〉, 2015를 참조하라.

60. Slack, C.,《Noble Obsession: Charles Goodyear, Thomas Hancock, and the Race to Unlock the Greatest Industrial Secret of the Nineteenth Century》, Hyperion, New York, 2002; Osepchuk, J. M., "A history of microwave heating applications", 〈IEEE Transactions on Microwave Theory and Techniques〉, 1984를 참조하라.

61. 이런 혁신가들이 나타날 수 있는 것은 정부의 관여와 강력한 재산

권도 하나의 이유로 작용한다. Acemoglu, D., and Robinson, J. A., 《Why Nations Fail》, Crown Publishers, New York, 2012; Rosen, W., 《The Most Powerful Idea in the World》, University of Chicago Press, Chicago, 2010을 참조하라.

62. Zhao, Y., 《Who's Afraid of the Big Bad Dragon? Why China Has the Best (and Worst) Education System in the World》, Jossey-Bass, San Francisco, 2014, 161쪽을 참조하라.

63. Normile, D., "Japan looks to instill global mindset in grads", 〈Science〉, 2015를 참조하라.

64. 또 다른 믿을 만한 통계들은 Bruni, F., "Want geniuses? Welcome immigrants", 〈New York Times〉, 2017에 잘 정리되어 있다. 창의성과 관련해 유연성과 다문화 경험 사이의 관계에 대해서는 Maddux, W. W., Adam, H., and Galinsky, A. D., "When in Rome Learn why the Romans do what they do: How multicultural learning experiences facilitate creativity", 〈Personality and Social Psychology Bulletin〉, 2010; Maddux, W. W., and Galinsky, A. D., "Cultural borders and mental barriers: The relationship between living abroad and creativity", 〈Journal of Personality and Social Psychology〉, 2009; Leung, A. K.-Y., Maddux, W. W., Galinsky, A. D., and Chiu, C.-Y., "Multicultural experience enhances creativity: The when and how", 〈American Psychologist〉, 2008을 참조하라. 인종의 다양성과 창의성 사이의 관계에 대해서는 Velasquez-Manoff, M., "What biracial people know", 〈New York Times〉, 2017에서 지적한 바 있다. 이민자들의 영향력에 대해서는 《Origins of Genius: Darwinian Perspectives on Creativity》, Oxford University Press, New York, 1999, 122~125쪽을 참조하라.

65. Alberts, B., Kirschner, M. W., Tilghman, S., and Varmus, H., "Rescuing US biomedical research from its systemic flaws", 〈Proceedings of the National Academy of Sciences of the United States of America〉, 2014를 참조하라.

66. Gustin, S., "Why Mark Zuckerberg is pushing for immigration reform", 〈Times〉, 2013을 참조하라. 불행하게도 미국의 이런 비자 정책은 이상한 방향으로 악용되거나 남용되기도 한다. 예를 들어, 월 트디즈니 월드에서는 숙련된 IT 기술직 직원을 해고하고 비슷한 기술을 가지고 있으면서도 급여는 더 저렴한 해외 이민자 출신들로 교체하기도 했다. Preston, J., "In turnabout, Disney cancels tech worker layoffs", 〈New York Times〉, 2015a; Preston, J., "Last task after layoff at Disney: Train foreign replacements", 〈New York Times〉, 2015b를 참조하라.

67. Godart, F. C., Maddux, W. W., Shipilov, A. V., and Galinsky, A. D., "Fashion with a foreign flair: Professional experiences abroad facilitate the creative innovations of organizations", 〈Academy of Management Journal〉, 2015를 참조하라.

68. 이런 경향은 서구 사회뿐만 아니라 이슬람과 인도 문화권에서도 찾아볼 수 있다. Simonton, D. K., "Age and literary creativity: Cross-cultural and transhistorical survey", 〈Journal of Cross-Cultural Psychology〉, 1975; Simonton, D. K., "Political pathology and societal creativity", 〈Creativity Research Journal〉, 1990을 참조하라.

69. 같은 책을 참조하라. 사이먼튼은 중국의 경우 그 강력한 문화적 획일성 때문에 예외적인 경우가 될 수 있다고 지적했다. 소수의 관점이 비단 심리 실험에서뿐만 아니라 문화에서도 확산적 사고를 강화시킬 수 있다는 사실은 대단히 흥미롭다. Nemeth, C. J., and Kwan, J. L., "Minority

influence, divergent thinking, and detection of correct solutions", 〈Journal of Applied Social Psychology〉, 1987을 참조하라.

70. Simonton, D. K., "Foreign influence and national achievement: The impact of open milieus on Japanese civilization", 〈Journal of Applied Social Psychology〉, 1997을 참조하라.

71. Wagner, C. S., and Jonkers, K., "Open countries have strong science", 〈Nature〉, 2017; Sugimoto, C. R., Robinson-Garcia, N., Murray, D.S., Yegros-Yegros, A., Costas, R., and Larivière, V., "Scientists have most impact when they're free to move", 〈Nature News〉, 2017을 참조하라.

72. McArdle, M., 《The Up Side of Down: Why Failing Well Is the Key to Success》, Penguin, New York, 2014, 48쪽을 참조하라.

73. 같은 책 251쪽을 참조하라.

74. 페일콘은 2009년 샌프란시스코에서 시작되어 6년이 채 지나지 않아 여섯 개의 국가로 퍼져나갔다. 모든 기업가들은 분명 이런 행사가 계속 지속되기를 갈망하고 있을 것이다. Martin, C., "Wearing your failures on your sleeve", 〈New York Times〉, 2014; Stewart, J. B., "A fearless culture fuels U.S. tech giants", 〈New York Times〉, 2015; McArdle, M., 《The Up Side of Down: Why Failing Well Is the Key to Success》, Penguin, New York, 2014, 48~51쪽을 참조하라. 또한 '대실패의 밤'에 대해서는 Birrane, A., "Yes, you should tell everyone about your failures", 〈BBC Capital〉, http://www.bbc.com/capital/story/20170312-yes-you-should-tell-everyone-about-your-failures, 2017을 참조하라.

75. 구체적으로 미국 법전US Code 7장 11항에 대해서 이야기하는 것이다.

또 다른 파산 형태에 대해 이야기하는 13장의 경우는 채무자에게 더 많은 채무를 갚을 것을 요구한다. 채무를 구제받을 수 있는 이런 조치들은 정치적 선견지명이라기보다는 사실 역사적인 우연이 더 크게 개입해서 이루어진 것으로 약 1세기 전 농부들이 부채 탕감을 위해 상원에 구명 운동을 벌였던 사례와 관련이 있다. McArdle, M., 《The Up Side of Down: Why Failing Well Is the Key to Success》, Penguin, New York, 2014, 249쪽을 참조하라.

76. "Morally bankrupt", 〈Economist〉, 2015를 참조하라.

77. Piketty, T., 《Capital in the Twenty-first Century》, Belknap Press, Cambridge, MA, 2014를 참조하라.

78. 이런 상호의존적 자아는 비단 아시아 사회에서뿐만 아니라 아프리카와 남아메리카에서도 중요한 가치였다. Markus, H. R., and Kitayama, S., "Culture and the self: Implications for cognition, emotion, and motivation", 〈Psychological Review〉, 1991, 228쪽을 참조하라. 모든 서양 문화권에서 독립적인 자아가 가장 강하게 나타나는 곳은 아마도 미국 사회일 것이다. Henrich, J., Heine, S. J., and Norenzayan, A., "The weirdest people in the world?", 〈Behavioral and Brain Sciences〉, 2010, 74~75쪽을 참조하라. 동양의 속담에 대해서는 Markus, H. R., and Kitayama, S., "Culture and the self: Implications for cognition, emotion, and motivation", 〈Psychological Review〉, 1991을 참조하라.

79. 논쟁의 여지는 있을 수 있지만 예컨대 밀농사와 쌀농사 같은 또 다른 서양과 동양의 차이점도 중요한 요인이 될 수 있을 것이다. Talhelm, T., Zhang, X., Oishi, S., Shimin, C., Duan, D., Lan, X., and Kitayama, S., "Large-scale psychological differences within China explained by rice versus wheat agriculture", 〈Science〉, 2014를 참조하라.

80. Cheng, K.-M., "Can education values be borrowed? Looking into cultural differences", 〈Peabody Journal of Education〉, 1998, 15~16쪽을 참조하라.

81. 중국의 자체적인 발명품들이 정작 중국 문화에는 제한적인 영향밖에 미치지 못한 사실에 대해서는 Zhao, Y., 《Who's Afraid of the Big Bad Dragon? Why China Has the Best (and Worst) Education System in the World》, Jossey-Bass, San Francisco, 2014, 77~80쪽; Runco, M. A., 《Creativity: Theories and Themes: Research, Development, and Practice》, Academic Press, London, 2014, 251~253쪽을 참조하라. 19세기에 접어들어 영국의 군함들이 나타나 위협을 가해오자 중국은 서양식 가치에 의해 자국의 문화를 '오염'시키지 않는 범위 내에서 서양의 무기들을 구매하는 것을 목표로 삼기도 했다. 하지만 불행하게도 '서양의 군함과 제강 기술은 서양의 철학과 함께 들어오고 말았다'는 것이 역사가인 존 킹 페어뱅크John King Fairbank와 머를 골드먼Merle Goldman의 견해다. Zhao, Y., 《Who's Afraid of the Big Bad Dragon? Why China Has the Best (and Worst) Education System in the World》, Jossey-Bass, San Francisco, 2014, 80쪽에서 인용했다.

82. 예일대학교와 베이징대학교의 연구 결과는 중국 대학원생들에 대한 또 다른 연구에서도 찾아볼 수 있는데, 대학원생들 역시 창의성 검사에서 낮은 점수를 기록했다고 한다. Zha, P., Walezyk, J. J., Griffith-Ross, D. A., Tobacyk, J. J., and Walczyk, D. F., "The impact of culture and individualism-collectivism on the creative potential and achievement of American and Chinese adults", 〈Creativity Research Journal〉, 2006; Niu, W. H., and Sternberg, R. J., "Cultural influences on artistic creativity and its evaluation", 〈International Journal of Psychology〉, 2001;

Niu, W. H., and Sternberg, R. J., "Societal and school influences on student creativity: The case of China", ⟨Psychology in the Schools⟩, 2003을 참조하라

83. Aviram, A., and Milgram, R. M., "Dogmatism, locus of control, and creativity in children educated in the Soviet Union, the United States, and Israel", ⟨Psychological Reports⟩, 1977을 참조하라.

84. Amabile, T. M., "Reward, intrinsic motivation, and creativity", ⟨American Psychologist⟩, 1998을 참조하라.

85. Cheng, K.-M., "Can education values be borrowed? Looking into cultural differences", ⟨Peabody Journal of Education⟩, 1998, 16쪽을 참조하라.

86. Hennessey, B. A., and Amabile, T. M., "Reward, intrinsic motivation, and creativity", ⟨American Psychologist⟩, 1998을 참조하라.

나가는 말

1. de Visser, J. A. G. M., and Krug. J., "Empirical fitness landscapes and the predictability of evolution", ⟨Nature Reviews Genetics⟩, 2014를 참조하라.

LIFE FINDS A WAY

나가는 말

막스 플랑크나 루이 드 브로이 같은 물리학자들은 양자 이론을 연구하면서 진동하는 끈이 달아오르는 원자에 대한 피상적인 비유 이상의 의미가 있다는 사실을 깨달았다. 그 이후 한 세기가 지나는 동안 분자생물학과 심리학처럼 서로 완전히 다른 분야들로부터 이어진 물줄기들을 따라 새로운 종류의 과학이 출현했다. 바로 화학에서 문화에 이르기까지 우리 주변을 둘러싼 모든 곳에서 일어나고 있는 창의적 과정에 대한 과학이었다. 그리고 진동에 대한 개념이 양자 이론과 음향학과 광학과 우주철학을 함께 엮어주는 것처럼, 지형도라는 개념 역시 화학에서 문화까지 이어지는 창의적 과정을 함께 이어주었다.

지형도 탐험은 창작에 대한 은유 그 이상의 의미를 지니고 있는데, 그 까닭은 두 가지로 설명할 수 있다.

먼저 이제 우리는 생물학에서 분자의 깊고 상세한 세계에 대해 지형도를 그릴 수 있게 되면서, 베타락타마제 같은 단백질이 항생제에 더 큰 내성을 가지게끔 진화하는 과정을 이해할 수 있게 되었다. 상세한 지형도가 등반가들에게 어디가 가장 높은 봉우리이며 어떻게 거기까지 닿을 수 있는지를 보여줄 수 있듯이, 미래의 과학자들도 적응 지형도의 도움을 받아 창의적 진화의 과정을 예측할 수 있게 될지도 모른다.[1]

두 번째로 말할 수 있는 것은 창작 혹은 창조의 여러 행위들이 결국 문제 해결의 행위와 똑같다는 점이다. 반짝이는 석영 결정체에는 실리콘과 산소 원자의 안정적인 배열을 찾아낼 수 있는 해결책이 들어 있다. 포도당을 분해하는 대사 효소는 탄소 결합에서 에너지를 추출하는 문제를 해결해주었다. 암모나이트는 나선형 구조의 한계 안에서 마찰과 저항을 최소화하면서 물속에서 이동하는 문제를 해결했다. 그리고 창의적인 기계들은 진화의 문제 해결 전략들을 이용해 새로운 기술을 만들어냈을뿐더러 멋진 음악까지 작곡해냈다.

오늘날 우리들은 자연선택의 맹목적인 언덕 오르기는 어려운 문제들을 해결하는 데 있어 그리 좋은 전략이 아니라는 사실을 알고 있다. 복잡한 지형을 정복하기 위해서는 그것이 DNA 돌연변이가 있는 유기체든 아니면 각기 다른 방향에서 출발해 다양한 해결책을 만들어내는 인간 개척자 혹은 선구자든 결국 자율적인 탐험가들이 필요하다. 그리고 멀리 떨어져 있는 봉우리들로의 이동을 가능하게 해주는 유전적 재조립이나 서로 관련 없는 것들 사이의 연관성을 끌어내는 것 같은 구조적 원리가 필요하다. 이런 구조적 원리에는 탐구적인 놀이와 지형도의 수많은 협곡들을 따라 내려가 대수롭지 않은 해결책이라도 많이 찾아내서 결국 더 나은 해결책을 위한 발판을 만들 수 있는 유전적 부동도 포함되어 있다.

이런 구조적 원리들은 분자에서 인간에 이르기까지 다 제 역할을 하고 있으며 지형도 사고는 왜 강력한 유전적 부동과 파산법 같은 전혀 다른 현상이 창의적 과정에서 비슷한 역할을 하는지에 대해 설명해줄 수 있다. 그뿐만 아니라 지형도 사고는 또한 인간의 창의성을 강화하는 데 도움을 주며 개인뿐만 아니라 국가 전체의 창의성도 마찬가지로 강화시켜준다.

문제의 핵심은 균형이다. 엄격한 선택에는 실패에 대한 관용이 함께 자리 잡고 있어야 하며, 장난기 속에는 엄격함이, 확산적 사고에는 수렴적 사고가, 권위에는 자율성이, 자유로운 사고 속에는 진지한 집중이, 교육에는 깊이만큼 넓이가 함께 있어야 한다. 작은 발걸음이 있으면 과감한 도약도 있어야 한다. 다원주의 1.0과 비교하면 이러한 통찰력은 이미 혁명적 수준이라고 말할 수 있다.

불행하게도 우리는 어디서 어떻게 이런 균형을 잡아야 할지 여전히 아는 바가 거의 없다. 심지어 취리히연구소의 박테리아 번식 과정처럼 우리가 잘 관찰할 수 있고 통제할 수 있는 창의성에 대해서도 이런 사실은 그대로 적용된다. 예를 들어, 우리는 DNA 돌연변이의 점진적 단계와 DNA 재조립의 비약적 단계 사이에서 어디쯤이 적절한 위치인지 알지 못하고 있는 것이다. 그 균형 잡힌 위치만 알 수 있다면 박테리아가 독성 분자나 바이러스성 기생충을 이겨낼 수 있는 방법도 알아낼 수 있을지도 모른다. 돌연변이와 재조립의 규모를 조절해 개체군의 진화를 가상

실험으로 실시하는 컴퓨터 과학자들의 유전 알고리즘은 우리에게 심지어 일반적인 해답도 찾기가 어려울 수 있다는 사실을 알려준다. 적절하게 균형 잡힌 위치는 해결해야 하는 문제에 따라 달라지는 것일지도 모른다.

인간의 창의성을 위한 균형을 찾는 일은 미래 세대가 해야 할 일일지도 모르지만 경쟁 중심으로 기울어진 세상에서 우리가 당장 할 수 있는 방법들도 있다. 창의성을 강화시키는 프로그램을 만들면 초경쟁을 지향하는 교육 제도 안에 있는 아이들이 올바른 방향으로 나아갈 수 있도록 무게중심을 바꿀 수 있을 것이다. 실패를 맛본 기업가들을 가혹하게 다루어온 국가들이라면 조금 더 관대한 파산법을 통해 기업의 혁신을 불러올 수 있지 않을까. 그리고 문호의 개방 역시 다양성이 크게 부족한 사회에 활력을 불어넣어줄 수 있을 것이다. 단순한 논리의 다원주의가 한 세기 이상 세상을 지배했던 것을 생각하면 제대로 된 균형이 이루어질 때까지는 아주 오랜 시간이 걸릴 것이다.

지형도 사고에도 물론 몇 가지 불편한 진실들이 담겨져 있다. 그중에서도 가장 분명한 사실 중 하나는 실패는 결코 피할 수 없다는 것이다. 생물학적 진화는 맹목적으로 진행되며 그것은 우리도 마찬가지다. 다시 말해, 창의성은 언제나 비효율적일 수밖에 없다. 생물학적 진화가 비효율적인 이유는 대다수의 수많은 돌연변이체들을 말살하기 때문이다. 특히 농업과 관련하여 기초 연구는 왜 비효율적인가? 그것은 얼마 되지 않는 달콤한 과일을 수확하기 위해서는 수없이 많은 묘목을 심어야 하기 때문이다. 기업이나 사업의 혁신은 실패를 맛본 신생 기업들이라는 난장판부터 헤치고 나아가야 하기 때문에 비효율적이다. 실패는 불가항력적이며 거기에서 우리는 쓸모없이 보이는 모든 연구는 다 폐지하려고 드는 정치가들에게 제시할 교훈 한 가지를 얻게 된다. 바로 그런 시도는 사회의 창의적인 잠재력을 모두 파괴하려는 것과 한 치도 다를 바 없다는 것이다.

슬프게도 불가항력적인 실패는 창의성의 여정을 따르는 자녀들이 막다른 골목에 부딪칠까 봐 걱정하는 부모들의 마음을 불안하게 만든다. 그렇기 때문에 두 번째 기회를 주는 일이 그만큼 중요하다. 실패를 받아들이는 법을 배울 수 있는 범위 내에서, 단지 아이들의 놀이 안에서뿐만 아니라 조금 더 중요한 과학자들의 실험, 기업의 전략, 국가의 정책 안에서 우리는 우리의 모든 잠재력을 우리가 선택한 새로운 세상을 새롭게 만들어내는 데 쏟아 부어야 한다. 13세기의 신학자 토마스 아퀴나스Thomas Aquinas가 신이 이 세상을 재미 삼아 창조했다고 썼을 때는 이미 무엇인가 깨닫고 있었음에 틀림없다.

감사의 말

우선 몇 년에 걸쳐 수많은 논의를 통해 내가 생각한 적응 지형도의 개념을 만들어가는 데 도움을 준 취리히대학교 연구소 직원들에게 감사의 마음을 전하고 싶다. 또한 산타페연구소의 지속적인 지원에도 감사드린다. 산타페연구소에서 여러 상근 및 객원 과학자들과 오랜 세월 걸쳐 나누었던 수많은 대화는 나의 시야를 전공인 생물학 외에 사회과학, 공학, 예술 분야까지 넓히는 데 큰 도움이 되었다. 이 책은 그런 대화들이 없었다면 결코 완성될 수 없었을 것이다. 제프 알렉산더Jeff Alexander는 처음 원고를 구상할 때 많은 좋은 조언을 해주었다. 날카로운 통찰력으로 편집에 큰 도움을 준 T. J. 켈러허T. J. Kelleher와 멜리사 베로네시Melissa Veronesi에게도 깊은 감사의 마음을 전한다. 데이비드 영 김David Young Kim은 특히 예술 분야와 관련해 여러 유용한 정보들을 제공해주었고 루카스 켈러Lukas Keller, 멜라니 미첼Melanie Mitchell, 카렐 판 샤이크Carel van Schaik, 딘 사이먼튼은 원고의 각 부분을 미리 읽고 평가와 조언을 해주었다. 나는 그런 제안들을 대부분 반영했지만 미처 그러지 못한 내용들도 있는데, 그 때문에 이 책에 적절하지 않은 부분들이 있다면 그것은 전적으로 나의 잘못이다. 내 출판 대리인인 리사 애덤스Lisa Adams는 계약뿐만 아니라 편집과 출판 전략 같은 부분에서도 놀랄 만한 끈기와 전문성을 보여주었다. 마지막으로 언급하지만 결코 빼놓을 수 없는 베이직 북스Basic Books의 편집자들에게 이 책의 완성과 관련된 모든 노고와 관련하여 깊은 감사의 마음을 전한다.

옮긴이의 말

창의성의 뿌리를 찾아서

    영국의 박물학자 찰스 다윈이 《자연선택의 방법에 의한 종의 기원, 혹은 생존 경쟁에서 유리한 종족의 보존에 대하여On the Origin of Species by Means of Natural Selection, or the Preservation of Favoured Races in the Struggle for Life》라는 긴 제목의 책을 펴낸 것은 1859년의 일이다. 1831년 해군 소속 탐사선 비글호 항해에 참가했다가 1836년 돌아온 후, 이십여 년의 연구와 고민 끝에 탄생한 이 역작은 코페르니쿠스의 지동설의 뒤를 잇는 그야말로 역사적인 대사건이었다.

    물론 다윈의 적자생존과 자연선택과 관련된 이론은 이후 후학들의 수많은 연구와 실증을 통해 보완과 수정을 거치게 되었지만 그렇다고 해서 그 의미가 빛이 바래지는 않는다. 이 책의 저자 안드레아스 바그너는 바로 이 다윈의 이론을 바탕으로 생물학의 영역을 넘어서 인류의 역사를 관통하는 창의성의 뿌리를 찾아보려고 한다.

418 · 진화와 창의성

이 책은 소설이 아니다. 때문에 반전이나 결말에 대한 언급의 부담 없이 이렇게 '옮긴이의 말'을 통해 생물학이나 진화론 등이 낯선 독자들에게 어느 정도 길잡이가 될 만한 이야기를 조금만 풀어놓아도 괜찮을 것 같다. 책의 전반부는 생명체와 진화 과정의 경이로움에 대해 이야기하고 있다. 사실 숫자가 10억 단위만 넘어가도 머리가 어지러운 옮긴이 같은 사람에게 조 단위쯤은 우습게 뛰어넘는 이런 미지의 세계는 그저 경이의 대상일 수밖에 없다. 또한 이 책의 핵심 내용이라고 할 수 있는 '지형도'의 개념 역시 관련 전공자가 아니면 낯설 수도 있다.

하지만 이 책은 분명히 관련 전공자들만을 위한 전문 서적은 아니다. 그보다는 오히려 일반인들에게 창조와 진화의 경이로움을 조금 더 익숙한 사례들을 통해 설명하면서 인간이라면 누구나 갖고 있고 또 관심이 있는, 개개인의 창의성의 뿌리와 그 발전 과정에 대해 알려주고 있는 책이라고 볼 수 있다. 따라서 책 전체를 이해하기 위한 일종의 준비운동과도 같은 전반부를 넘어서서 중반부로 들어가면 이 책은 오히려 쉽게 술술 읽힌다. 우리가 익숙하게 알고 있는 피카소와 모차르트 같은 유명인들이 자신들의 분야를 뛰어넘어 다윈을 아주 자연스럽게 만나게 되는 것이다.

간단하게 말해, 이 책은 인간이 발전하기 위해서는 잠시 걸음을 멈추고 뒤를, 주변을 돌아보아야 한다고 주장하고 있다. 다윈의 자연선택과 적자생존은 오직 생존을 위해 끝없이 위로 혹은 앞으로 전진하는 모습을 나타낸다. 하지만 학자들은 그런 모습만으로는 방대하고 다양한 진화와 유전적 변화를 설명할 수 없었다. 그들이 여러 현상을 어느 정도 설명할 수 있었던 것은 결국

가던 길을 벗어나는 변이, 즉 자연이 가지고 있는 나름대로의 창의성을 통해서였다. 예컨대 적응 지형도의 낮은 봉우리나 막다른 골목처럼 예상하지 못한 문제에 발목이 잡힌 생물은 오직 올라가는 것밖에 모르는 자연선택만으로는 그 자리를 결코 벗어날 수 없다.

저자 안드레아스 바그너는 이런 모습을 인간 문명의 발전에 그대로 적용한다. 언제나 더 빠르고 더 좋고 더 우월한 것을 좇아 끊임없이 경쟁하는 인간은 오직 위로 몰아붙이는 것밖에 모르는 자연선택과 같아서 정말로 어려운 문제를 해결하는 일에서는 속수무책의 모습을 보일 수밖에 없다. 경쟁과 적자생존의 개념만으로는 그런 문제들을 해결하는 데 역부족인 것이다.

누군가 혁신이나 혁명을 이루어냈다면 그것은 분명 위대하고 거창한 업적이 분명하다. 하지만 그런 하나의 혁신과 혁명에 취해 주저앉는다면 남는 건 멸절이나 멸망밖에는 없지 않을까. 거창하게 이야기하지 않아도 당대에 트렌드를 이끌었던 기업들 중에 속절없이 무너진 곳들이 얼마나 많은가. 그러면서 다시 한 번 새로운 길을 찾아 일어서는 모습은 생명체의 진화의 모습과 꼭 닮아 있다. 우리 인간 개개인도 이와 비슷하다. 아니, 사실 인간이건 사회건 혹은 기업이건 지구건 다 똑같다고도 볼 수 있다. 다시 말해, 인간이 곧 우주라고도 볼 수 있는데, 이 책의 이런 주장이 조금 어렵게 다가와서 복잡한 생물의 진화와 관련된 내용은 '잠시 쉬거나 건너뛰더라도' 그 큰 인류의 역사나 발전의 흐름에 대해서는 어느 정도 공감할 수 있을 것이다.

앞만 보고 달려가는 인간이 꼭 성공하리라는 법은 없다. 우리는 상황이 어려울수록 주변을 돌아보는 여유를 가져야 한다고 종종 말하곤 한다. 알지 못하는 사이에 이 책에서 주장하는 그와 똑같은 진화의 교훈이 어쩌면 유전을 통해 우리의 뇌수 속에 스며들었는지도 모르겠다.

이 책은 그런 뒷걸음질을 단테가 이야기하는 '지옥의 용광로'에 비유한다. 고통스럽지만 반드시 거쳐 가야 하는 길이라는 것이다. 물론 지옥의 길은 위험하기 그지없다. 한 번 뒷걸음질 쳤다가 다시 전진하는 사람의 숫자가 적은 것도 바로 그런 이유 때문이리라.

돌연변이를 위기이면서도 동시에 기회로 보는 발상도 흥미롭다. 굳이 영화의 유명한 캐릭터들을 떠올리지 않아도 워낙 돌연변이라는 말이 주는 부정적인 느낌에 익숙해져 있던 터라 그 부분이 대단히 흥미롭게 읽었다. 특히 지금까지 독특한 사람이라거나 괴짜, 돌연변이 등으로 묘사되는 사람들이 창작 분야에서 뛰어난 실력을 발휘한다고 막연하게 생각해왔는데, 그런 돌연변이들이 정말로 더 창의적이라는 점을 직접 실험과 연구로 증명하는 대목이 관심을 끌었다. 심지어 대부분 대수롭지 않게 생각하는 놀이와 잠까지도 창의적 과정에서 중요한 요소로 보다니!

또한 모든 기술은 '이미 존재하던 기술들을 다시 새롭게 조합하는 과정에서 탄생하는 것'이라는 말은 그동안 직업적으로 창작을 무조건 어려운 것으로 생각하던 마음, 흉내와 답습의 과정에서 벗어나고 있지 못하는 것 같은 마음의 부담을 어느 정도 덜어주었다. 물론 표절과 창작의 구분이 어려운 것은 사실이지만, 확산적 사고가 돌연변이와 재조립의 과정에 해당한다면 수렴적 사고는 자연선택에 해당하며, 모든 발전은 그런 확산적 사고와 수렴적 사고 사이에서 균형을 잡는 일부터 시작된다는 생각을 마음속 깊이 새기기로 했다.

헝가리 출신의 유명한 화학자 알베르트 센트죄르지는 "새로운 발견은 다른 사람들과 똑같은 것을 바라보면서 전혀 다르게 생각할 때 해낼 수 있는 것이다"라는 말을 남겼다고 한다. 어쩌면 이렇게 이 책은 창의성과 관련된 이런 명언들의 대잔치라고도 볼 수 있겠다. 어찌 되었든 사람들과 같은 것을 바라보는 경쟁 자체는 필수불가결한 존재로 아무 문제 없지만, 한 걸음 더 나아가기 위해서는 그런 경쟁만으로는 충분하지 않다는 것이다.

길을 헤매는 것이 정말로 큰일인 것일까? 이 책은 길을 헤매는 것을 새로운 길을 찾는 기회라고 말한다. 단순 암기, 시험 위주의 경쟁적 교육이 아닌 창의성을 키우는 교육을 하자는 말은 진부하게 들린다. 창의성을 위한 교육은 심지어 선진국에서도 잘 이루어지지 않고 있으며, 그것이 옳다는 것을 알면서도 실천이 어렵다는 현실 직시는 우리에게 많은 울림을 준다. 국내 기업의 스마트폰이 기술로는 뒤지지 않으면서 경쟁 기업의 감성을 따라가지 못한다는 문제의 해답이 바로 여기에 있다.

그렇다면 우리는 모두 우리 세대의 또 다른 돌연변이가 되기 위해 노력해야 하는 것이 아닐까. 미국에서 학생 25만 명을 대상으로 조사를 해본 결과 창의성은 1990년 이후 계속 천천히 떨어지고 있는 반면 IQ 점수는 지속적으로 증가하고 있다고 한다.

안드레아스 바그너는 결국 이 책 전반을 통해 자연이라는 거대한 지형도를 영원히 탐험하고 탐색해야 하는 생물의 운명적 여정에서 인간의 독특한 창의성은 인간 본성이 아니라 자연 그 자체의 반영이라는 주장을 설득력 있게 펼치고 있다. 결국 인간의 창의성은 인간 정신의 내부에서 이루어지고 있는 생명체 진화 과정의 축소판이라는 사실을 독자들도 이해하시리라 믿는다.

2020년 3월
우진하

진화와 창의성

© 안드레아스 바그너, 2020

초판 1쇄 발행일 2020년 5월 11일
초판 2쇄 발행일 2020년 5월 29일

지은이 안드레아스 바그너
옮긴이 우진하
펴낸이 임지현

펴낸곳 (주)문학사상
주소 경기도 파주시 회동길 363-8, 201호
출판등록 1973년 3월 21일 제1-137호

전화 031)946-8503
팩스 031)955-9912
홈페이지 www.munsa.co.kr
이메일 munsa@munsa.co.kr

ISBN 978-89-7012-600-5 (03470)

이 도서의 국립중앙도서관 출판예정도서목록(CIP)은 서지정보유통지원시스템 홈페이지
(http://seoji.nl.go.kr)와 국가자료공동목록시스템(http://www.nl.go.kr/kolisnet)에서
이용하실 수 있습니다. (CIP제어번호: CIP2020009259)